中國近代建築史料匯編（第一輯）

第十三册

中國近代建築史料匯編 編委會 編

同濟大學出版社
TONGJI UNIVERSITY PRESS

第十三册目録

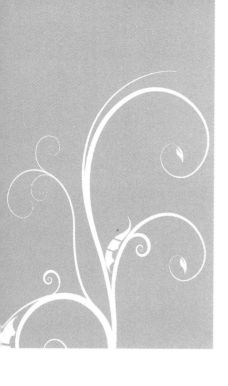

中國近代建築史料匯編（第一輯）

中國建築

第二十五期

THE CHINESE ARCHITECT

中國建築

內政部登記證警字第二九五五號
中華郵政特准掛號認為新聞紙類

中國建築師學會出版
第 二 十 五 期
出版日期中華民國二十五年五月

第 二 十 五 期

沈金記營造廠

Sung King Kee
Contractor

本廠承造鋼骨水泥房屋堆棧以及橋梁道路涵洞等項工程

事務所

上海法租界貝禘鏖路鉅興里七號

電話 八三四八八號

褚掄記營造廠

廠址 上海臨平路二一號

本廠專門承造一切大小建築鋼骨水泥工程工場廠房以及碼頭橋樑等迅速經濟堅固如蒙委託無任歡迎

THU LUAN KEE
CONTRACTOR

21 LINGPING ROAD.

LONDON ROAD, BRITISH CONCESSION
TIENTSIN, BEFORE AND AFTER
SURFACING WITH K.M.A. PAVING BRICKS

由本廠承造之南京新都大戲院（李錦沛建築師設計）

費新記營造廠

上海事務所閘北長春路長春里八號電話四一〇五三
南京事務所鼓樓湖北路忠實里六號電話三一二五四

燧興水電工程行

新閘路五六八衖一〇一號
電話三五四〇八號

選料精良
工程堅固
服務謹慎
工作迅速

中國建築

第二十五期

民國二十五年五月出版

目次

中國建築

民國廿五年五月　　第二十五期

卷頭弁語

本期建築圖案材料，係由李錦沛建築師供給。選輯各種不同之建築，不同之設備，而各適其用：如南京新都大戲院之雄壯偉大，內部裝置新穎，燈光柔和，對於觀衆設備，舒適便利。江灣嶺南學校，地處鄉村，風景絕美。採用國貨之建築材料，莊嚴朴素，尤爲特色。宿舍前後，夾植花卉樹木，空氣清潔，更有寬大迴廊，通達各處，雨時行走，不沾潮濕，課餘之暇，有健身房各種運動器械，可以練習，使學者常感興趣，有益心身，實非淺鮮！國富門路劉公館，採用貴族化之西班牙建築式樣，色彩調和，裝飾富麗，不啻宮室。餘如杭州浙江建業銀行，南京浸信會堂，武定路嚴公館。各個建築，各個設備，均不相同，而能各適其宜，無遺漏與修改之必要，似是平凡而實非易也。

編者識

南京新都大戲院

李錦沛建築師設計

新都大戲院，位於新街口，商業中心區，爲李錦沛建築師所設計，由費新記營造廠承造。全部結構採用鋼架及鋼筋混凝土，由中都工程司担任計算電氣工程由羅森德洋行承包，衛生設備由偉漢工程行承包，費時一年餘，

南京新都大戲院　　　　李錦沛建築師設計

需費三十萬元。包廂客廳，酒吧，衣帽間，穿堂等內部佈置，均經妥爲精密設計，根據"眞善美"之原則，務期適合於社會人士之高尙享樂。

新都之設備　新都爲謀觀衆舒適起見，特直接向全世界最著名之約克冷氣製造廠，定購最近發明之"福利安"(FREON)冷氣機一部，此機與普通用亞摩尼亞等液體之冷氣機，截然不同，係以其新發明之FREON氣體，經過氣壓機，及空氣澄清機之變化，再與水份發生化學作用而成，內部構造極爲複雜神妙，每小時用水二萬四千介侖，每分鐘澄清空氣四萬立方尺，且可自動調節空氣，使全院溫度適中，無濕燥之弊。全部機器及工程，總值達十餘萬元，據美國約克總廠報告此種最新之FREON冷氣機在中國裝置者目下僅此一部云。

新都之購置有聲發音機，曾費數月之時間考察與比較，結果以美國西電聲機所獨有之新貢獻"實音巨型機"爲發音絕對完善，按西電公司爲全球最進步之聲機製造廠，美國好萊塢各大影片公司之收音機，十之八九，均採用該公司出品，現在各國高等電影院裝置西電發音機者，多至萬餘家，其名貴卓越，即此可以證明。

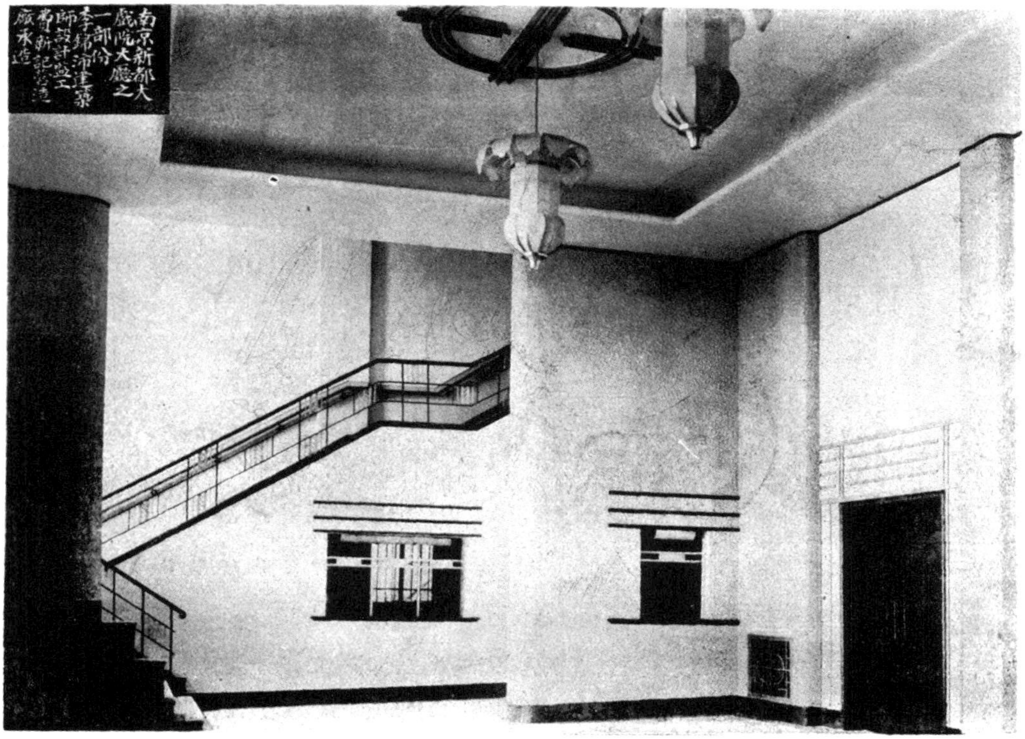

南京新都大戲院　　李錦沛建築師設計

新都所購定之西電實音巨型機，係由美國總廠直接運華者，全部裝置工程，由西電總廠工程師，親自監督，依據最新科學裝置法完成者，壁間並裝置美國著名之CELOTEX吸音紙板，尤屬難能可貴。南京雖影戲院林立，然尚未有西電聲機者，蓋西電之價值，倍蓰於其他出品，新都得裝置此"實音巨型機"者，實爲南京影界首創紀錄。

放映機之採用，爲超等"SIMPLEX"最近發明之高度集光式，光線強而不烈，柔而且和，與當日攝影片時之眞情實景，絲毫無異，誠有"畫中眞龍，呼之欲出"之妙，其巨幅銀幕，亦定購自美國，其效能可使發音加倍清晰，並減去其過於強硬之光線。

戲院全部可容一千七百座位，樓上及包廂座位，爲滬上最負盛名之毛全泰木器號所承造，座椅摩登新穎，椅脚用黃金色純鋼鑄成，座墊靠背裝有彈簧，外套以花綢，以增美觀。樓下正廳座位，爲大華鐵廠承造，形式與樓座略有改變，他如座墊之安適活動，帽夾之安全利便，亦莫不盡善盡美，爲京都影院界首屈一指。

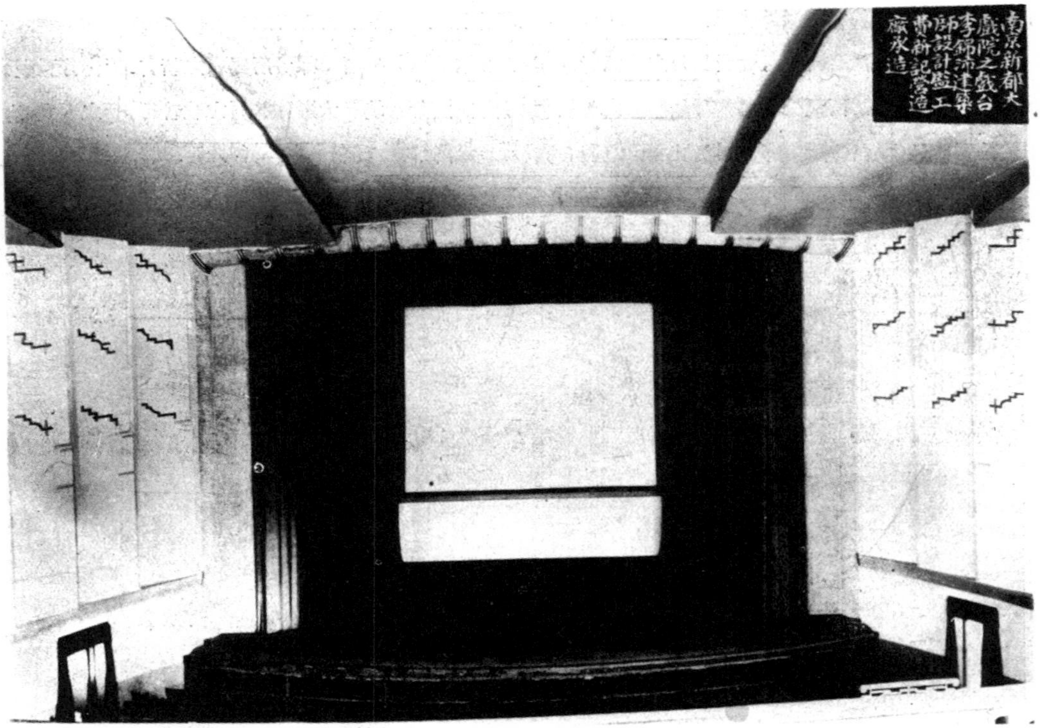

南京新都大戲院　　　　李錦沛建築師設計

戲院正面，裝置門燈柱，高達六十餘尺，入晚燈焰輝煌，照耀天半，於觀瞻上更增壯觀，更爲京都增色不少。他如暗燈之隱藏壁間，無直接射光之弊，京市建築物當以此爲首創。樓廳後部，設廣大客廳及女賓休憩室，化裝室，俾觀衆憩息候客整容之用。因鑒於京市影院界，此項設備，尙付闕如，致女賓於開映前後，苦無舒適休息之所，故此項設備，更爲京都女界觀衆所樂聞也。

玆將全部戲院建築工程造價，披露於后，以供參考焉。

戲院佔空間體積約計 940,000 立方尺

工程

承包營造工程(建築)　$120,000—　　　　打樁工程　$ 20,000—

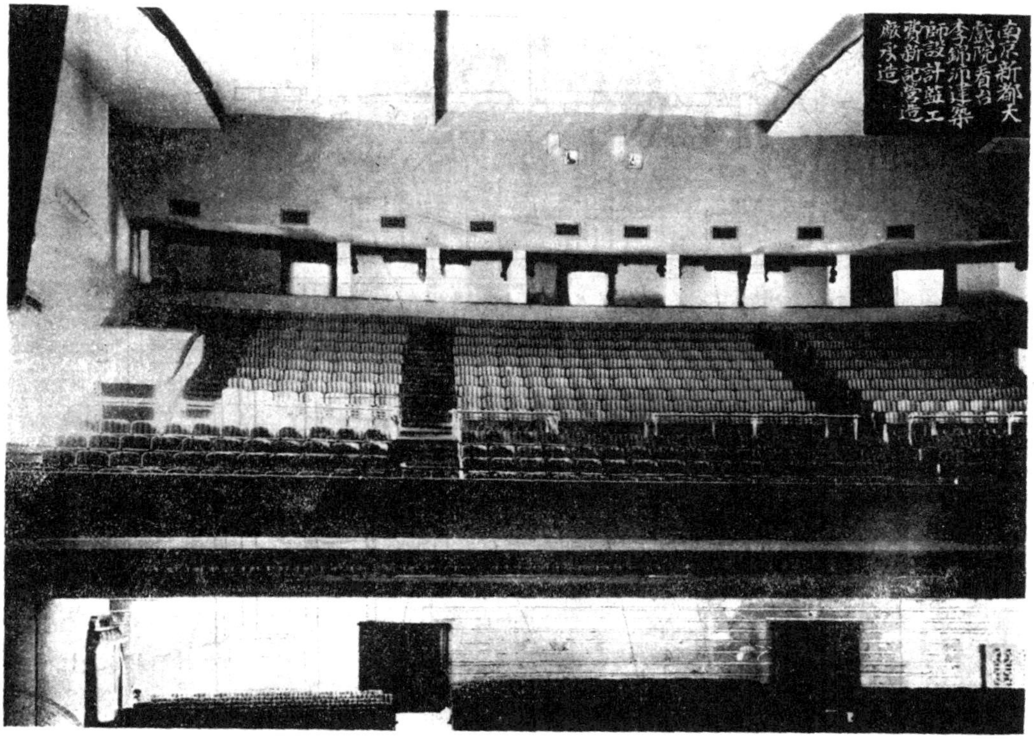

南京新都大戲院　　　　李錦沛建築師設計

鋼架工程	$ 50,000—	電器工程	$ 11,000—
冷氣工程	$ 70,000—	衛生暖氣工程	$ 17,000—
五金—鋼窗工程	$ 4,000—	建築師費	$ 10,000—

共計……$302,000—

設備

發電機	$ 9,000—	籌備費	$ 5,000—	水機	$ 1,500—	雜項	$ 2,000—
映片機	$12,000—	共計……	$171,000—	音機	$12,000—		
吸聲half	$ 4,000—			座椅	$15,000—		
銀幕	$ 2 500—			燈	$ 3,000—		
年紅燈	$ 2,000—			傢具	$ 3,000—		
地產	$100,000—						

總共計 $473,000—(四十七萬三千元)

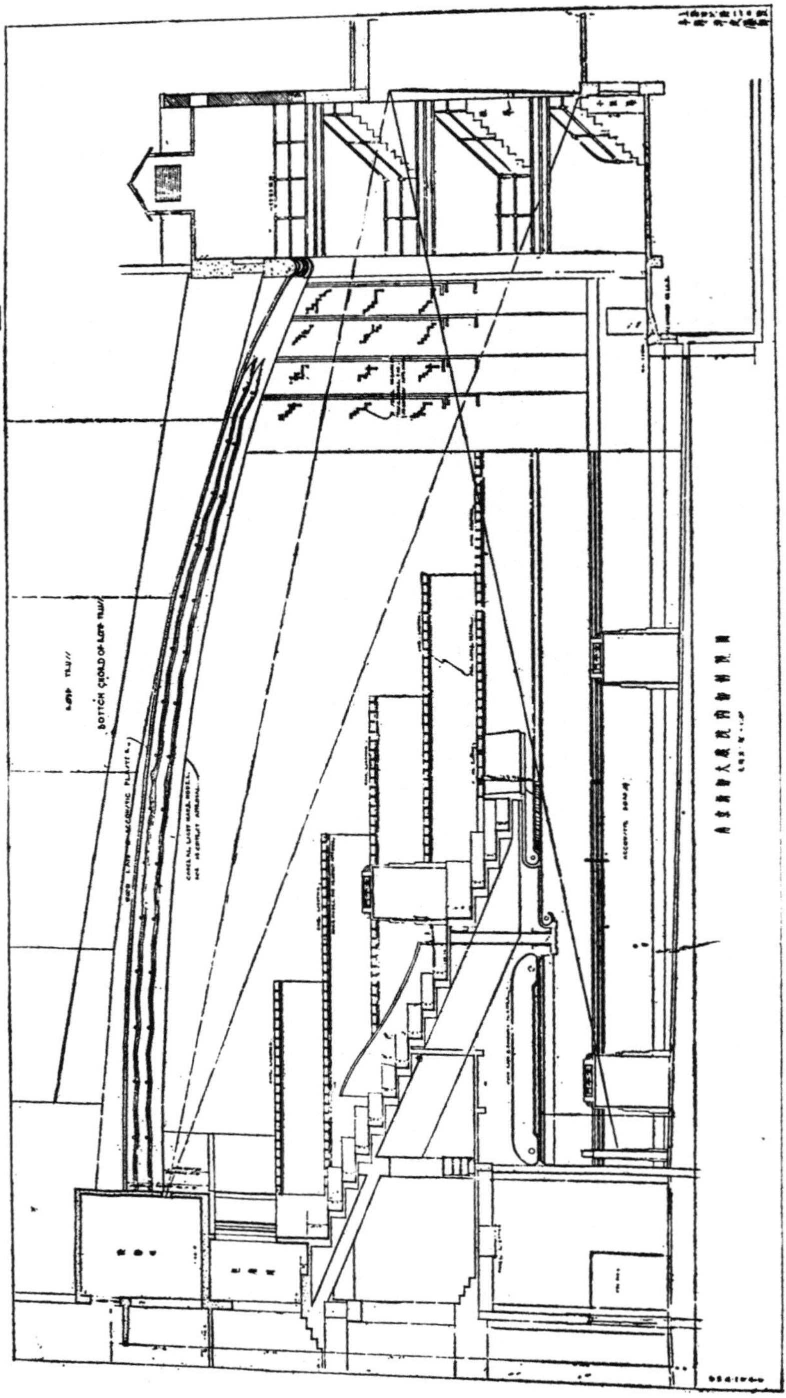

南京新都大戲院

李錦沛建築師設計

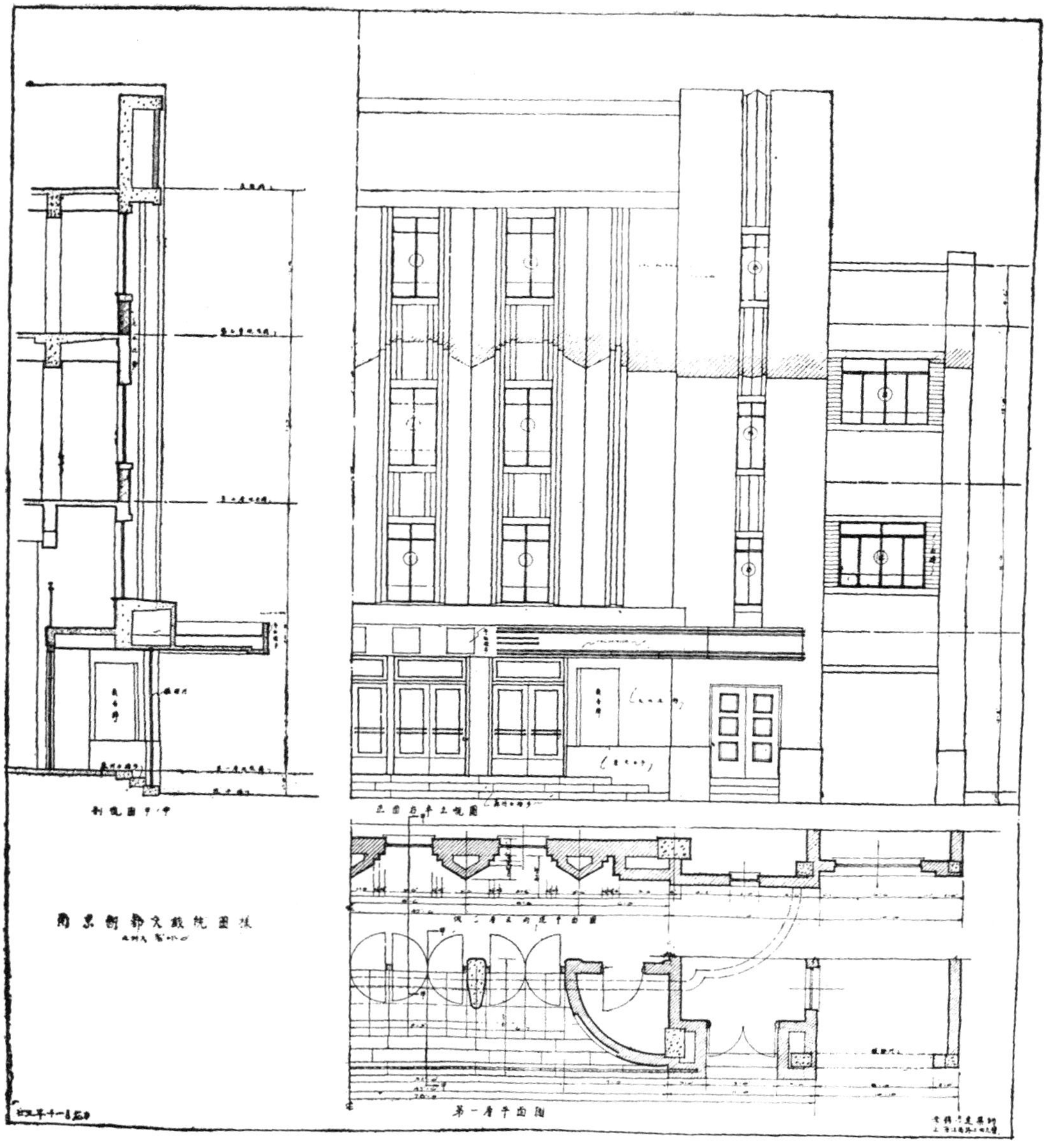

南京新都大戲院　　李錦沛建築師設計

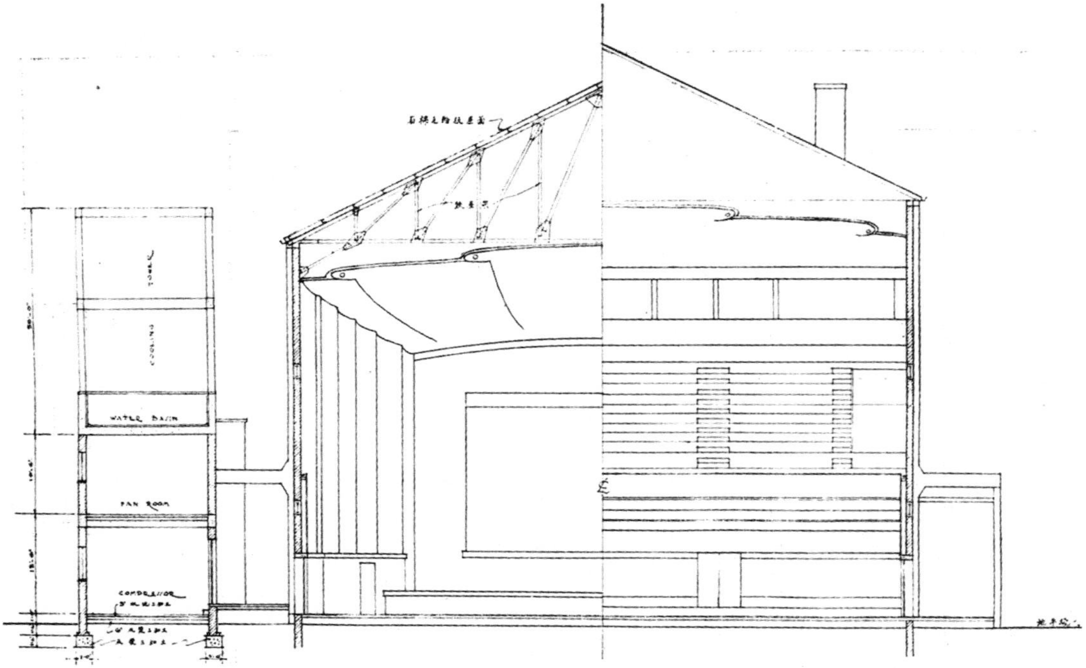

剖面圖 甲一甲

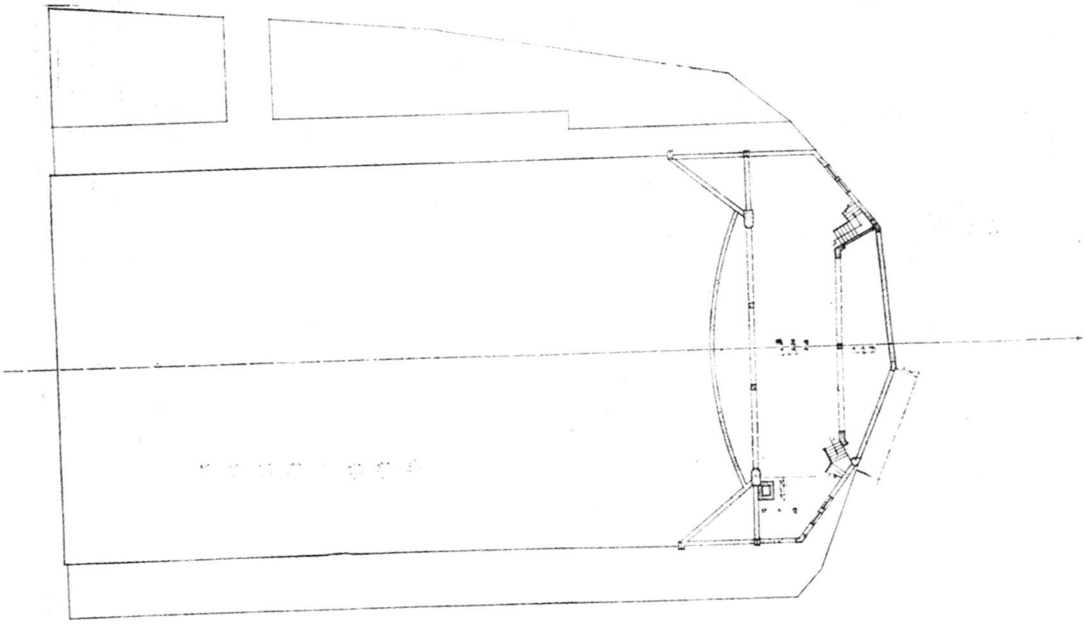

地窖平面圖

南京新都大戲院　　李錦沛建築師設計

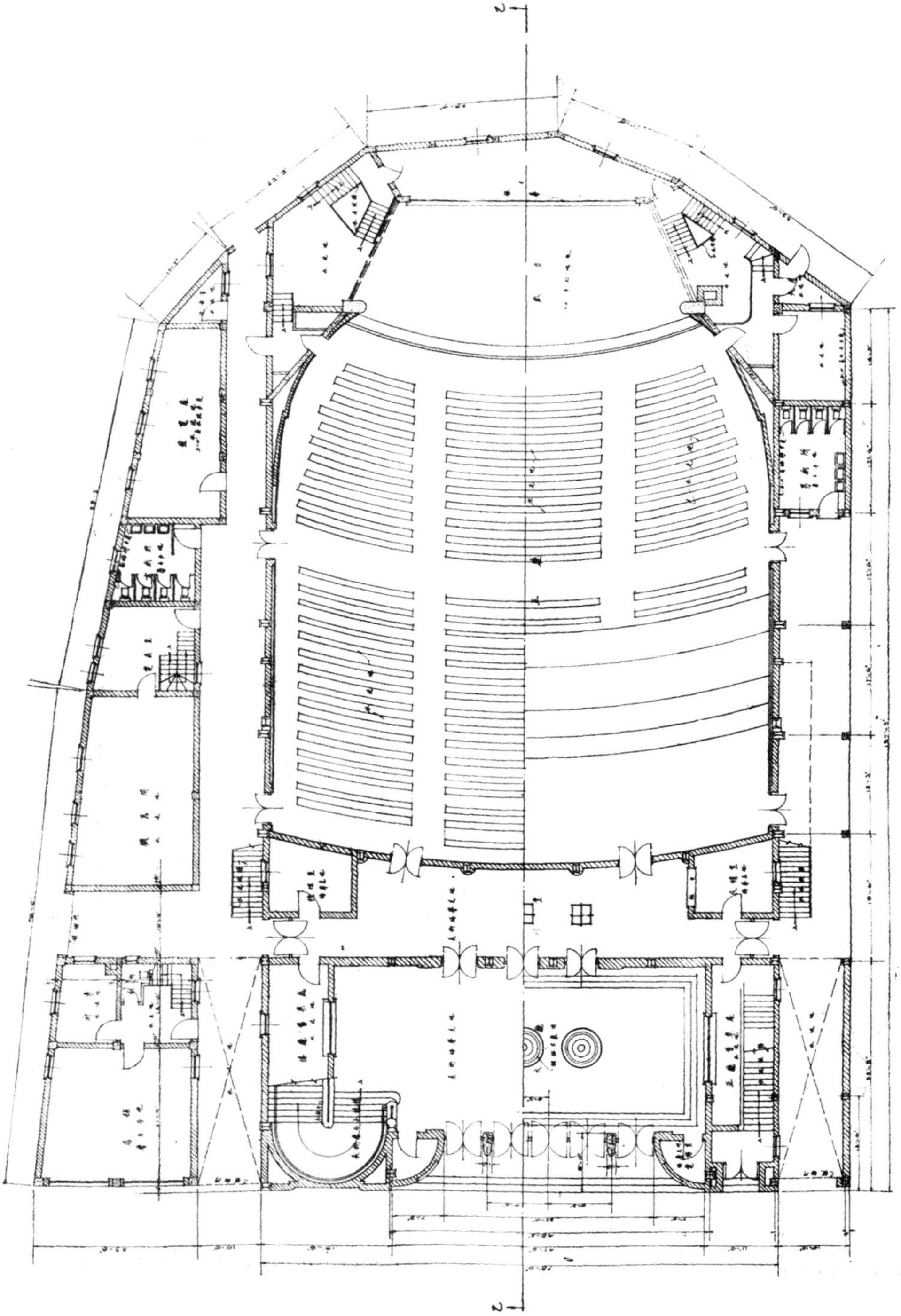

南京新都大戲院 第一層平面圖 李錦沛建築師設計

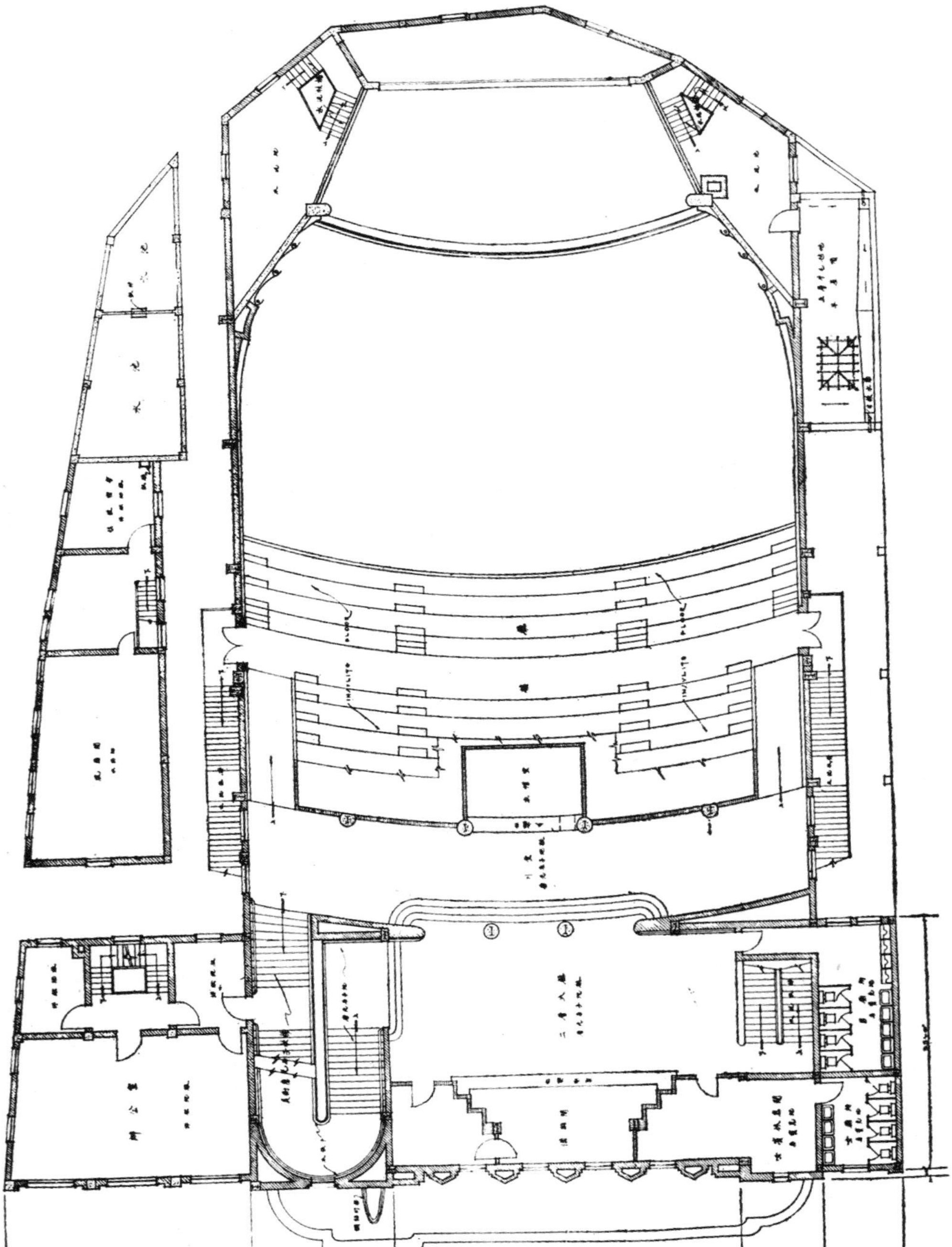

第二層平面圖

李錦沛建築師設計

南京新都大戲院

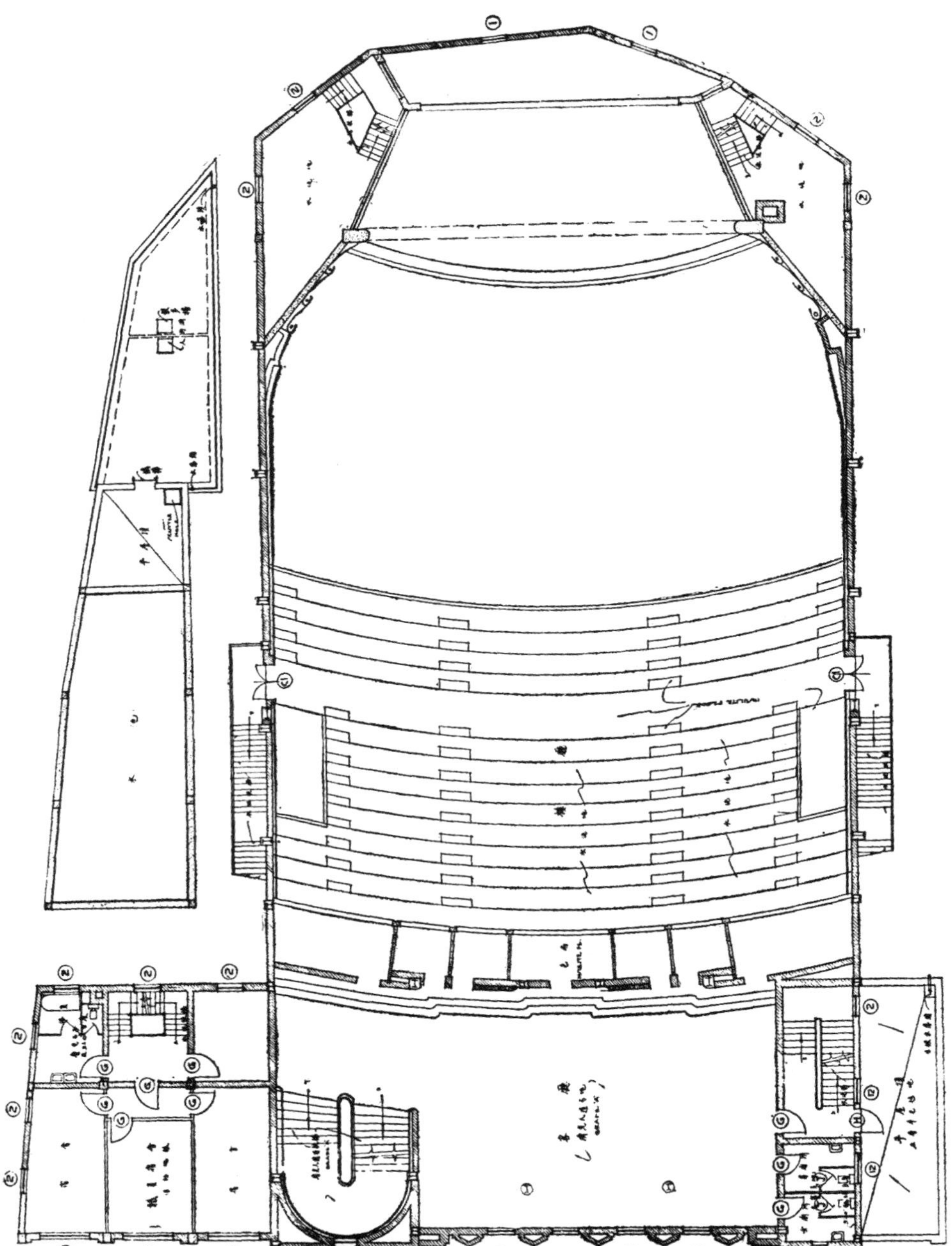

南京新都大戲院 第三層平面圖 李

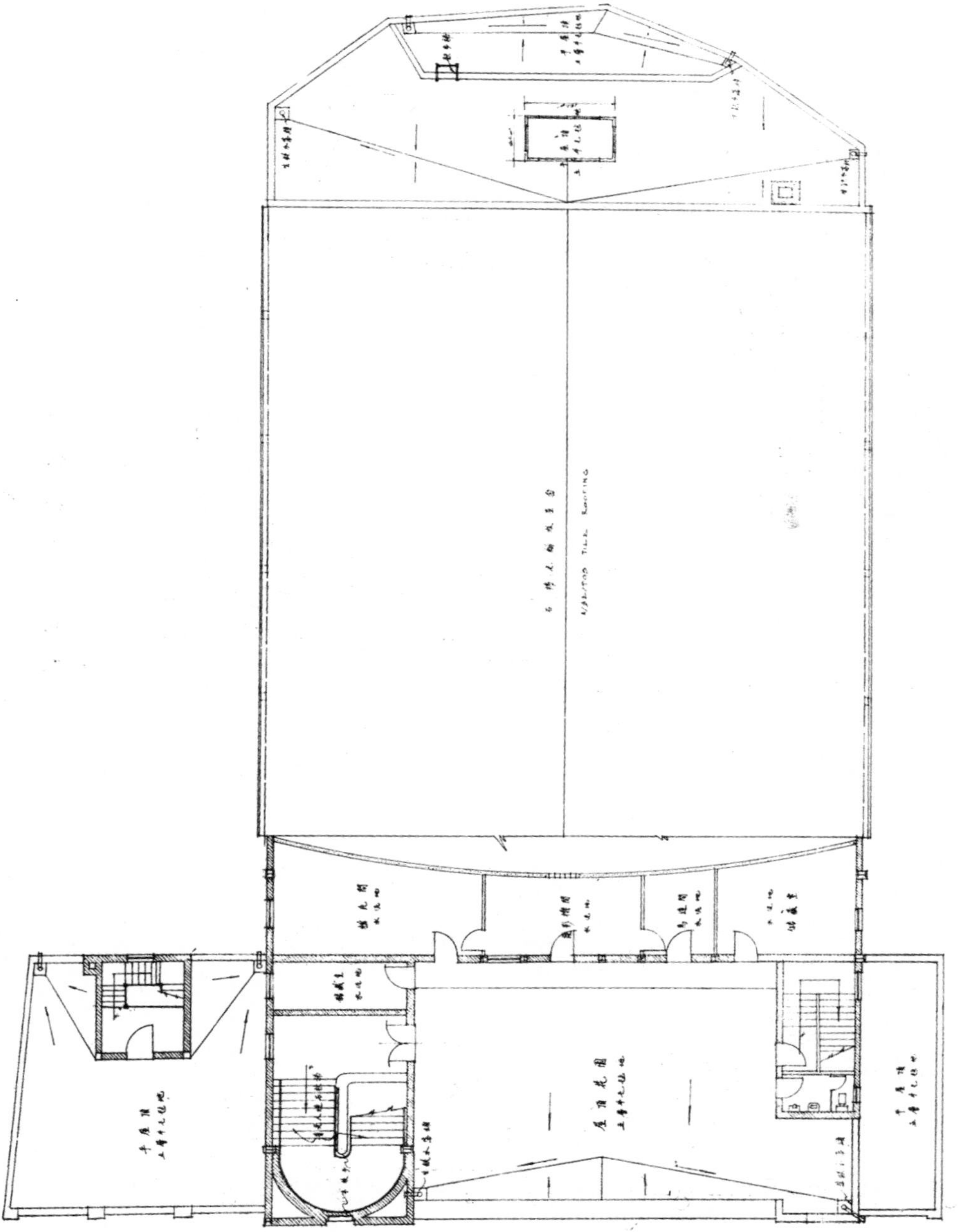

南京新都大戲院

第四層平面圖

李錦沛建築師設計

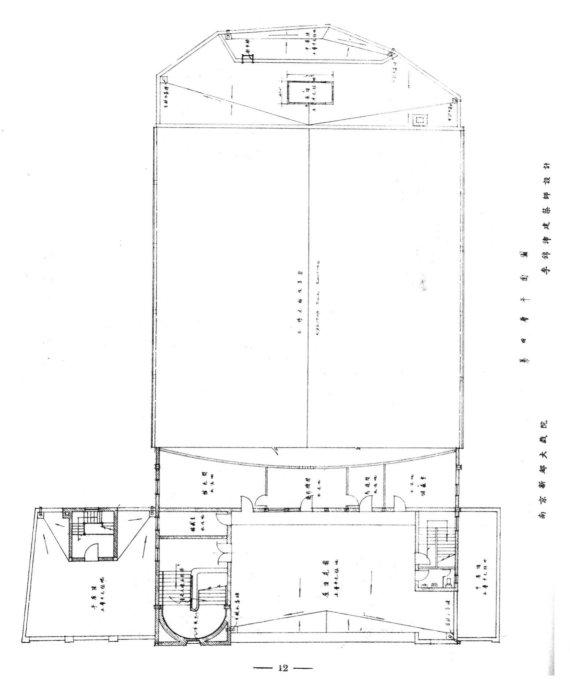

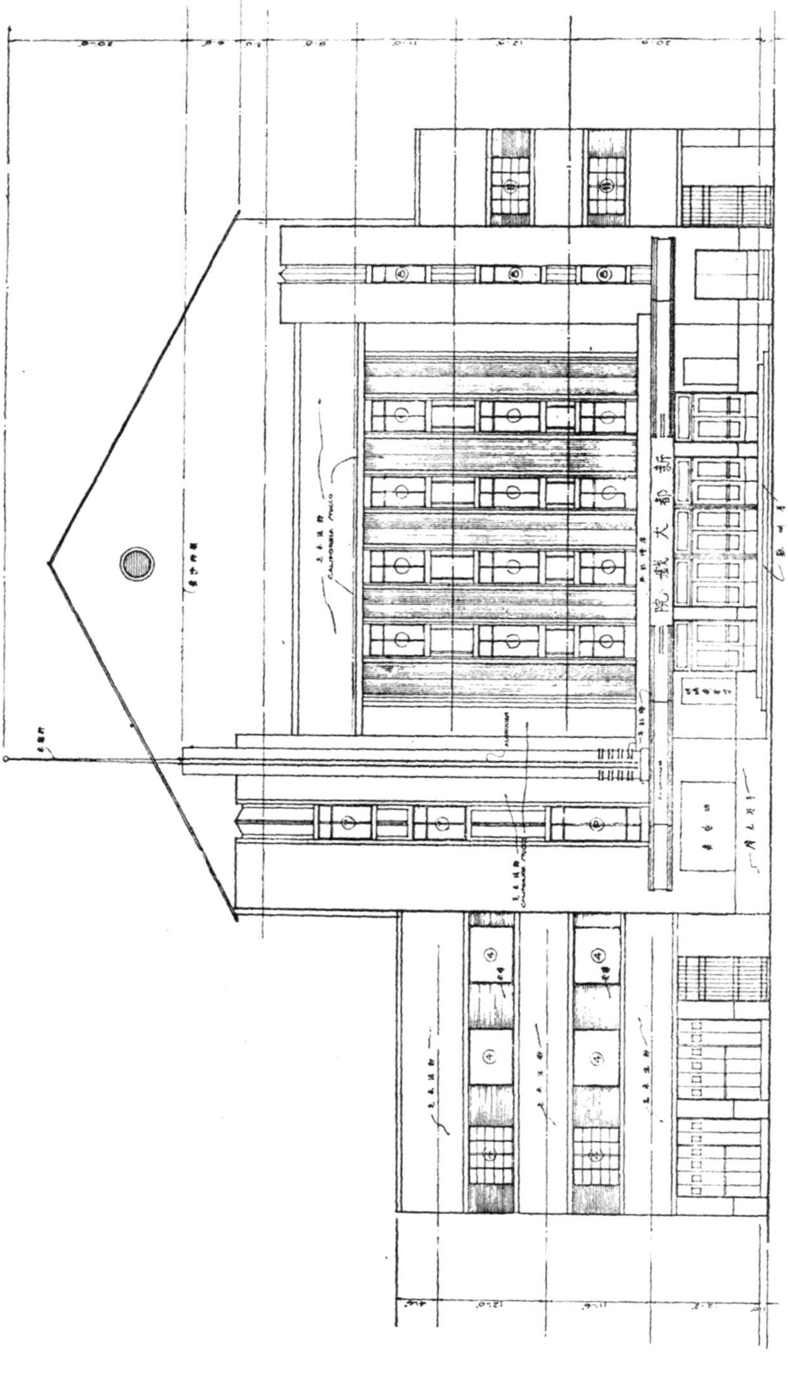

南京新都大戲院正面圖

李錦沛建築師設計

〇一九四五

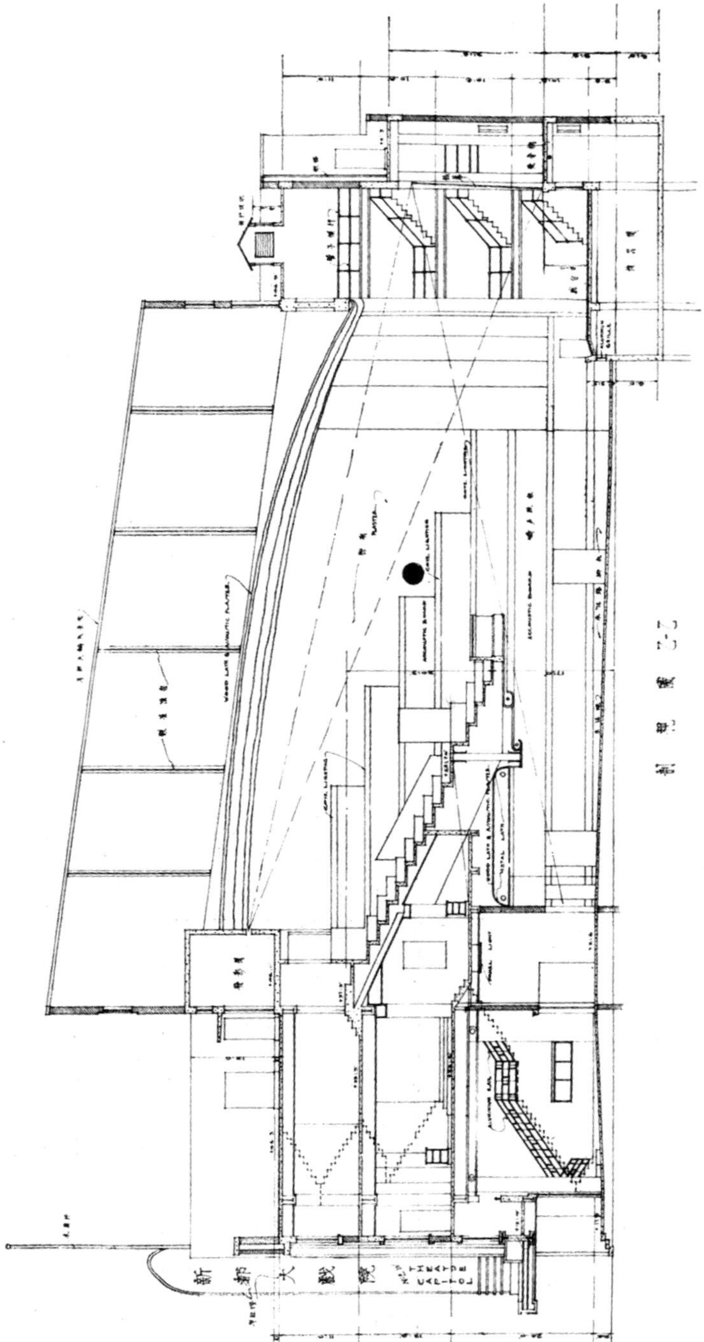

南京新都大戲院 剖面圖 乙

李錦沛建築師設計

江灣嶺南學校

李錦沛建築師設計

江灣嶺南學校，由廣州私立嶺南大學分設，地點在江灣三境廟，地處鄉村，風景絕佳，水陸交通，兩稱利便。全部建築工程，由陶桂記營造廠承造，全部衛生設備由炳耀工程司承包，費時半年餘，需費十三萬餘元，。此項設計，注重堅固樸素，建築材料採用國貨，外牆用機製紅磚，屋面用泰山黑瓦。簡潔莊重，經濟美觀。

內部設計佈置，極盡精密能事，宿舍兩座相併立，爲謀公衆衛生起見，宿舍前後，夾植花卉樹木，前面並闢有廣大園圃，加鋪草皮，以縱横水泥路相貫通，俾宿舍內部，空氣清鮮，學者於課餘之暇，更能散步其間。由宿舍至

江灣嶺南學校　　李錦沛建築師設計

教室，膳堂，健身房，各部有寬大迴廊相貫通，俾學者於天雨時，便於行走，不致有濕衣衫之虞，因顧上海學校林立此種佈置，尚屬創見，此爲該校建築上之一大特色。

室內運動，有健身房一座，內部陳設籃球房等器械，莫不應有盡有，健身房旁爲水塔，高七十餘尺，聳立雲霄，頂置旗杆，高二十餘尺，校旗隨風飄搖，更爲該校增偉觀。

其他如內部設置寬大之網球場，園藝場，足球場等，無不俱備，堪稱爲一大規模之學校也。（完）

江灣嶺南學校　　李錦沛建築師設計

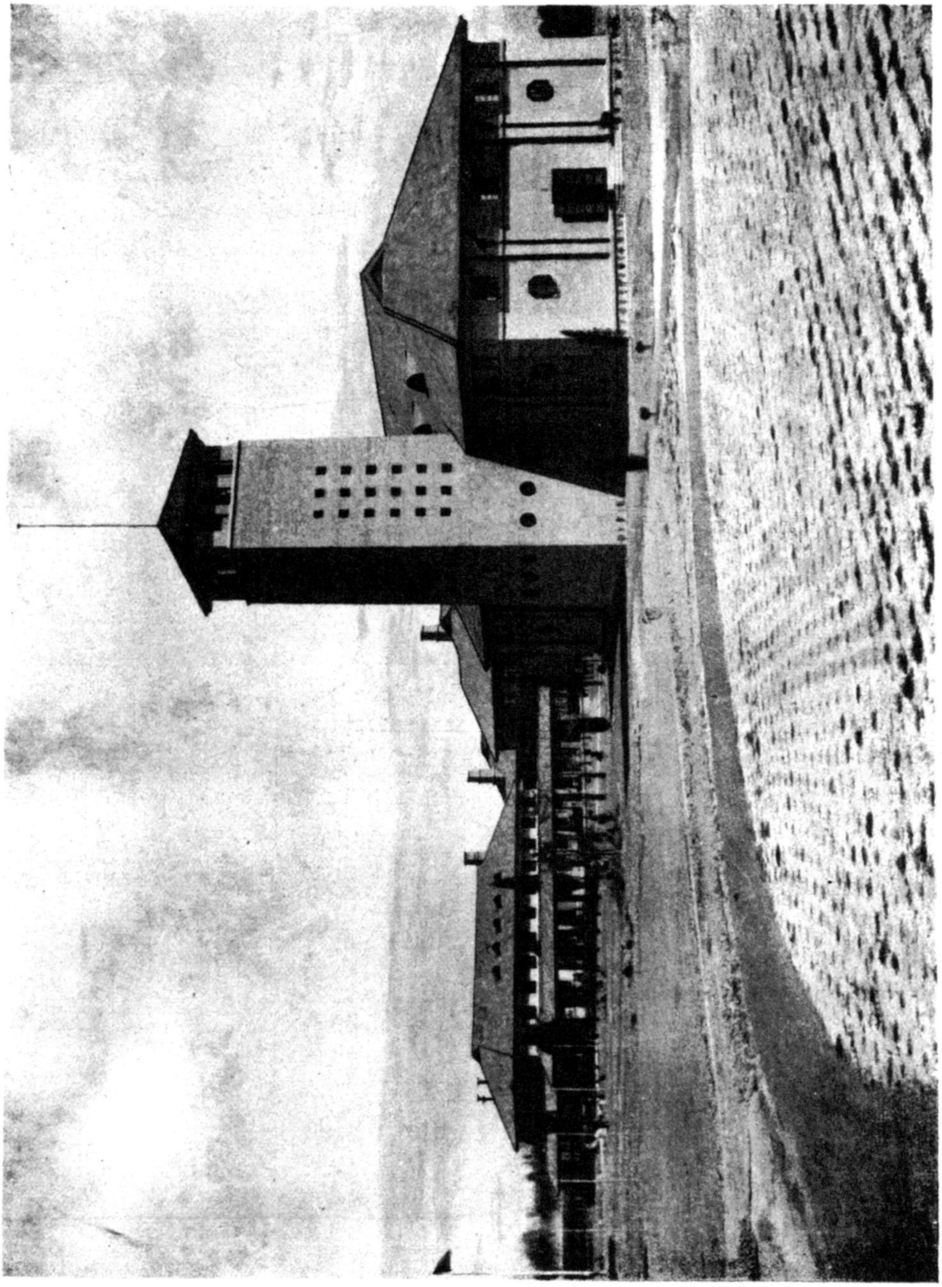

江灣嶺南學校 李錦沛建築師設計

〇一九四九

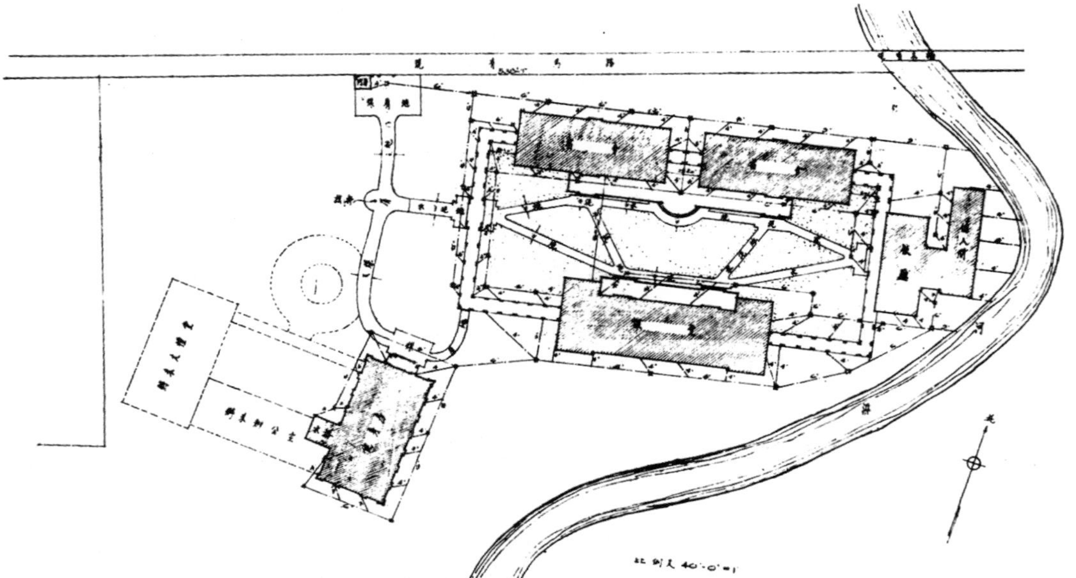

總地盤圖

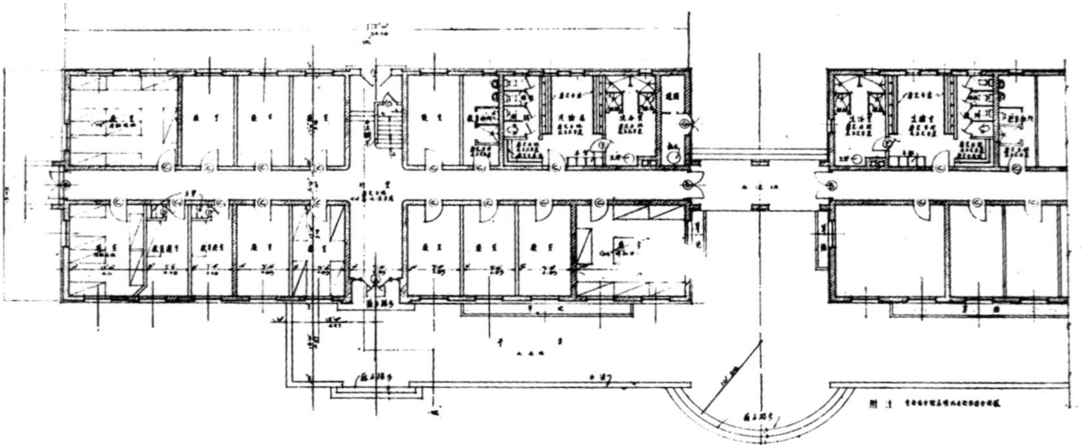

第一層平面圖

江灣嶺南學校　　李錦沛建築師設計

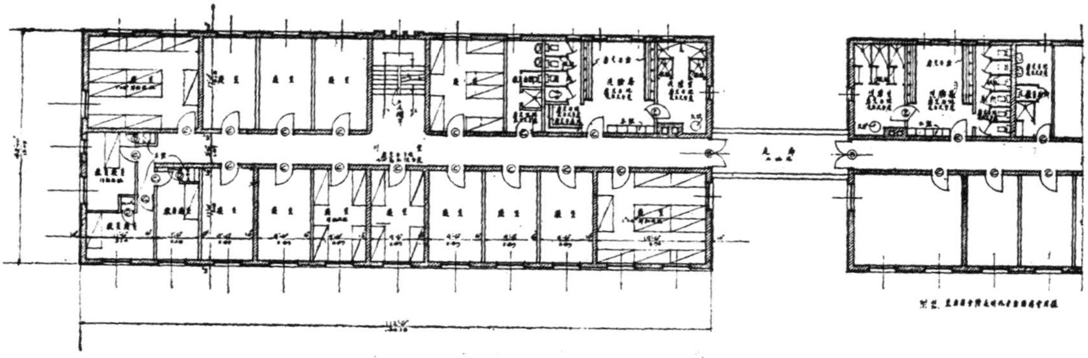

第二層平面圖

江灣嶺南學校宿舍

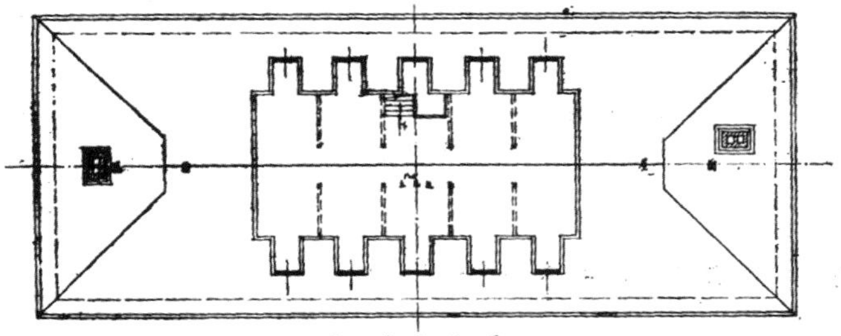

屋頂平面圖

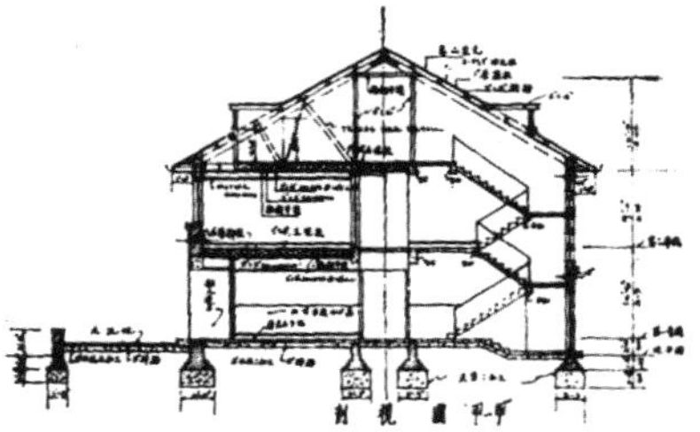

剖視圖

江灣嶺南學校宿舍剖視及平面圖

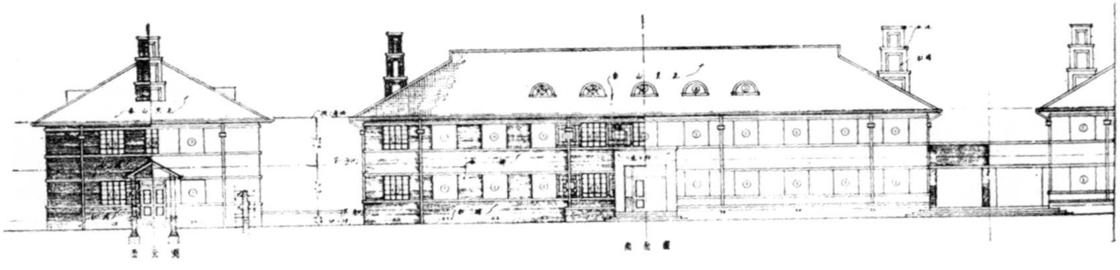

江灣嶺南學校宿舍南面及西面圖

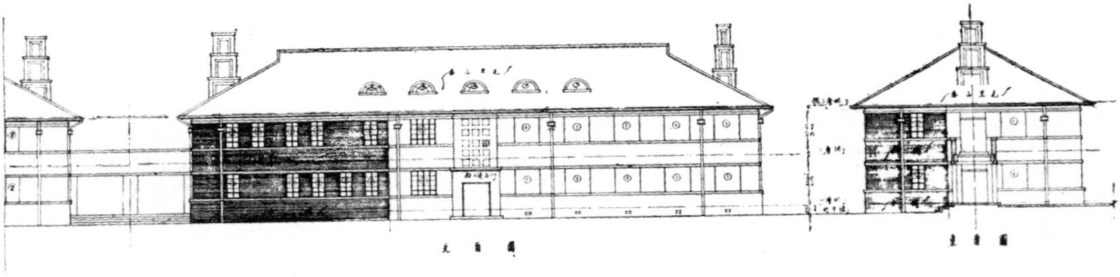

江灣嶺南學校宿舍東面及北面圖

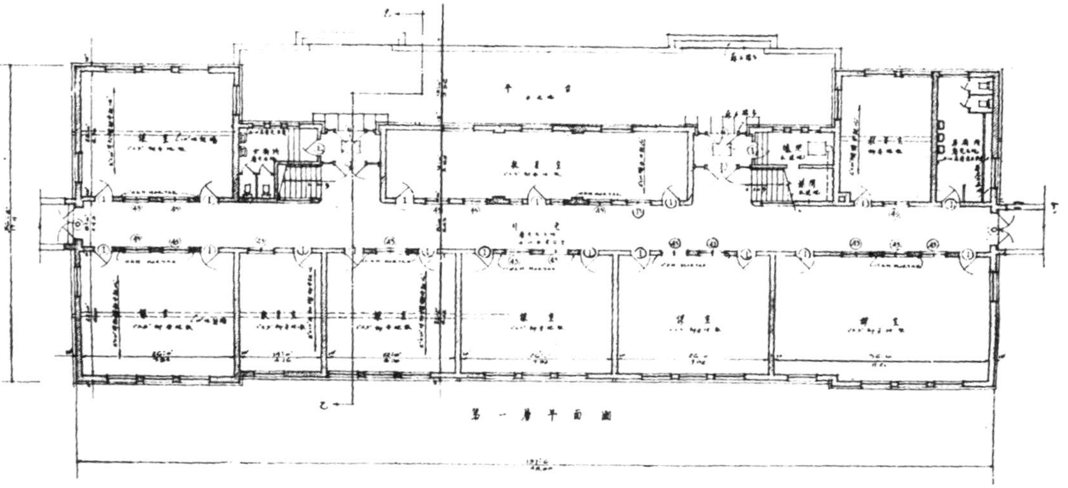
第一層平面圖

江灣嶺南學校課堂

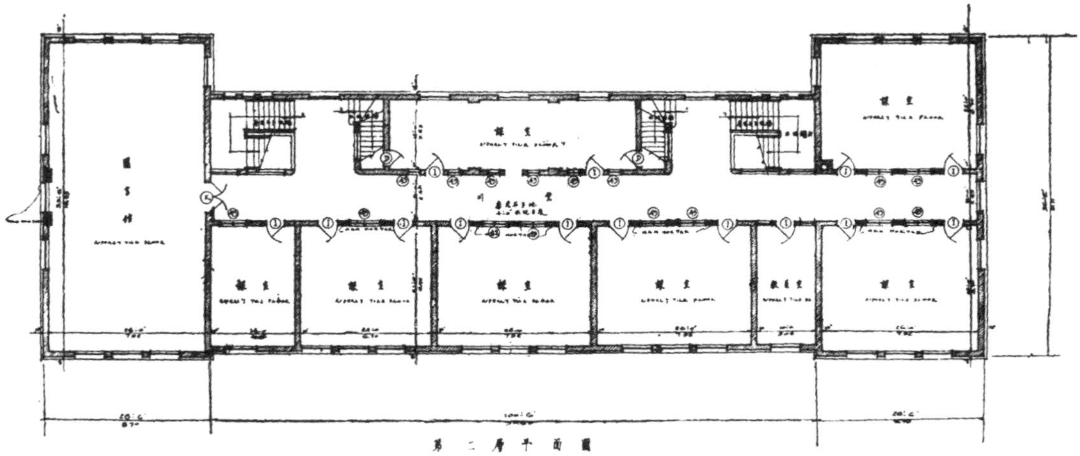
第二層平面圖

江灣嶺南學校課堂

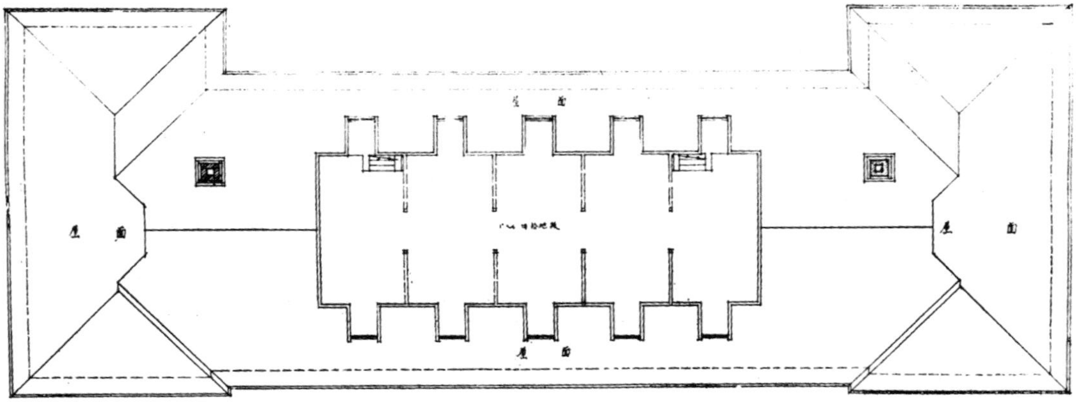

體三層平面圖

江湾嶺南學校課堂

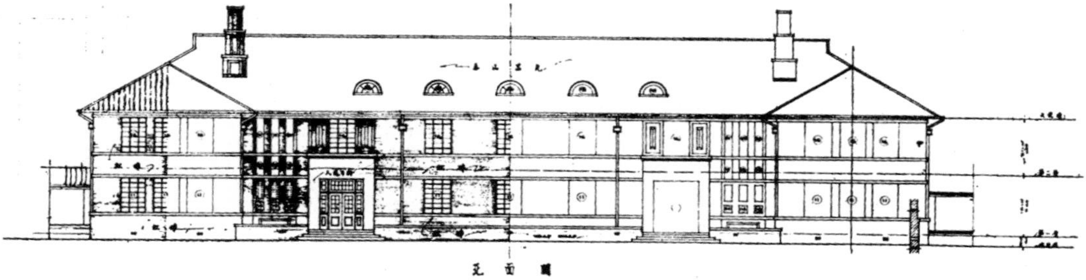

立面圖

江湾嶺南學校課堂

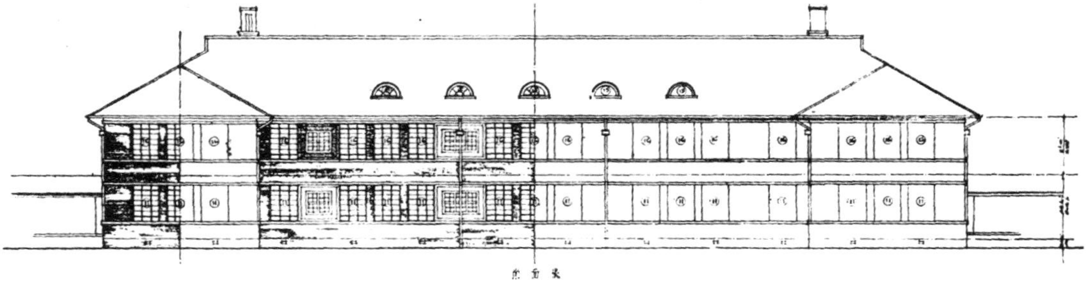

江灣嶺南學校課堂南面圖

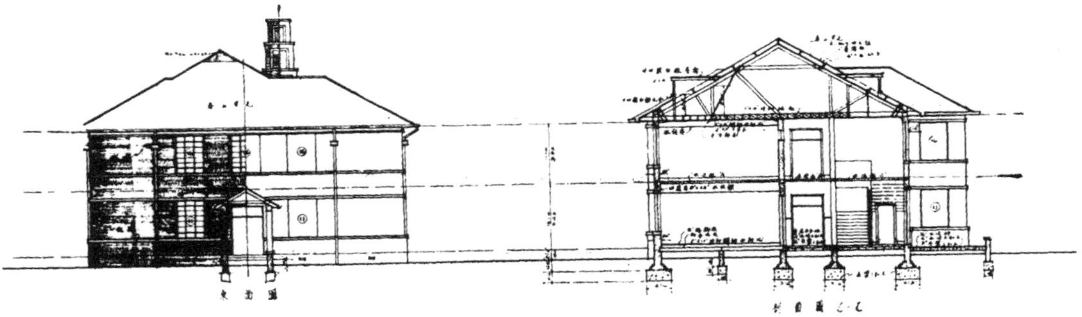

江灣嶺南學校課堂剖面及東面圖

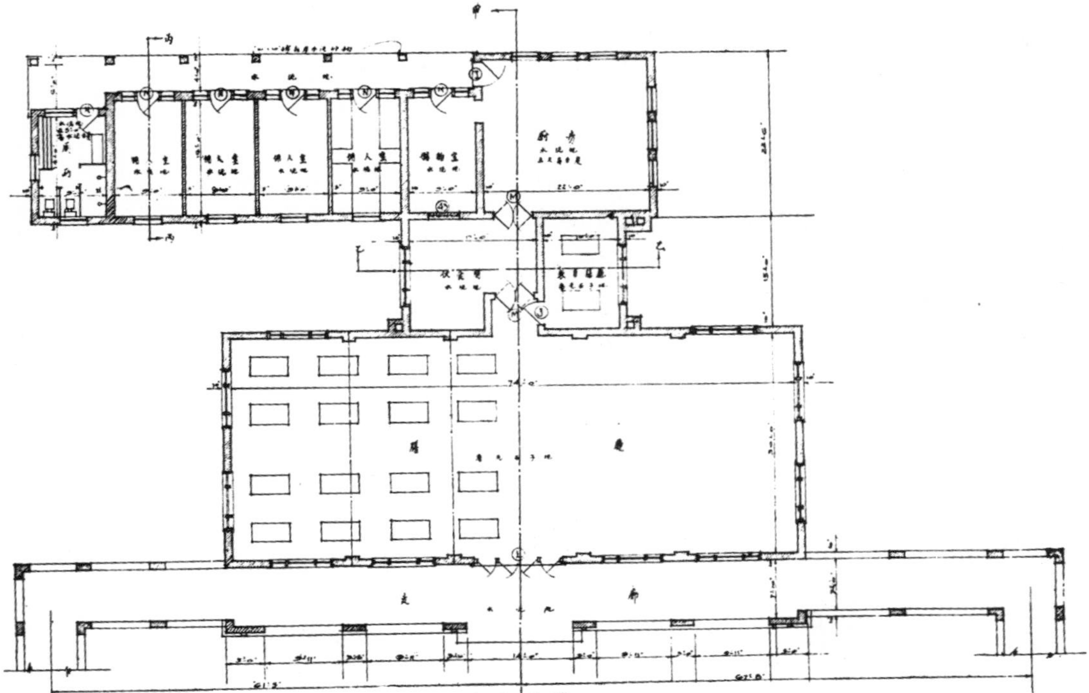

地平面圖

江灣嶺南學校膳堂平面圖

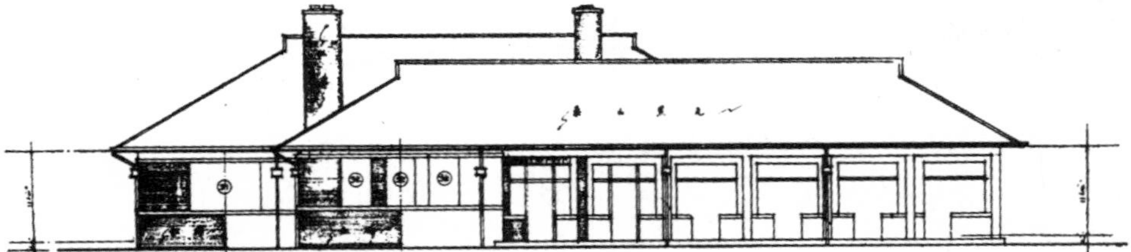

後面圖

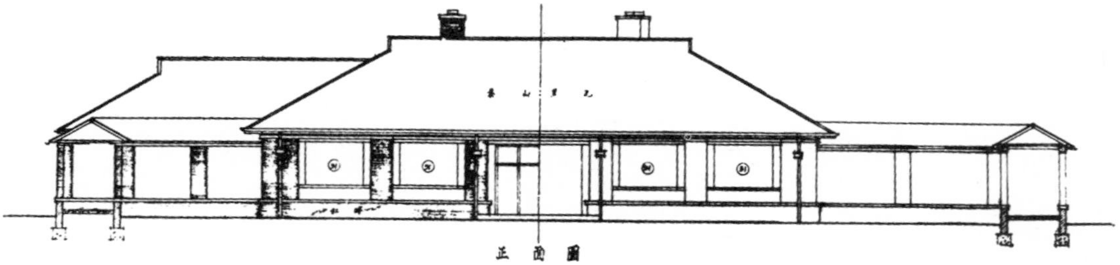

正面圖

江灣嶺南學校膳堂正面及後面圖

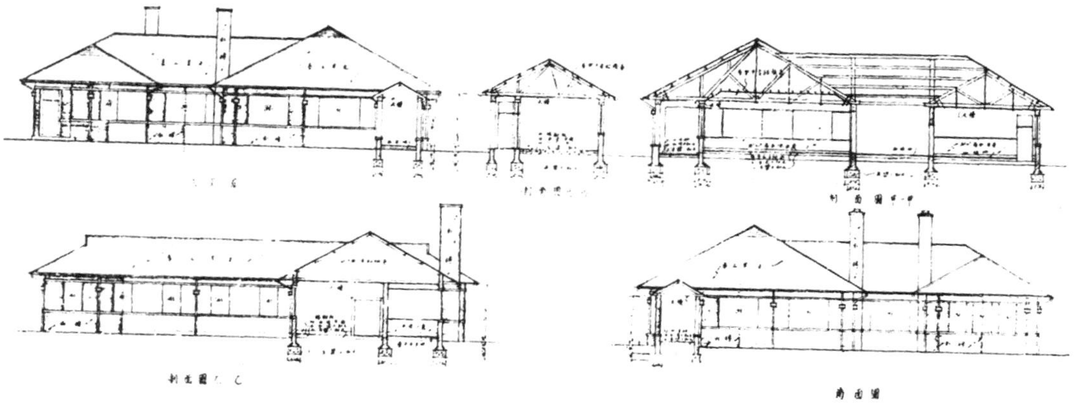

江灣嶺南學校膳堂南面及剖面圖

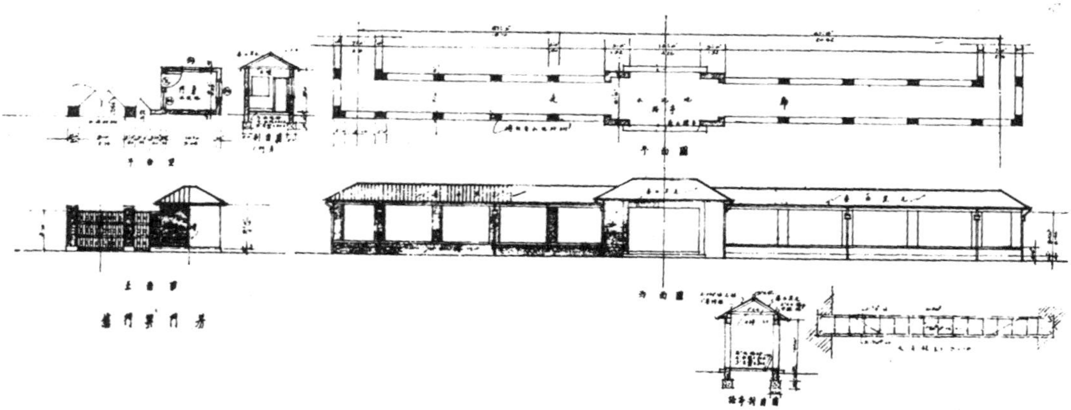

江灣嶺南學校西面走廊及正面門房圖

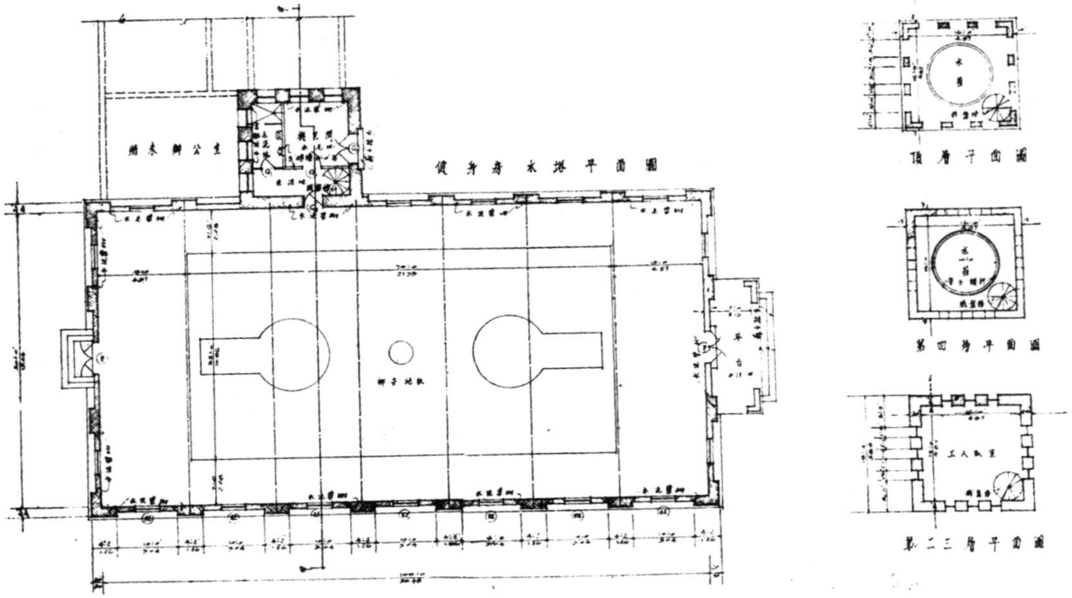

江灣嶺南學校健身房及水塔平面圖

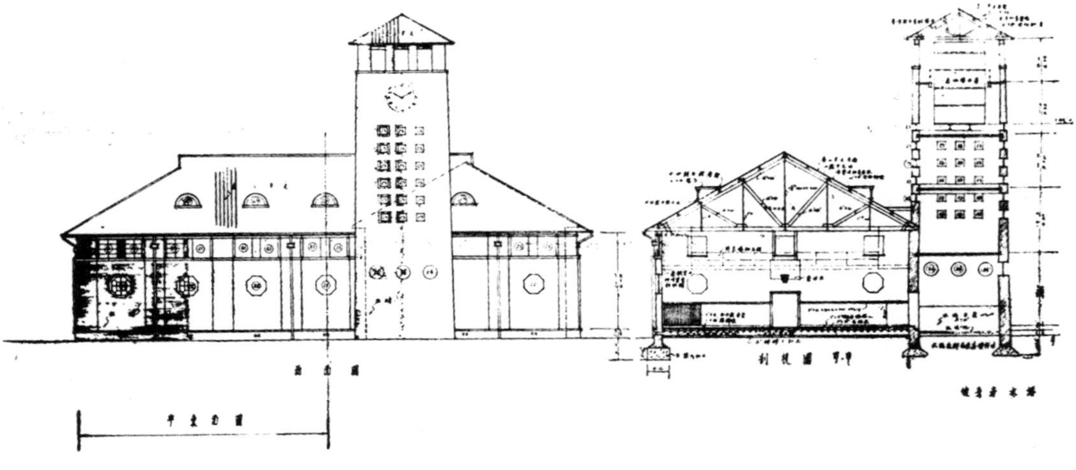

江灣嶺南學校健身房水塔剖視及東西面圖

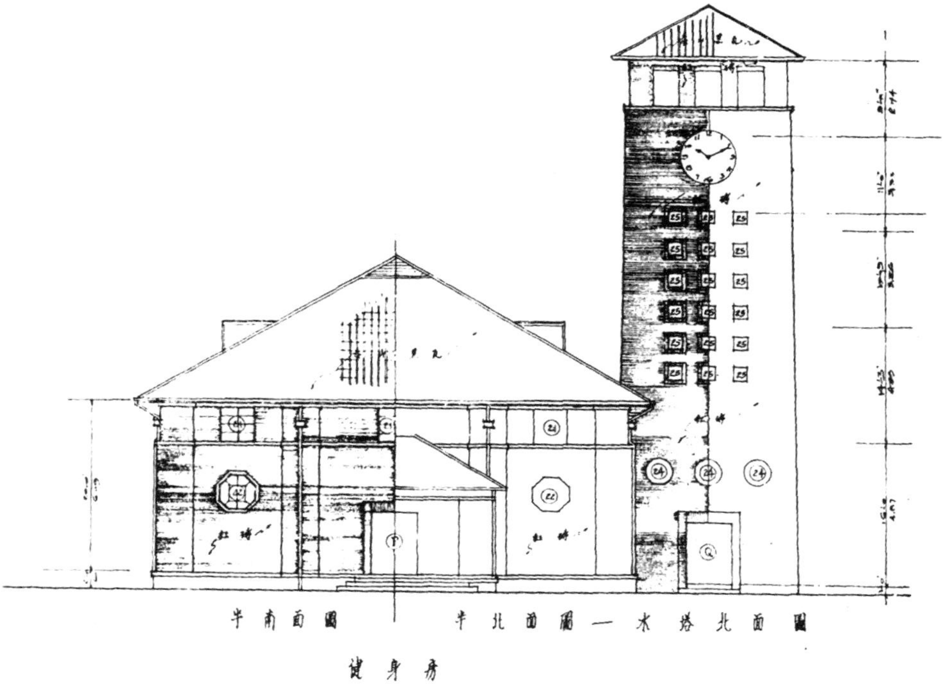

江灣·嶺南學校健身房水塔北面及南面圖

本社啟事一

本社出版之中國建築所載圖樣均是建築家之結晶品固爲國人所稱許所有中西房屋次樣無不精美堅固適宜經濟屢承各界函詢以前所出各期能否補購以窺全豹函復爲勞惟本刊銷數日增印刷有限致前出各期殘缺不少茲爲讀者補購便利起見將未售罄各期開列於下：—

一卷三期　一卷四期　一卷五期　(以上每本五角)

二卷一期　二卷二期　二卷三期　二卷四期　二卷五期　二卷六期　二卷七期　二卷八期　二卷九十期合訂本　二卷十一期十二期合訂本　(以上每本七角如自二卷一起至二卷十二購全一套者可以打八折計算)

三卷一期　三卷二期　三卷三期　三卷四期　三卷五期　二十四期(每本七角)

本社啟事二

上海公共租界建築房屋章程係工部局所訂祇有西文本售價甚昂本社有鑒於此特譯成中文精裝一厚册僅售洋壹元庶購買能力可以普及使未諳西文者閱此又覺便利不少也

上海國富門路劉公館

李錦沛建築師設計

劉公館地點坐落國富門路，式樣設計，採用貴族化西班牙式。建築物高凡三層，佔地面積，約4800方尺，全部建築工程由馥記營造廠承造。外部勒脚做斬毛水泥石，上部用拉毛水泥粉刷，(STUCCO)屋頂用紅色西班牙瓦，外部門窗悉用鋼質，下層窗戶並裝置花鐵柵。全部建築費達數萬金，其雄偉華麗，於此可見一斑。

上海國富門路劉公館　　李錦沛建築師設計

內部設計，異常精美新穎，寬大適度。會客廳，餐廳，起居室，臥室，穿堂等，光線充足，空氣流暢，會客廳，餐廳，起居室，採用硬木平頂，斜紋檀木與大理石或橡皮地板，踏步用花崗石。其他衞生設備，熱水汀等，無不精美非凡。進門廳外，裝置一古銅色壁燈，更增色不少。其他如門房，鐵大門，汽車房，花房，網球場，噴水池等建築，莫不應有盡有，富麗堂皇，極爲完備。

上海國富門路劉公館　　李錦沛建築師設計

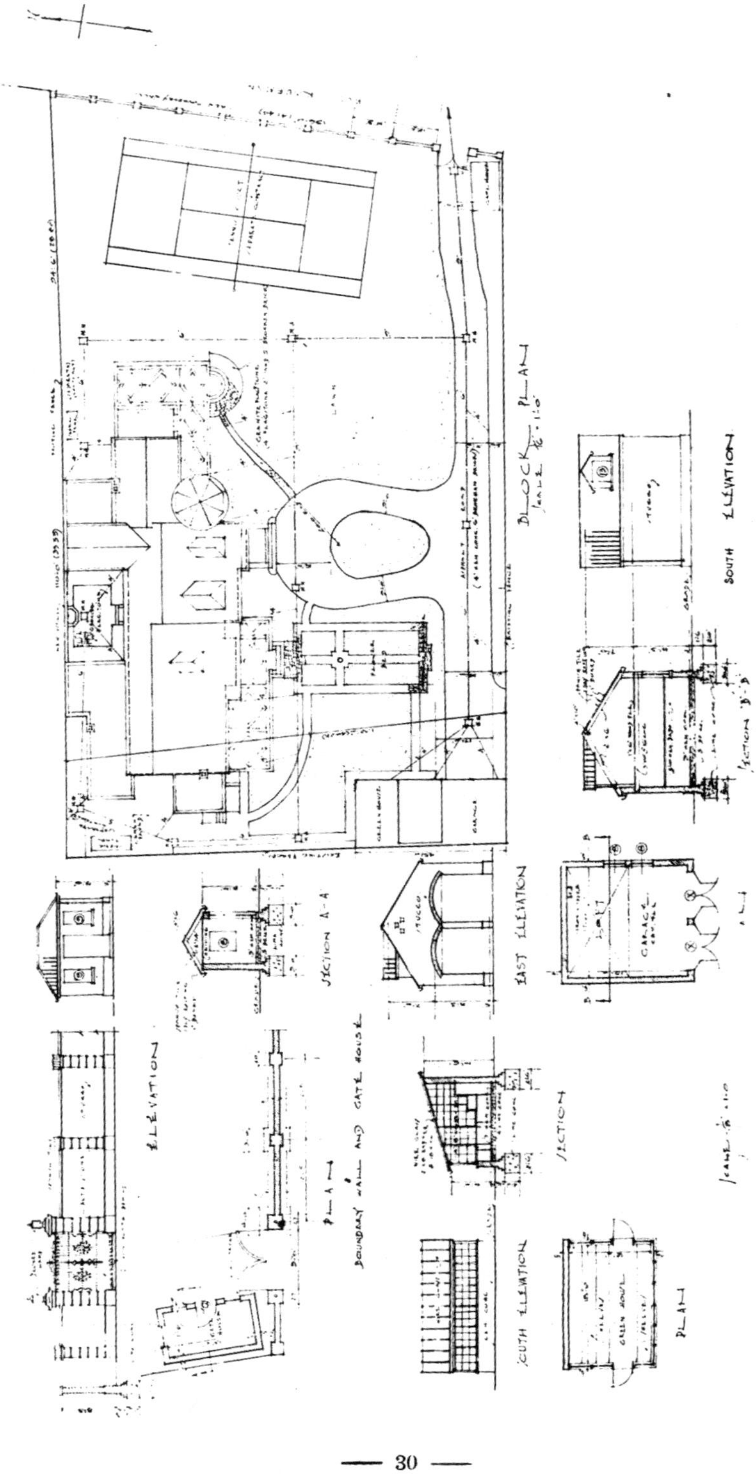

上海國富門路劉公館

李錦沛建築師設計

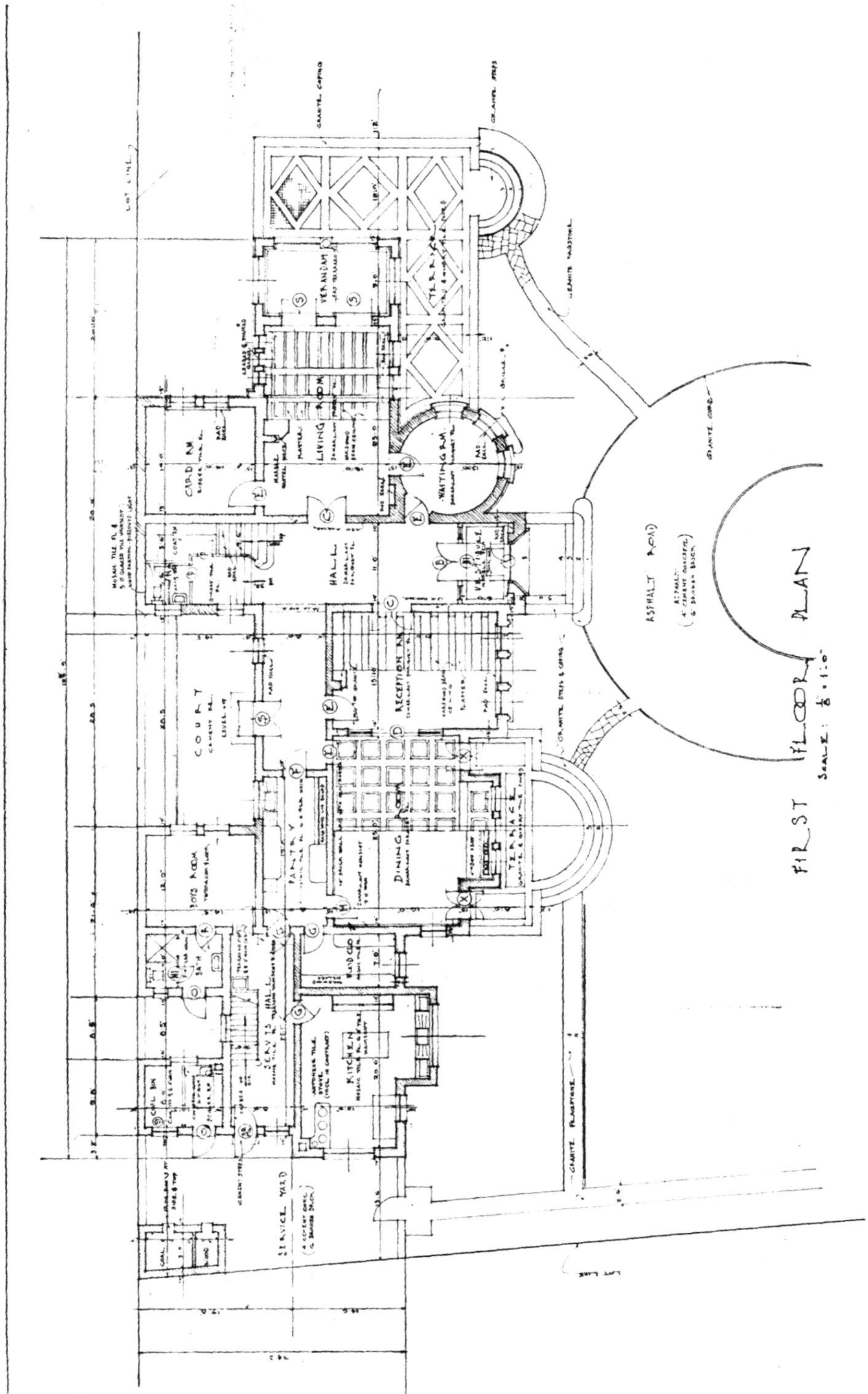

上海國富門路劉公館

李錦沛建築師設計

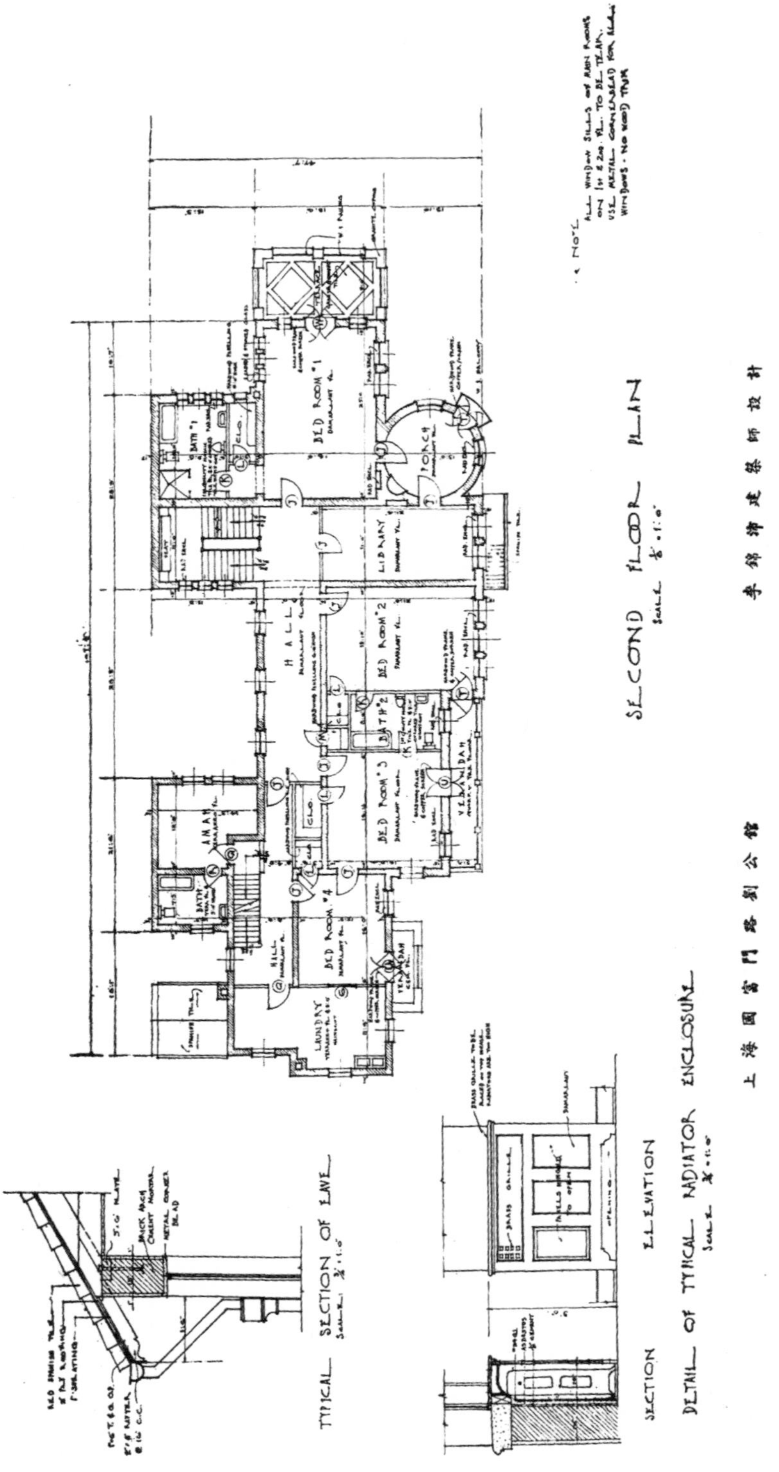
SECOND FLOOR PLAN
SCALE 1/8"=1'0"
李錦沛建築師設計
上海國富門路劉公館
TYPICAL SECTION OF EAVE
DETAIL OF TYPICAL RADIATOR ENCLOSURE
SECTION
ELEVATION
BED ROOM #1
BED ROOM #2
BED ROOM #3
BED ROOM #4
PORCH
LIBRARY
HALL
BATH #1
BATH #2
AMAH
LAUNDRY
VERANDAH

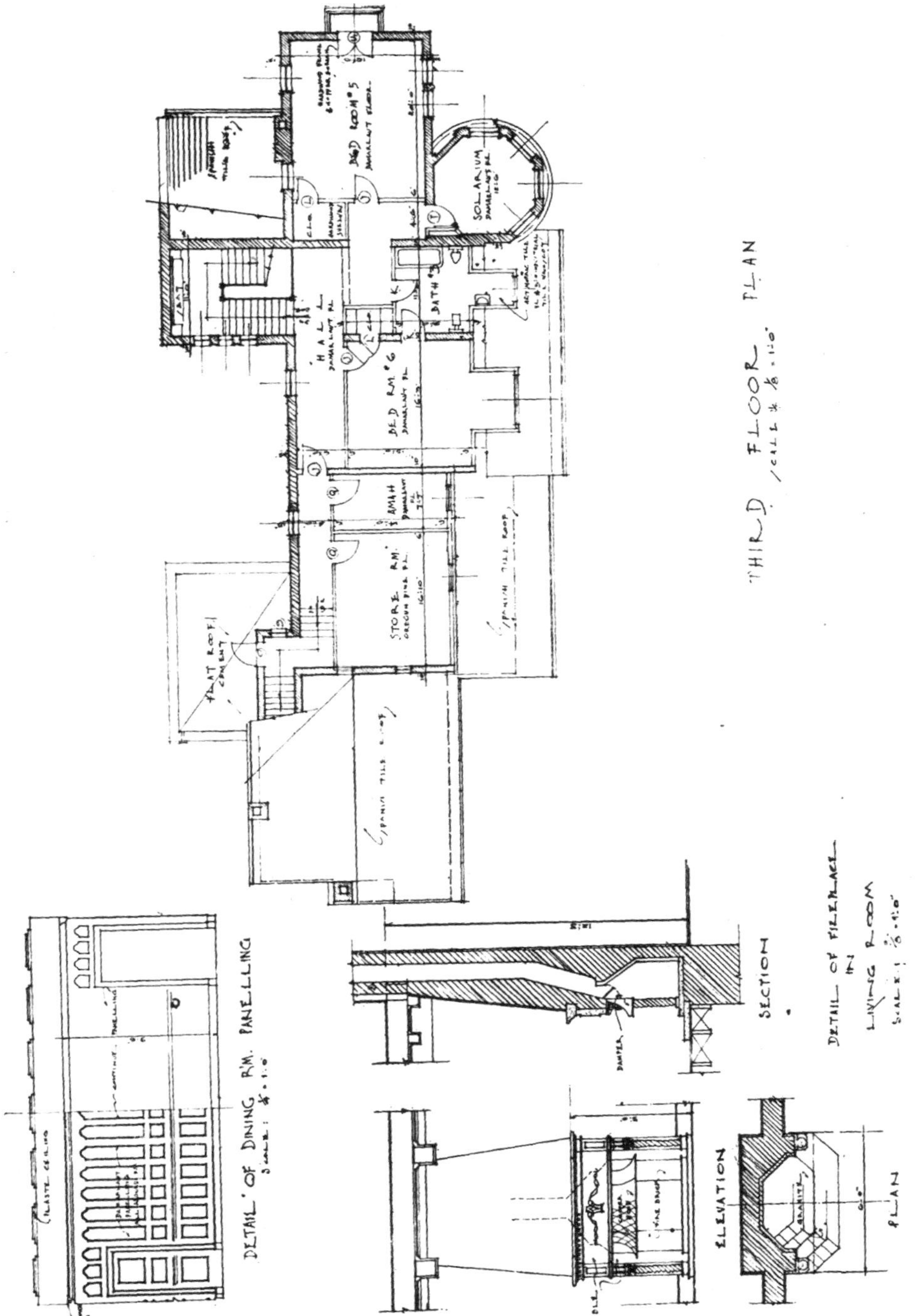

上海國富門路劉公館

李錦沛建築師設計

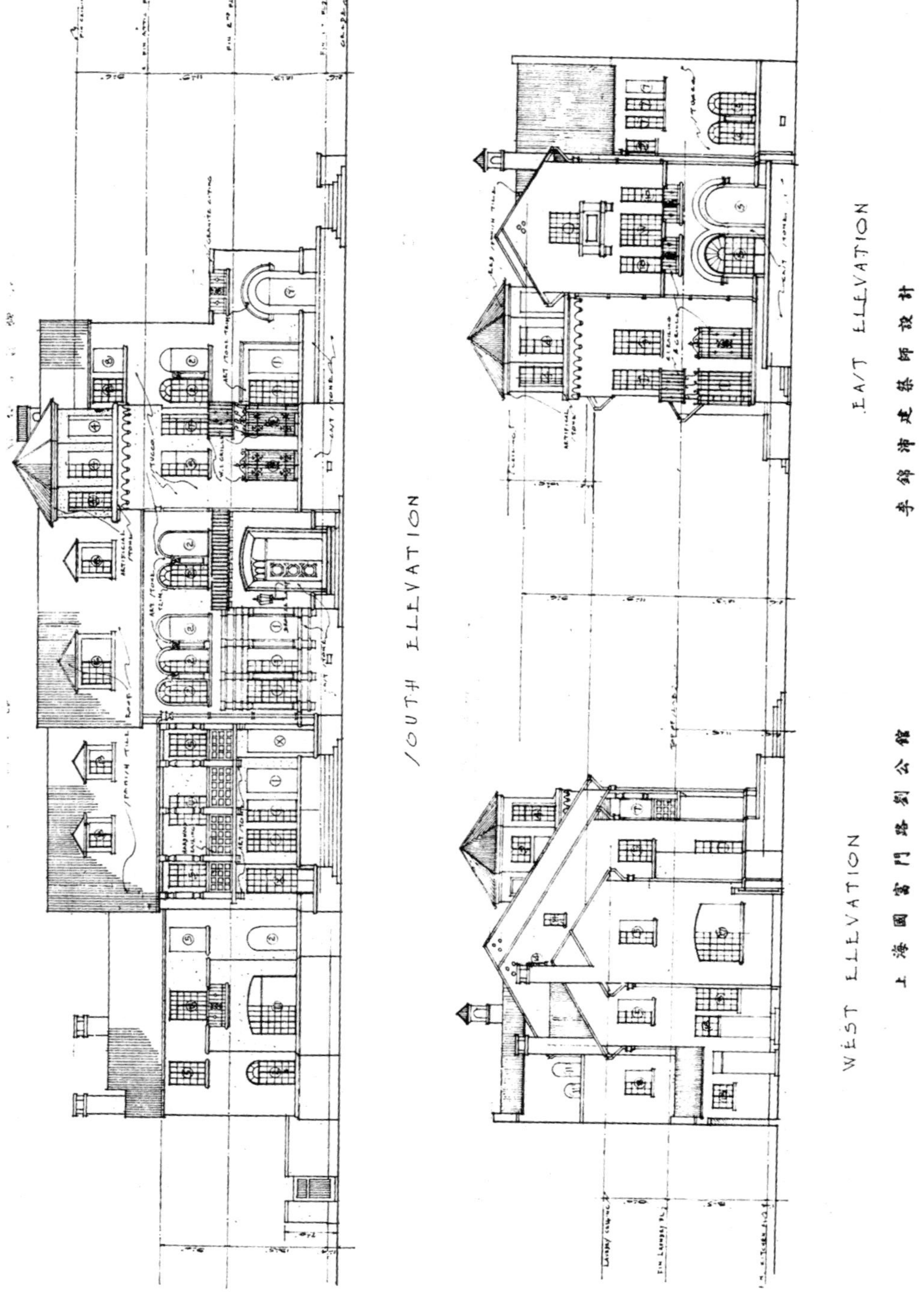
SOUTH ELEVATION
EAST ELEVATION
WEST ELEVATION
上海國富門路劉公館
李錦沛建築師設計

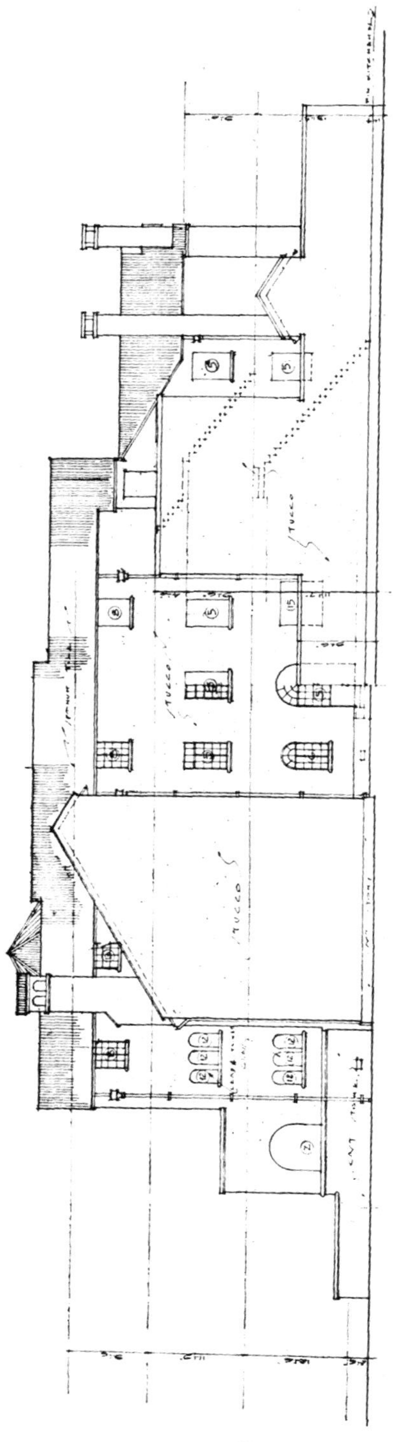

NORTH ELEVATION

上海國富門路劉公館

李錦沛建築師設計

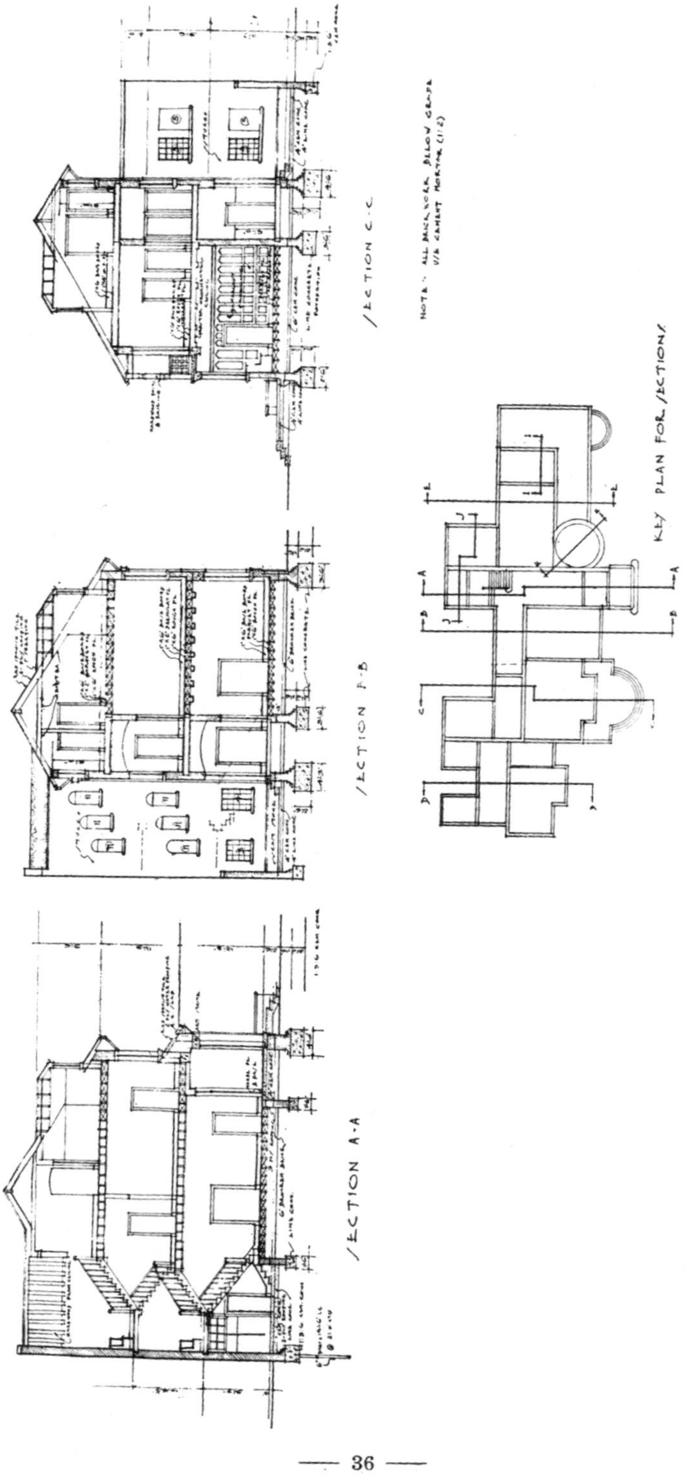

上海國富門路劉公館

李錦沛建築師設計

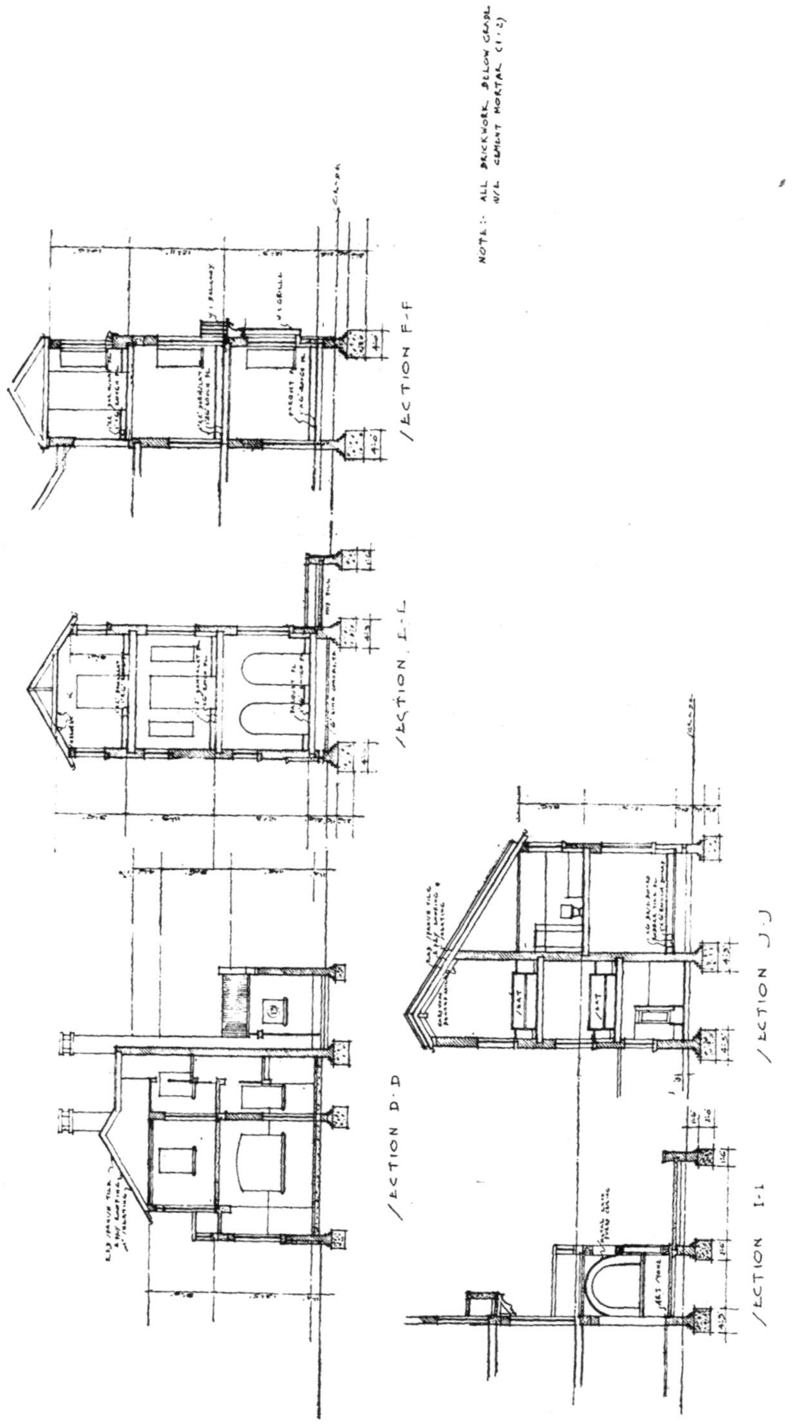

上海國富門路劉公館

李錦沛建築師設計

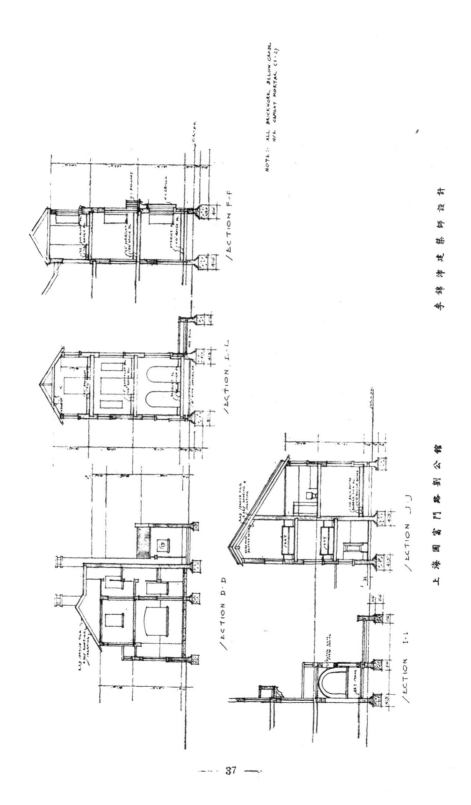

浙江建業銀行概略

李錦沛建築師設計

浙江建業銀行，位於杭州新民路，由李錦沛建築師設計監工。高凡五層，頂層平屋面爲假層，預作日後加添之用，全部房屋，爲鋼筋混凝土結構，式樣新穎雄偉，高聳雲霄，在杭市首屈一指，總計建築造價，爲國幣捌萬圓，建築工程由新義記營造廠承造，水電工程，由興華公司承裝，庫門由愼昌洋行承辦，建築歷時九月，已於民國廿四年春季落成。

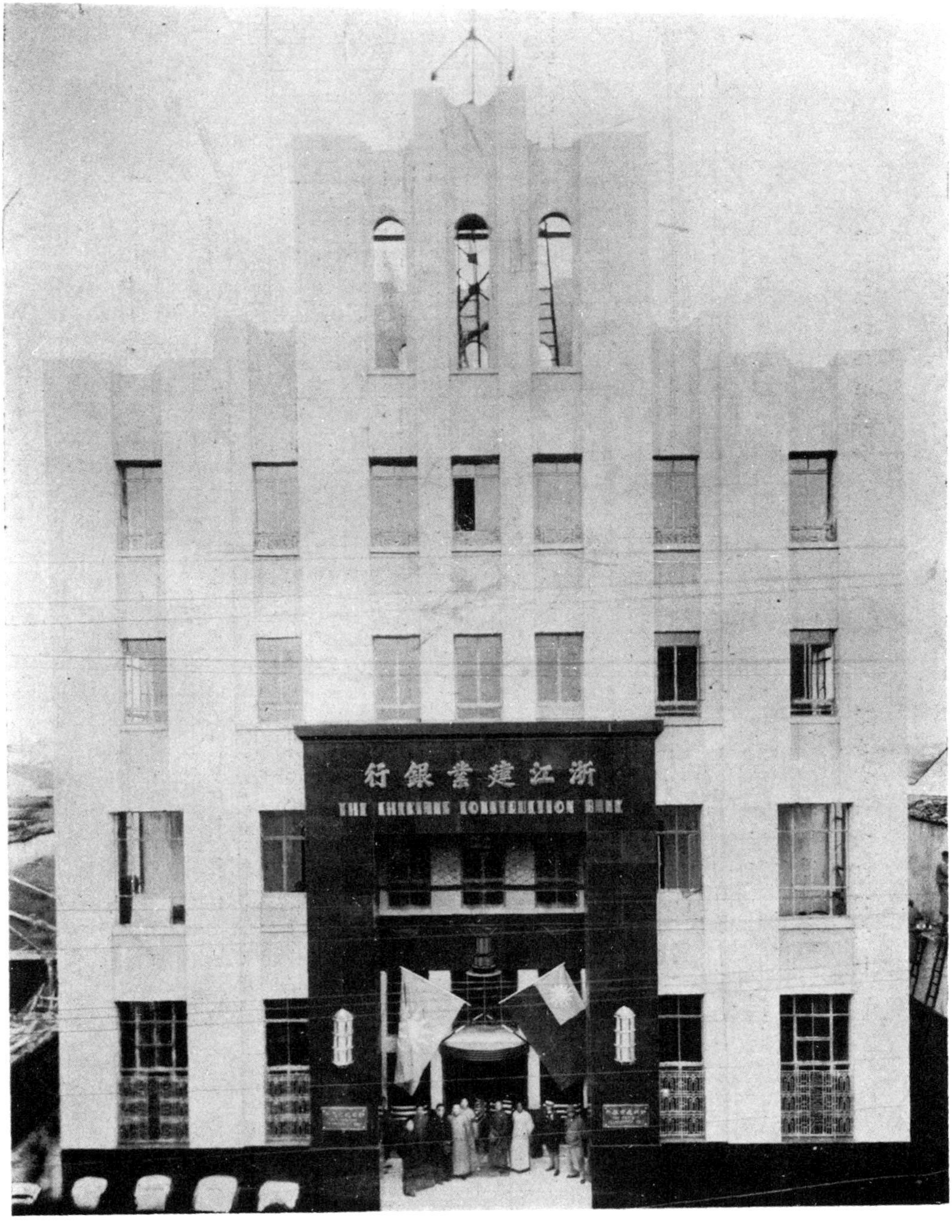

杭州浙江建業銀行　　李錦沛建築師設計

〇一九七一

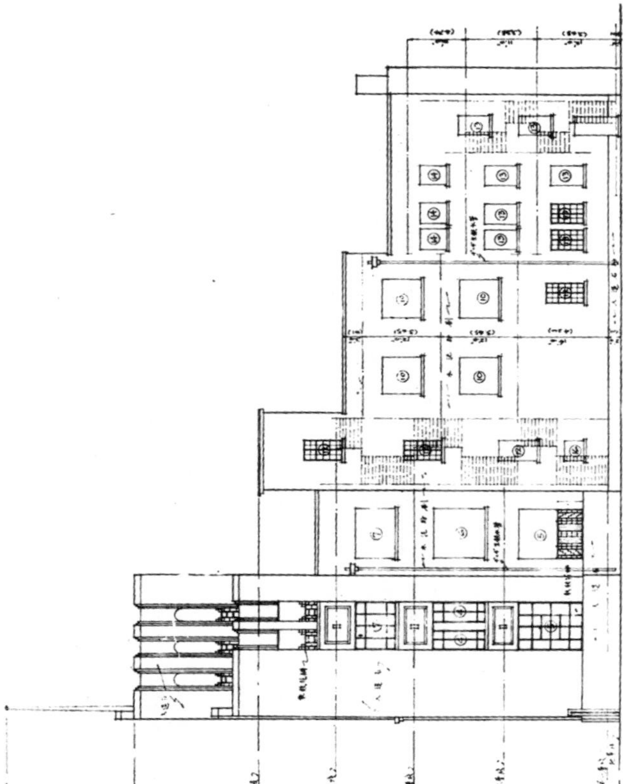

正面立視圖　西面立視圖

杭州浙江建業銀行　李錦沛建築師設計

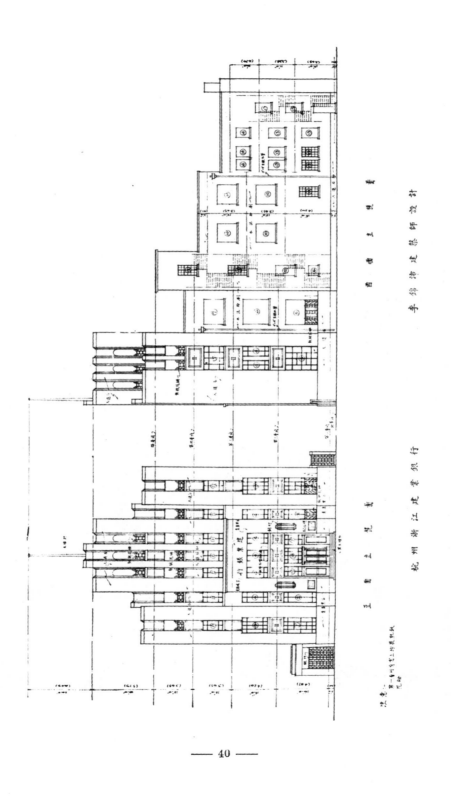

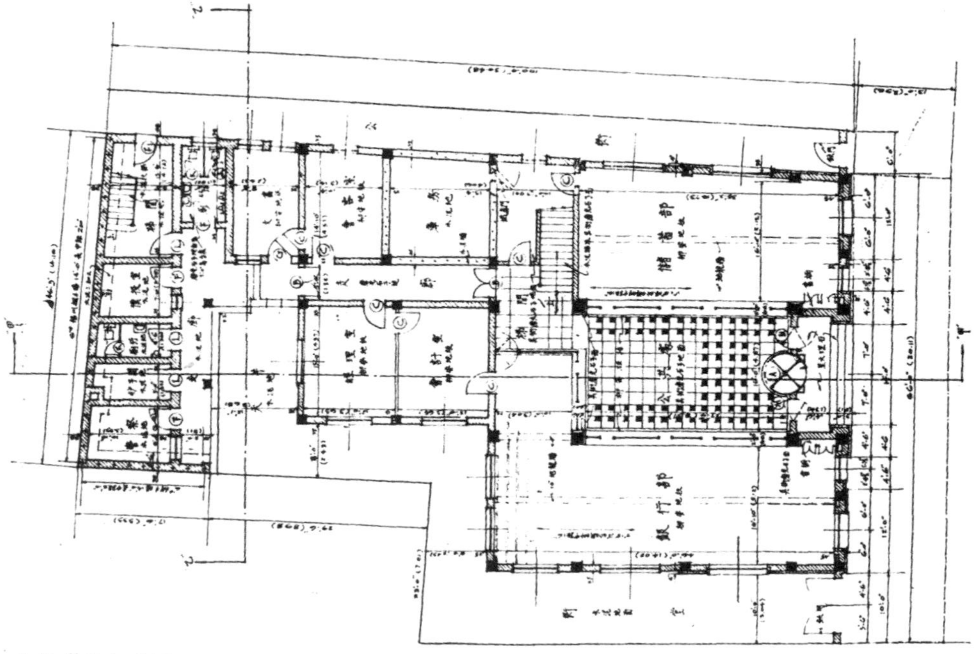

第一層平面圖

李錦沛建築師設計

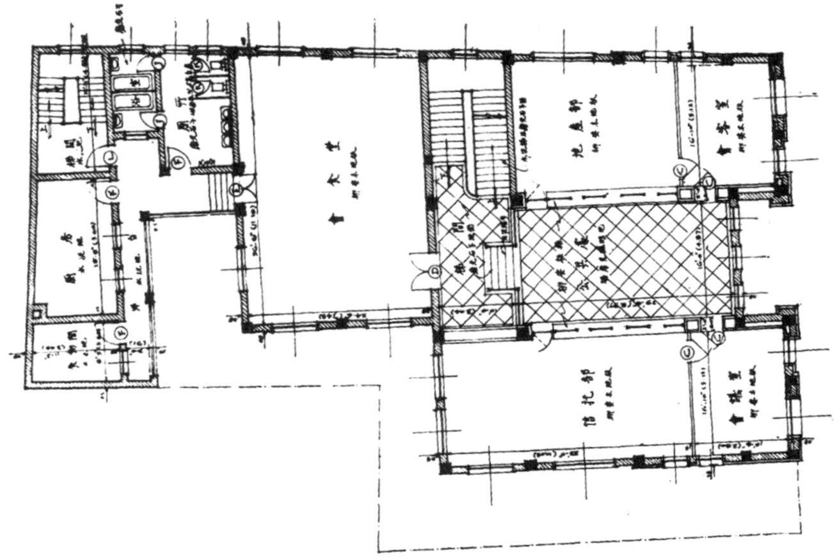

第二層平面圖

杭州浙江建業銀行

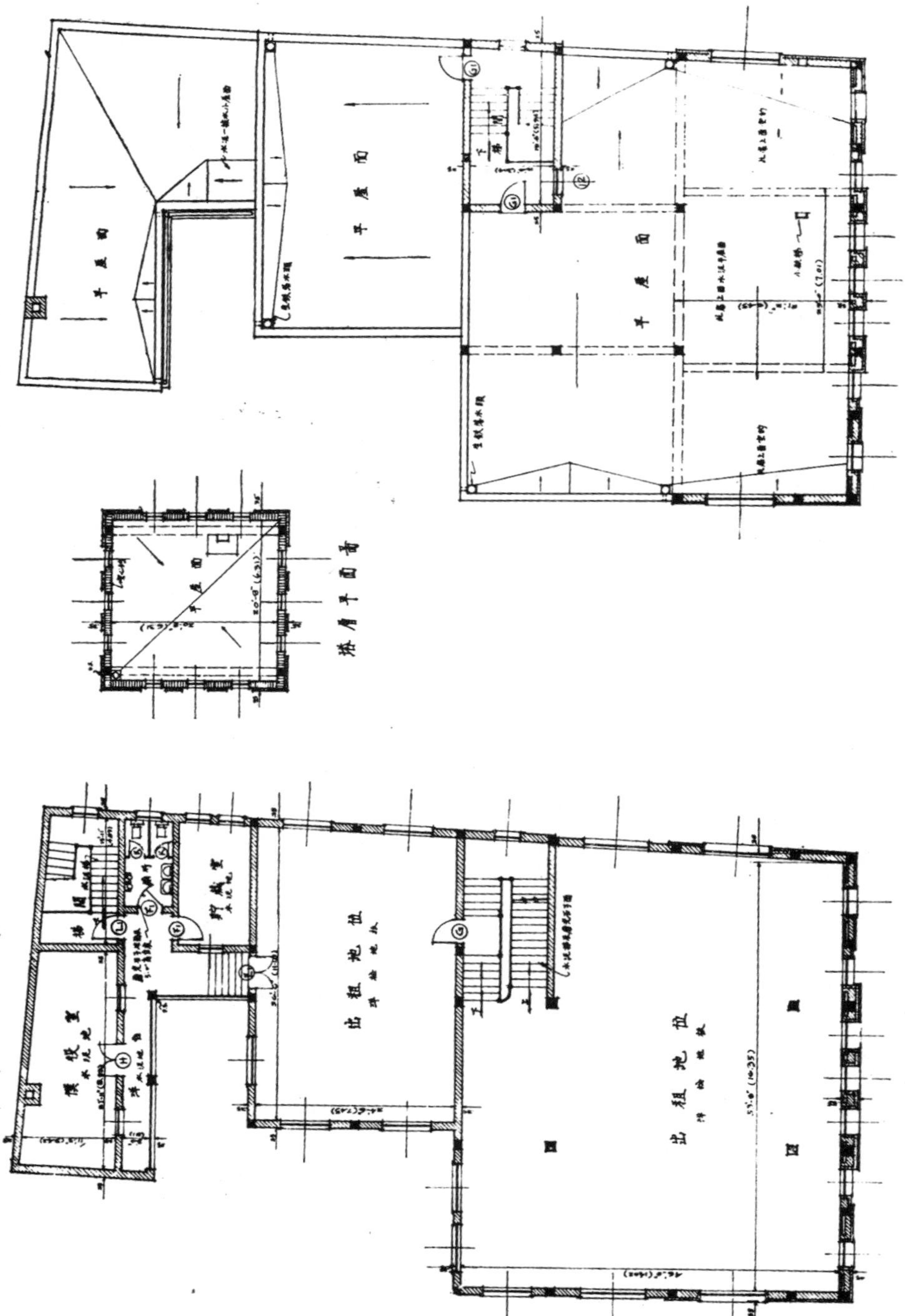

第四層平面圖

李錦沛建築師設計

塔層平面圖

第三層平面圖

杭州浙江建業銀行

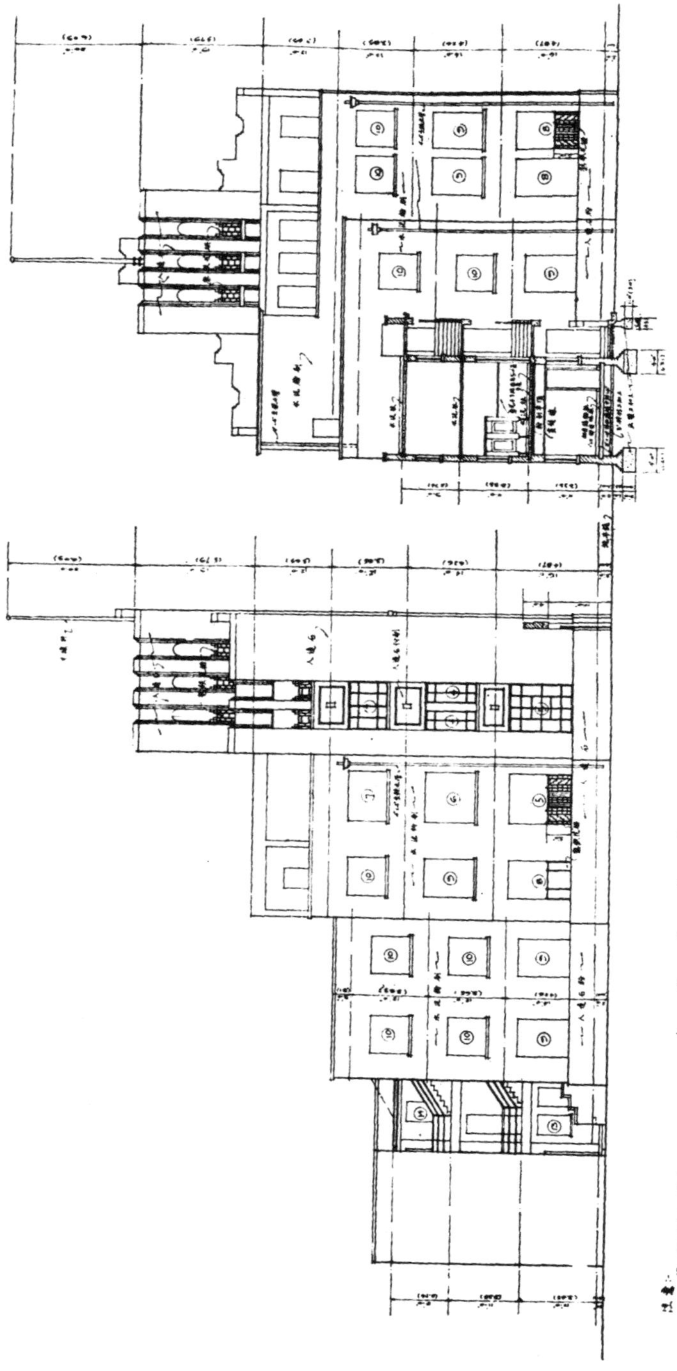

東面立視圖

南面立視圖

杭州浙江建業銀行

李錦沛建築師設計

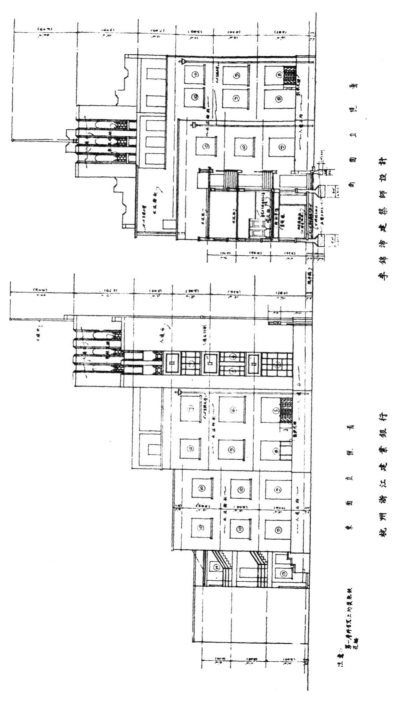

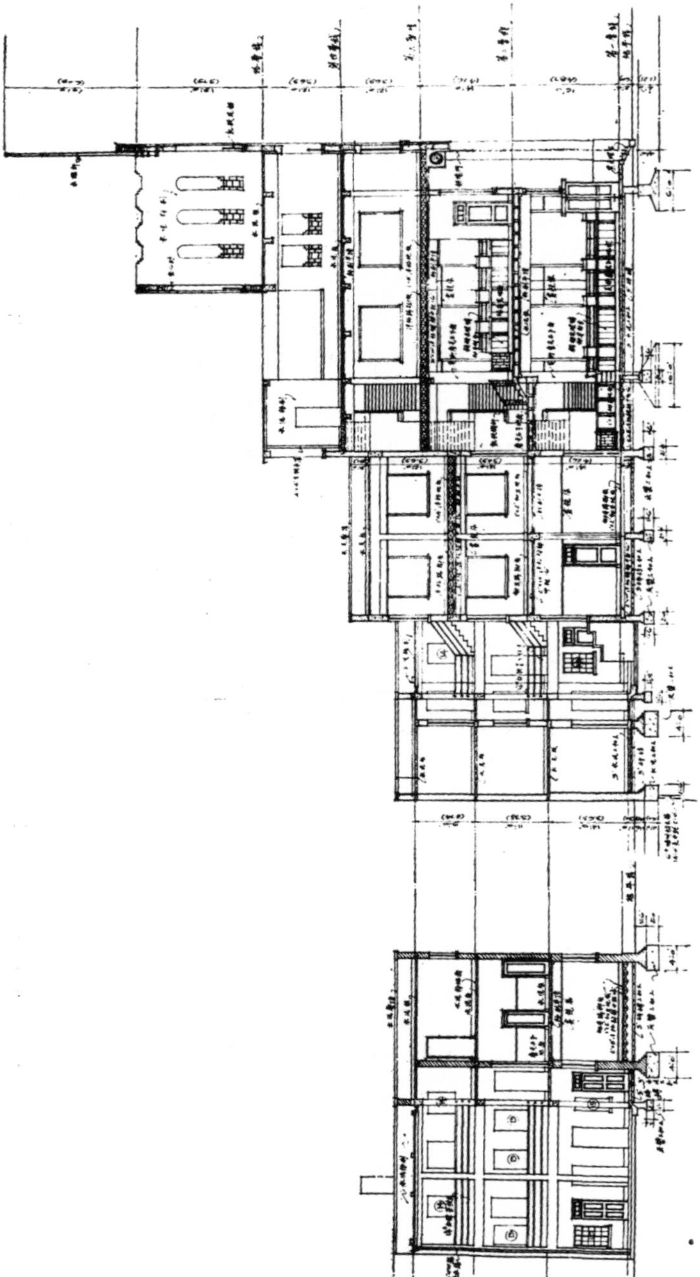

剖視圖 甲-甲

李鍾沛建築師設計

剖視圖 乙-乙

杭州浙江興業銀行

上海武定路嚴公館

李錦沛建築師設計

嚴公館地點在武定路，前部爲二層建築，供職員住舍，中部爲三層鋼骨混凝土建築，供自用，後部爲二層建築，供僕役用，前部與中部間有花園相隔，綠蔭葱茂，景色宜人。全部建築式樣新穎，配置得宜，舉凡摩登房屋應有之設備無不畢具，陳設之趨時，空氣之通暢，又其餘事耳。全部工程建築費達三萬餘元，由沈川記營造廠承造，職員住舍。下層爲辦公房膳室，上層爲臥室，浴室，會客室，略帶公寓化，設計極完善。

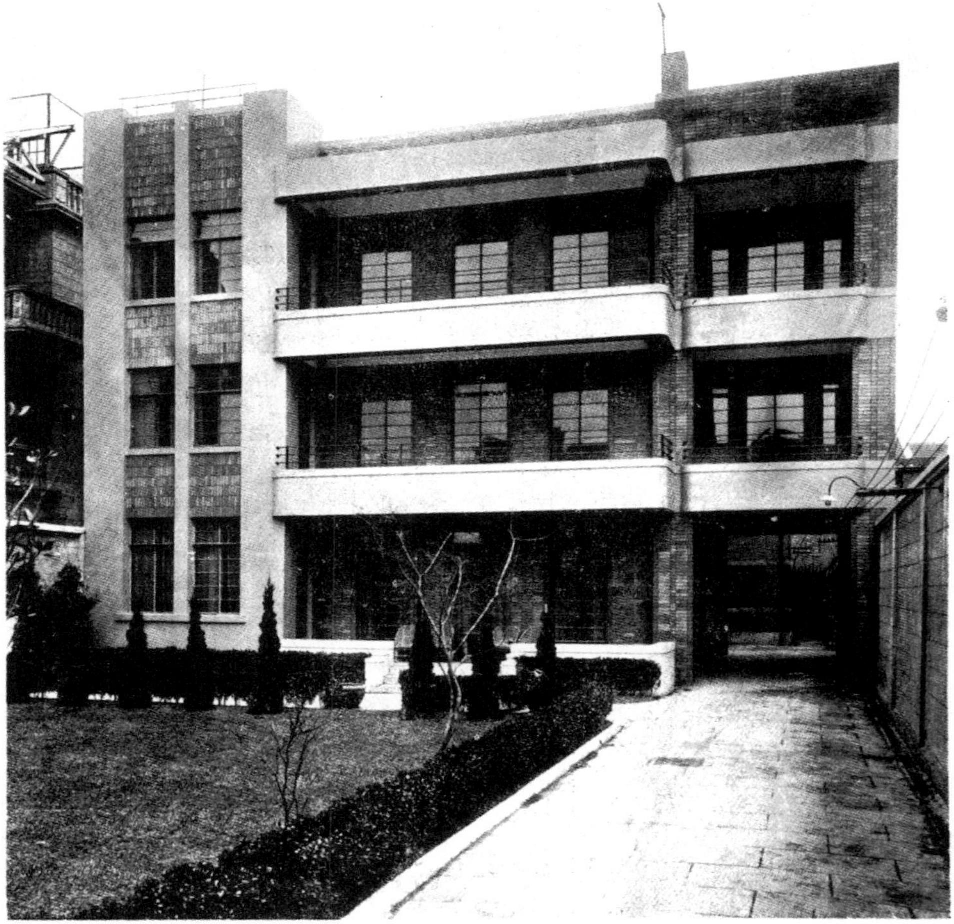

上海武定路嚴公館　　李錦沛建築師設計

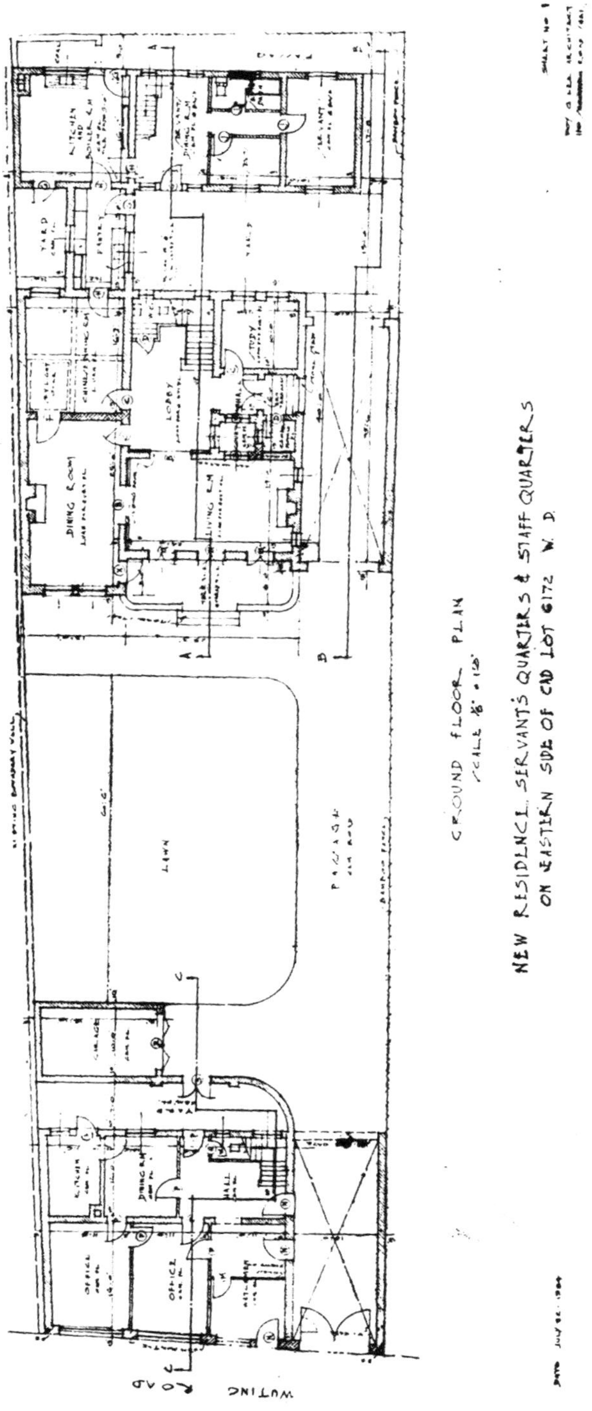

華蓋建築師設計

上海武定路嚴公館

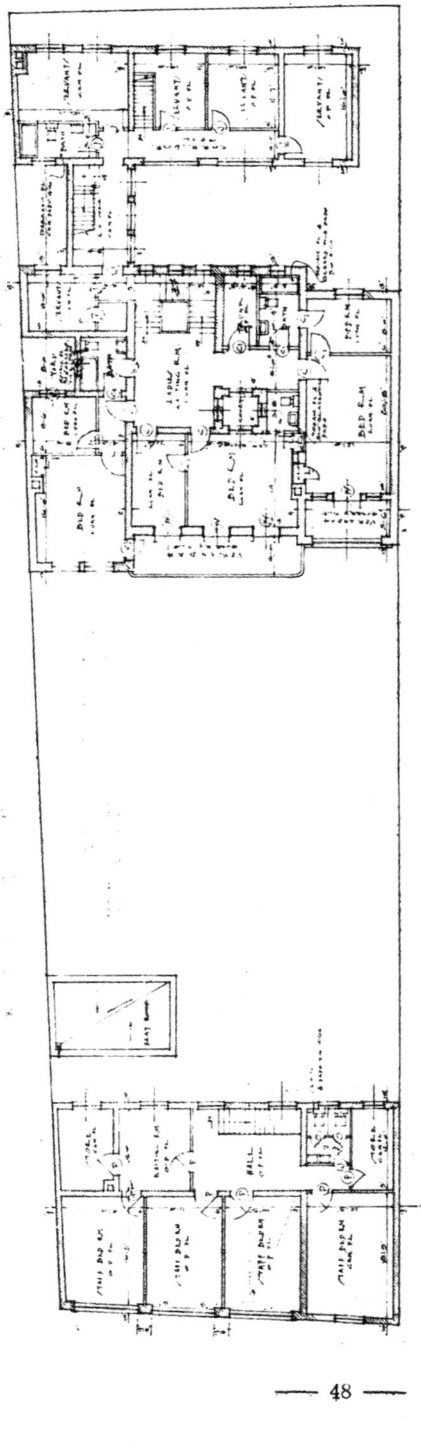

FIRST FLOOR PLAN

NEW RESIDENCE, SERVANTS QUARTERS & STAFF QUARTERS
ON EASTERN SIDE OF CAD LOT 6172 W.D

上海武定路羅公館

李錦沛建築師設計

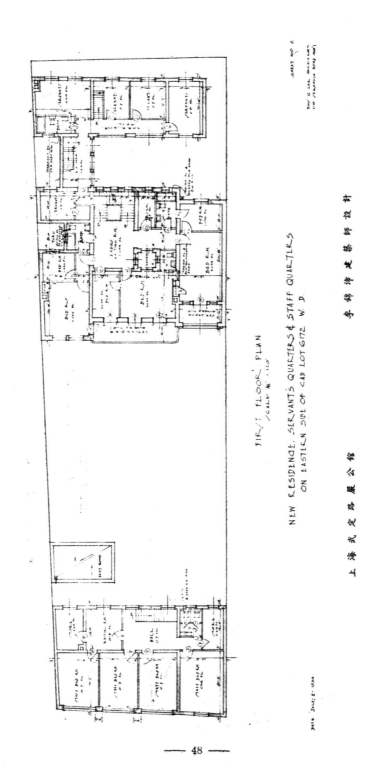

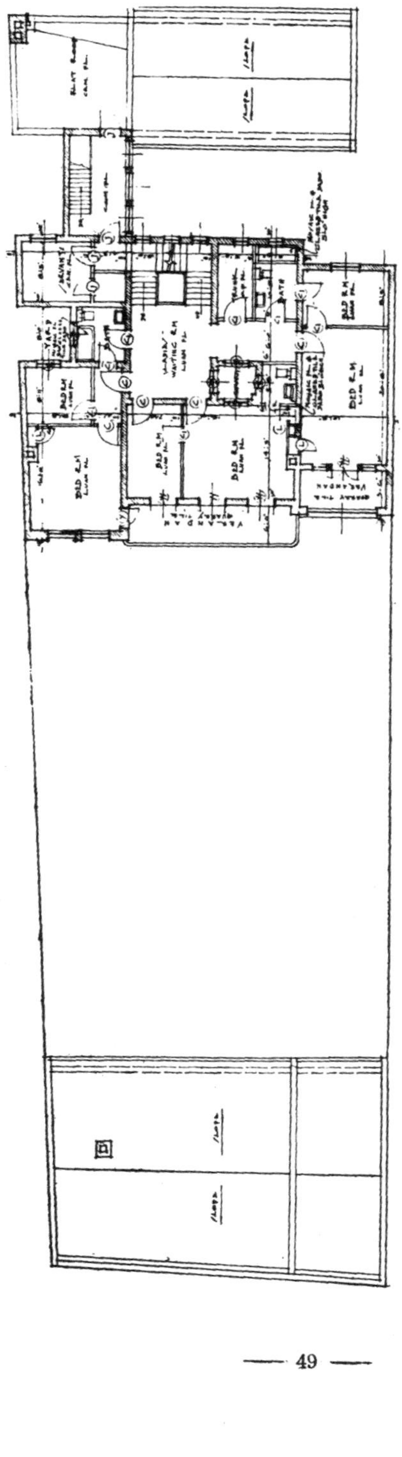

SECOND FLOOR PLAN
SCALE 1/8" = 1'0"

NEW RESIDENCE, SERVANTS QUARTERS & STAFF QUARTERS
ON EASTERN SIDE OF CAD LOT 6172 W. D.

上海武定路嚴公館

李錦沛建築師設計

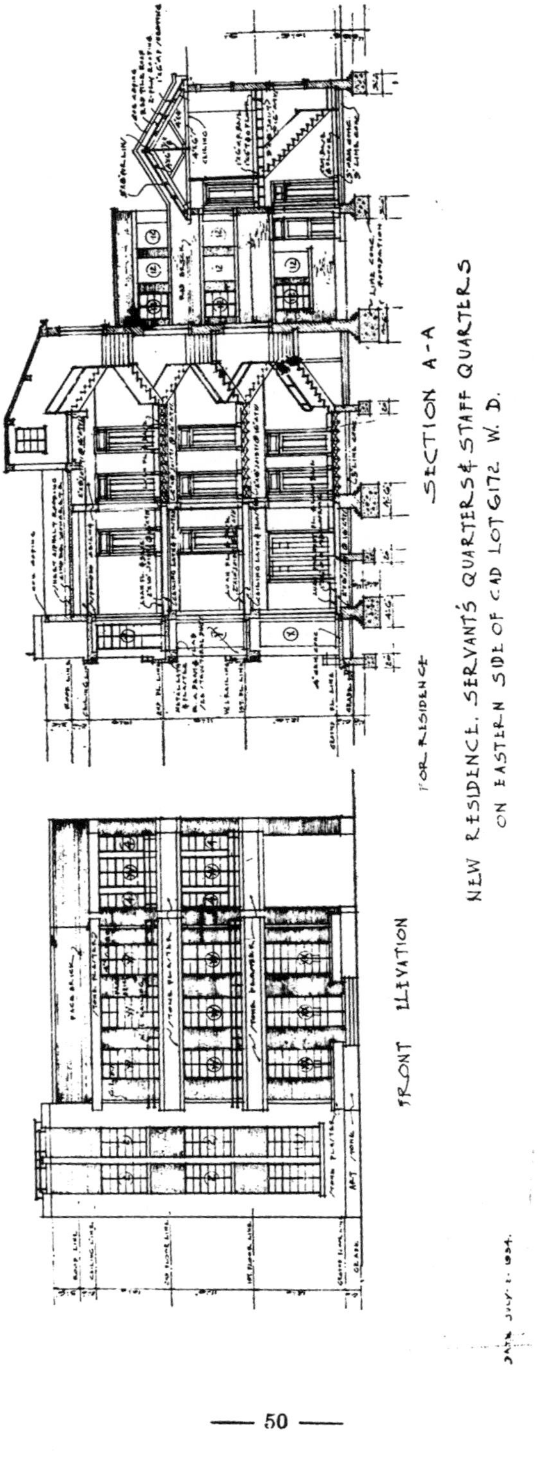

上海武定路嚴公館　　李錦沛建築師設計

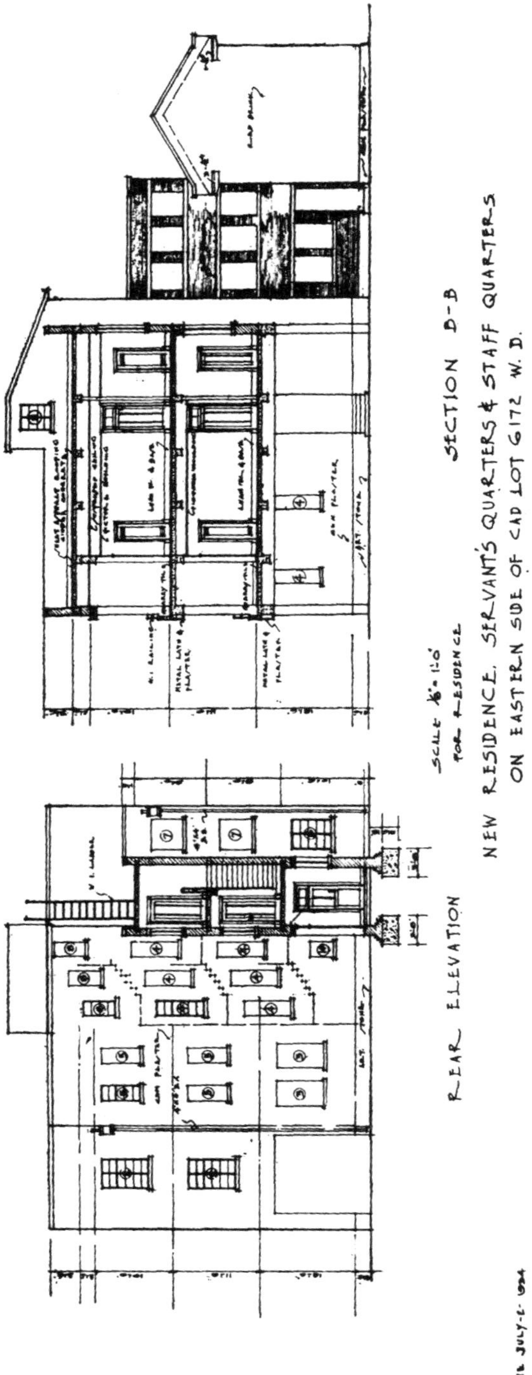

李錦沛建築師設計

上海武定路嚴公館

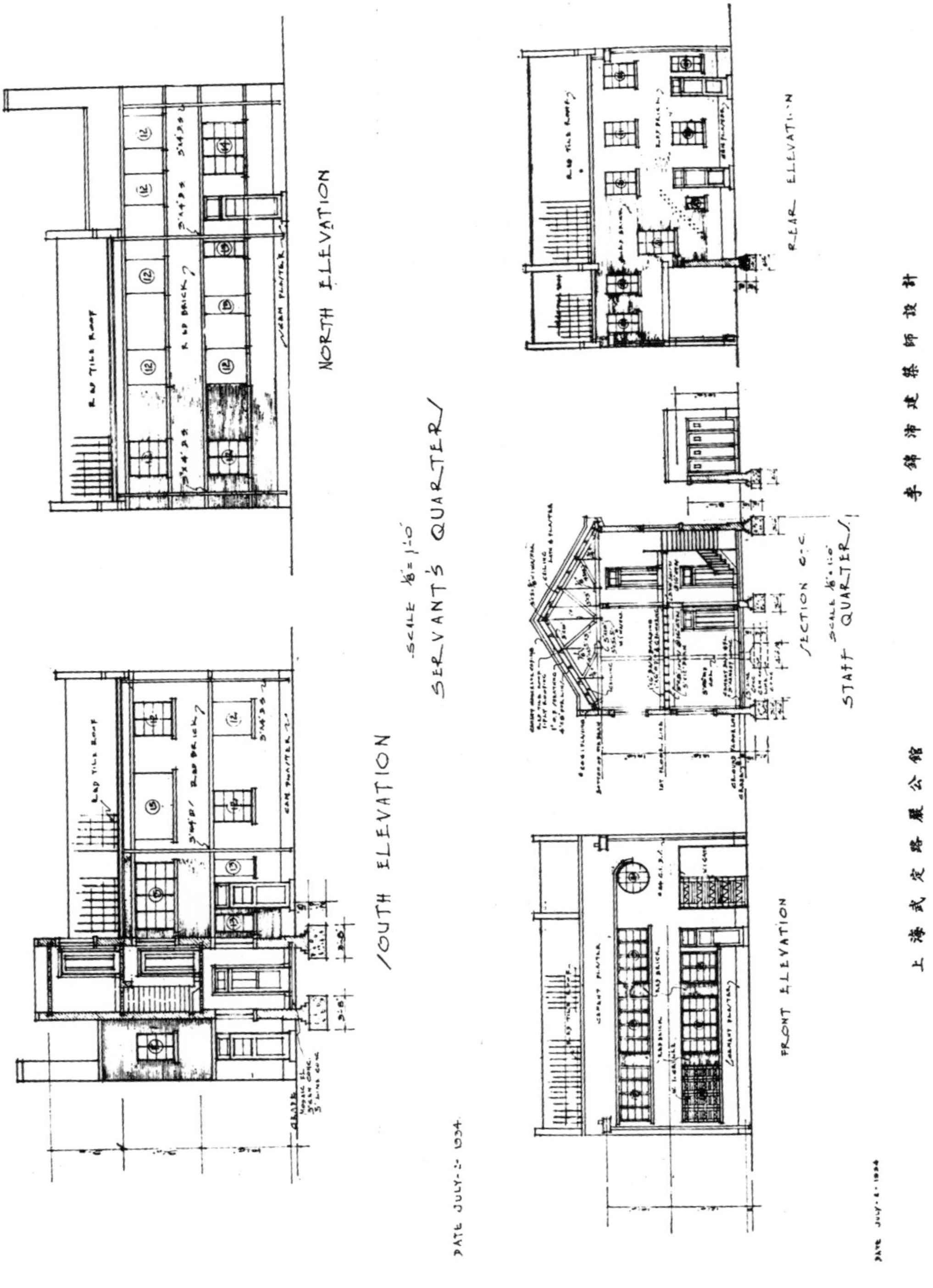
NORTH ELEVATION
SOUTH ELEVATION
SCALE 1/8"=1'-0"
SERVANT'S QUARTER
REAR ELEVATION
SECTION C-C
SCALE 1/8"=1'-0"
STAFF QUARTER
FRONT ELEVATION
李錦沛建築師設計
DATE JULY-2-1934
DATE JULY-2-1934

南京粵語浸信會堂

李錦沛建築師設計

(一) 地點 南京游府西街　　(二) 式樣 簡樸實用　　(三) 造價 國幣伍千餘元

(四) 建築時間 六個月　　(五) 承造人 福星營造廠　　(六) 座位 一式百人

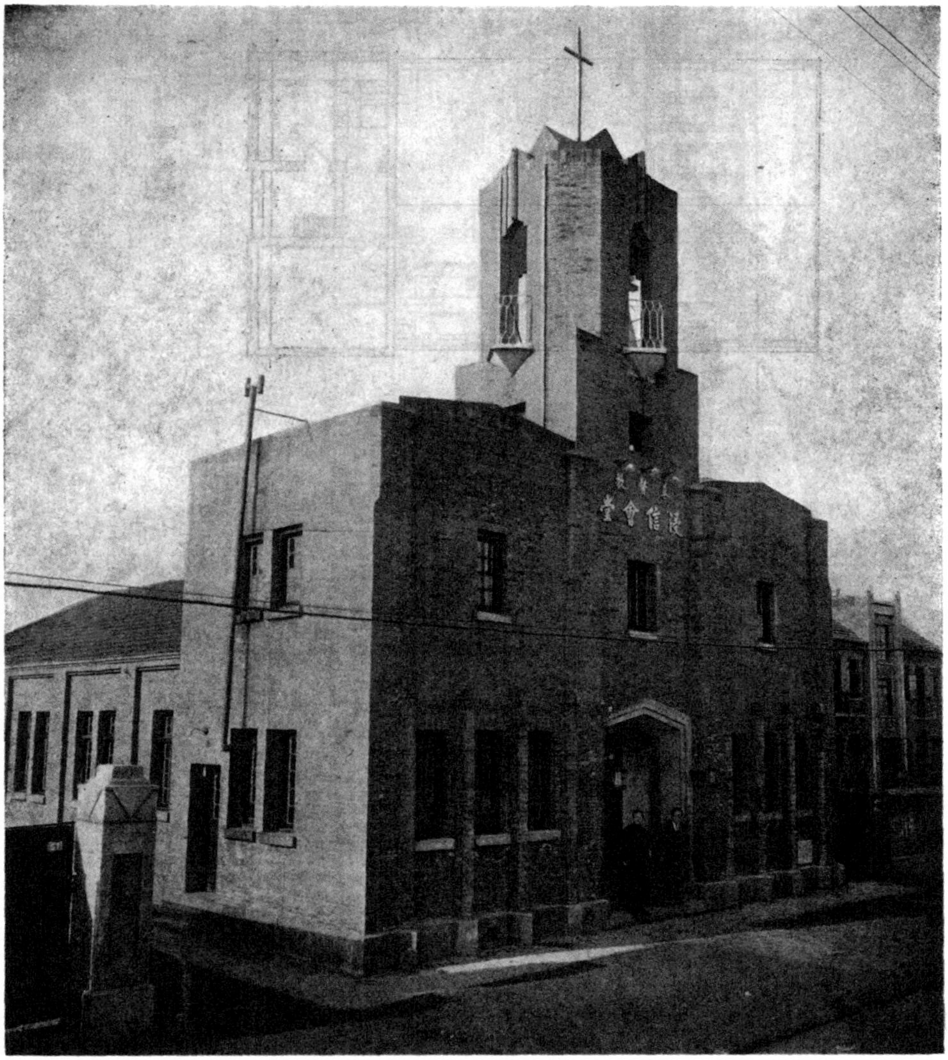

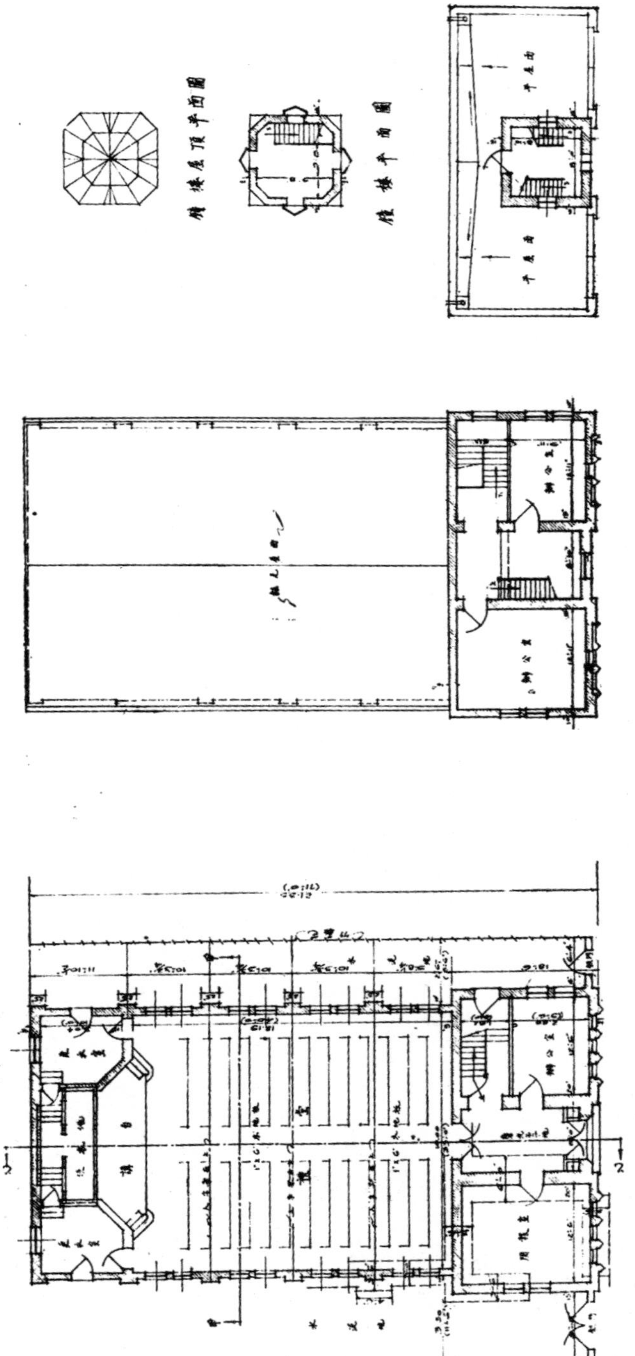

鐘樓屋頂平面圖

鐘樓平面圖

屋頂層平面圖

第二層平面圖

第一層平面圖

南京粤路浸信會堂

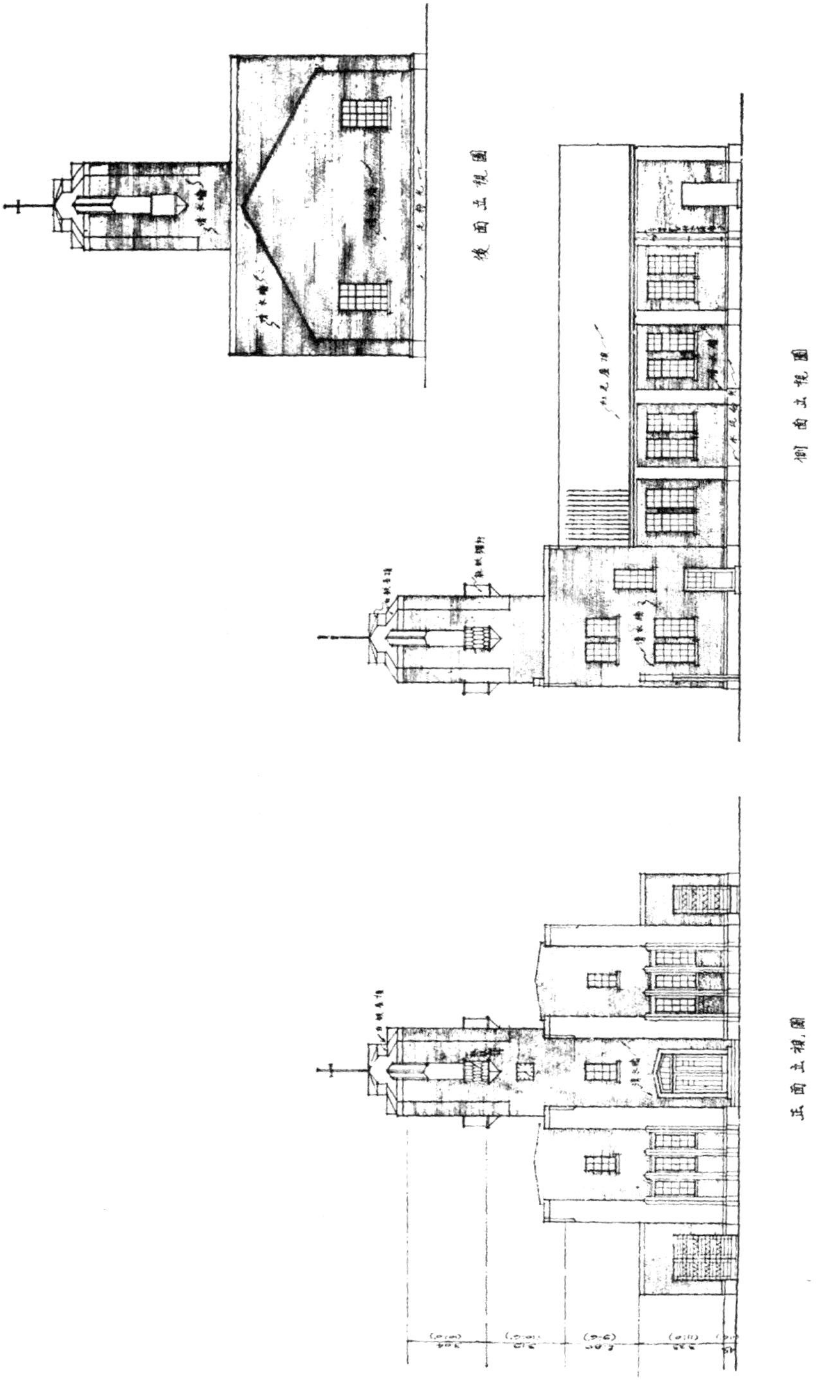

南京粵語浸信會堂

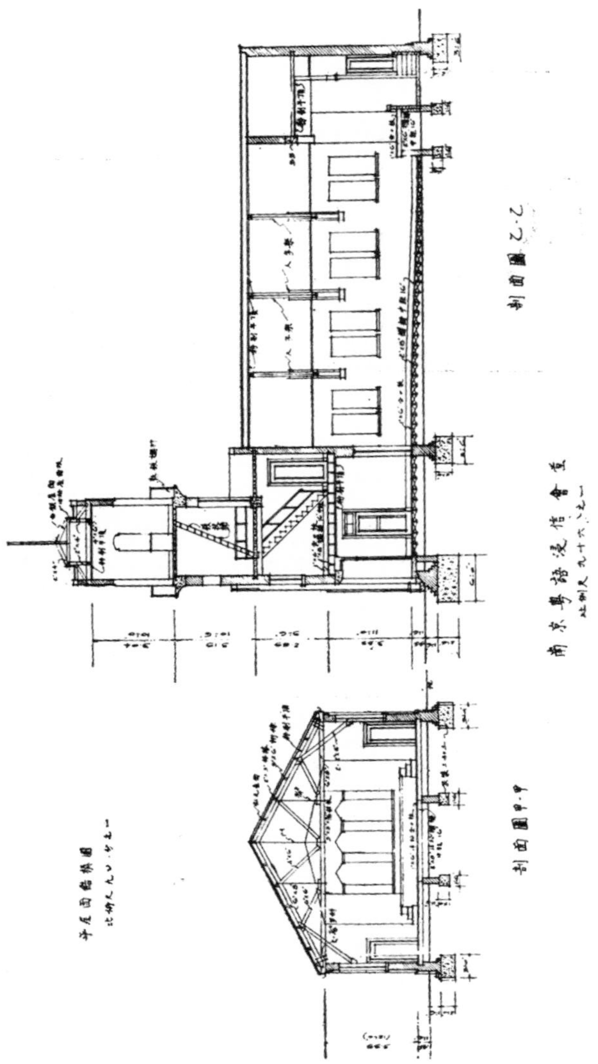
剖面圖乙·乙
南京粤路浸信會堂
比例尺九十六之一
剖面圖甲·甲
平屋面結構圖
比例尺九十六之一

江灣麻露小姐住宅

李錦沛建築師設計

麻露小姐住宅，地點在體育會東路，崇德女校內，建築式樣，採用英國式，佔地面積約1077方尺，建築材料，儘量採用國貨，外牆下半部，用機製紅磚，上半部，用毛水泥粉刷，以增壯觀。建築設計完善。寬大舒適之起居室，及餐室，臥室，各室窗戶均面向南，光線充足。臥室窗戶外裝置花盆，架可臨窗賞花，陶養性情，造價僅四千五百元，堪稱爲經濟平民化小住宅焉。

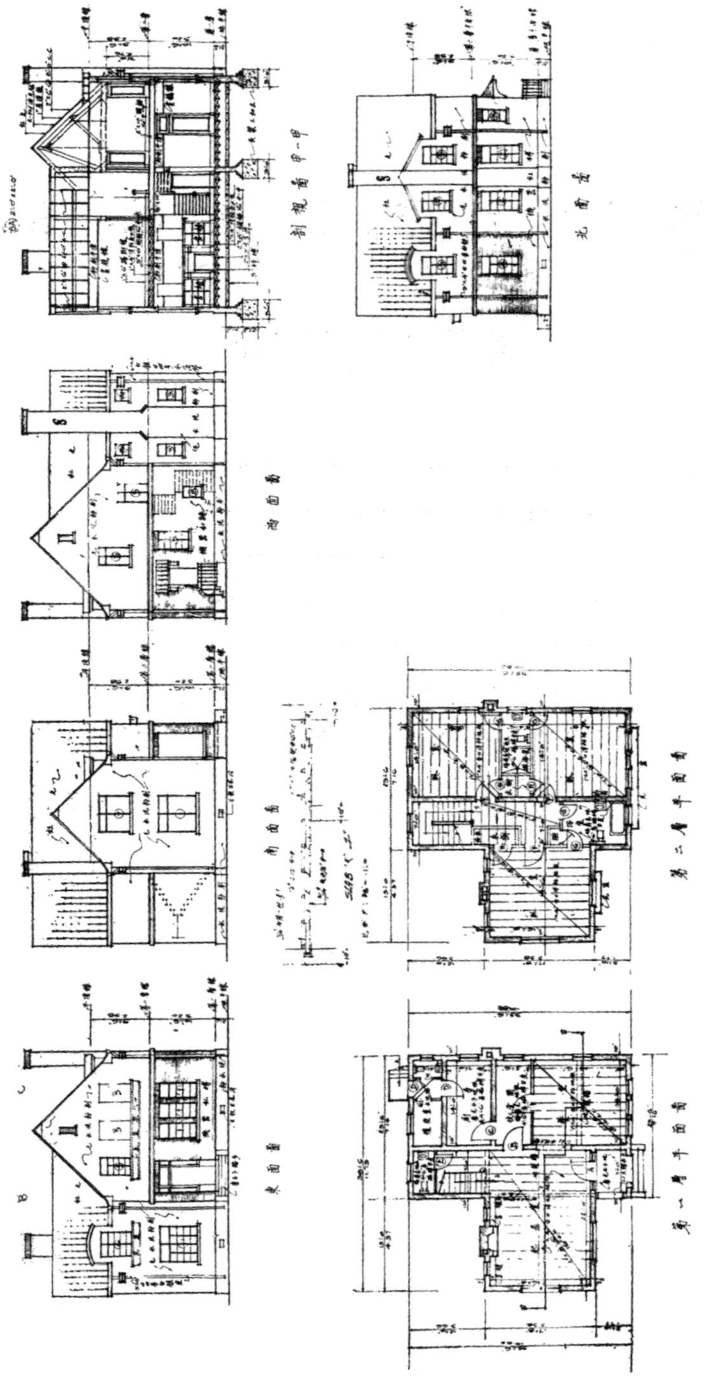

江灣麻露小姐住宅

李錦沛建築師設計

（定閱雜誌）

茲定閱貴會出版之中國建築自第………卷第………期起至第………卷第………期止計大洋………元………角………分按數匯上請將

貴雜誌按期寄下為荷此致

中國建築雜誌發行部

……………………………啓…………年…………月………日

地址…………………………………………………………………

（更改地址）

逕啓者前於………年………月…………日在

貴社訂閱中國建築一份執有………字第………號定單原寄…………

……………………………………收現因地址遷移請即改寄…………………

……………………………………收為荷此致

中國建築雜誌發行部

……………………………啓…………年………月………日

（查詢雜誌）

逕啓者前於…………年…………月…………日在

貴社訂閱中國建築一份執有………字第………號定單寄……………

……………………………………收查第………卷第………期尚未收到祈即

查復為荷此致

中國建築雜誌發行部

……………………………啓…………年…………月………日

中國建築

THE CHINESE ARCHITECT

OFFICE:
ROOM NO. 405, THE SHANGHAI BANK BUILDING,
NINGPO ROAD, SHANGHAI.

中國建築第二十五期

出版	中國建築師學會
編輯	中國建築雜誌社
發行人	楊錫鏐
地址	上海寧波路上海銀行大樓四百零五號
電話	一二二四七號
印刷者	美華書館 上海愛而近路二七八號 電話四二七二六號

中華民國二十五年五月出版

中國建築定價

零售	每冊大洋七角	
預定	半年	六冊大洋四元
預定	全年	十二冊大洋七元
郵費	國外每冊加一角六分 國內預定者不加郵費	

廣 告 索 引

全球建築師均用鋁爲窗框或門框

由司各脫名建築師設計之英國劍橋大學新圖書館，其窗框全用鋁合金爲之。

窗框及房屋上其他部分。如用適度之鋁合金爲之。可收調和與實用，堅韌與輕巧耐久之益。而不致污及四圍之物料。鋁合金具有天然酸化面膜而經過適度之化學鍛鍊。雖能保持漆色。然並不需按時髹漆。鋁之爲物，於美觀無敵外。又復貢獻種種利益。絕不坼裂。因其開展之時，可以回復其原來之廣袤。而毫不扭歪。因此得免翹曲與分裂之弊。又有抵抗天時與銹蝕之美質。且也鋁性溫柔。能製爲各種形式，顏色，與物品。於此有甚重要者。即須用適度之鋁合金是也。本公司研究部在同業中爲最大。甚願隨時貢獻一臂之助焉。

現代化之建築必需現代化之金屬

著名建築師在美國六處大廈中均用鋁其事實如下

(一)紐約市皇家大廈，所有市招，拱側，球飾，電梯門及飾件，均用鋁爲之，舟纜樁外包以鋁。飛簷亦用鋁鑄成。

(二)物克多無線電大廈—所，窗豪，客廳中之裝飾金屬物，外部裝飾金屬物，均用鋁爲之。

(三)芝加哥好望信託儲蓄銀行大樓—所有銘刻嵌板及壁上金屬片，客廳門框，階上方眼格，走廊眼格，郵箱，花樓欄杆，開支票檯，檯燈附件，日曆框，銀行中報告員之小口門，金庫屏風，銀行天井之大門，均用鋁爲之。

(四)米希干聯合實業銀行大樓—所有拱側，銀行業務間之窗戶，名字板，店招，街名，方眼格，旗杆脚，樓梯及花樓欄杆，均用鋁爲之。

(五)紐傑賽州夏噓塔—所有拱側，檻，窗格，方眼格，窗格，市招，屏風，圍帶，階廊，客廳，電梯門，電燈附件，狹條，壁柱，均以鋁爲之。

(六)紐約克雷斯勒大樓—所有拱側，窗台，旗杆脚，門承軸，天窗，窗戶，通氣裝置，牆欄杆，牆頂石嵌板，出水管之口，均用鋁爲之。

左圖爲上海國際大飯店內西餐廳之正門，其門框及拉手，經鄔逵克建築師證明，均係鋁合金所製。

須知鋁之爲物，質輕而堅。能抵禦銹蝕。最適外部用途。至用於內部時。其新穎之美飾作用，與夫爲社會人士所樂用。均屬毫無問題。

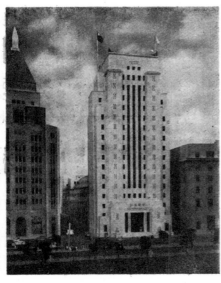

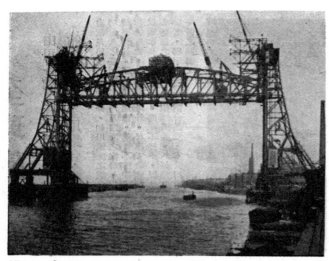

長城機製磚瓦
股份有限公司
註冊商標
TRADE MARK
價比普通磚廉
貨品較任何機器磚高
總公司 製造廠 騰越路一四四號 電話五一二七九
事務所 牛莊路七四二號 電話九〇九八〇
證明
壓力、吸水量、耐久性
均經
上海工部局
詳細化驗負責証明
成績超越一切磚瓦
出品
堅韌硬磚
輕硬空心磚
瀉水瓦片
如蒙垂詢價格及索閱貨樣請電話通知即當送奉
優點
精確 美觀 堅固 價廉
合作五金
股份有限公司
出品
出品
門鎖 抽屜鎖 拉手 文具 鉸鏈
註冊商標
CMC
TRADE MARK
K.T.C.M.C.
L
TRADE MARK
註冊商標
12
MARCH
製造廠 總務處 發行所 電報掛號九六〇二

本廠承造之一

吳淞海港檢疫所

李錦沛建築師設計

陶記營造廠

DAO KEE & CO.

BUILDER & GENERAL CONTRACTOR

本廠專門承造一切大小建築鋼骨水泥房屋堆棧以及碼頭橋樑道路等工程

事務所

上海南京路大陸商場六樓六二六

電話九四二一四

OFFICE

6TH FLOOR ROOM 626 CONTINENTAL EMPORIUM BLDG.,

NANKING ROAD, SHANGHAI

TEL. 94214

本廠承造之一

巨福公寓　巨福路

DUFOUR APARTMENT (RUE DE DUFOUR)

發特落夫建築師設計

W. A. FEDOROFF *Architect*

中華民國廿五年五月廿七日收到

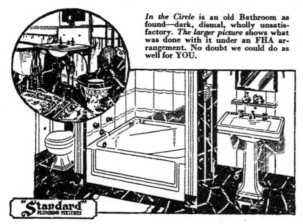

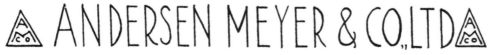

中國近代建築史料匯編（第一輯）

中國建築

第二十六期

中國建築

內政部登記證警字第二九五五號
中華郵政特准掛號認為新聞紙類

中國建築師學會出版
第二十六期
出版日期中華民國二十五年七月

沈金記營造廠

Sung King Kee
Contractor

本廠承造鋼骨水泥房屋堆棧以及橋梁道路涵洞等項工程

事務所

上海法租界貝禘鏖路鉅興里七號

電話　八三四八八號

褚掄記營造廠

廠址　上海臨平路二一號

本廠專門承造一切大小建築鋼骨水泥工程工場廠房以及碼頭橋樑等迅速經濟堅固如蒙委託無任歡迎

THU LUAN KEE
CONTRACTOR

21 LINGPING ROAD.

新亨營造廠

HSIN HENG & COMPANY,

GENERAL CONTRACTORS.

Head Office:
160 Avenue Edward VII
Telephone 15660, 15669
Telegraphic Address No. 0444

南昌交通大廈工程

最近承包之各工程

▲本埠工程▼

上海愛而考克路工部局八層樓西捕公寓
上海高橋德士古公司棧屋住宅碼頭等
上海開納路凱南公寓
上海高昌廟江南造船所第三船塢
上海浦東中國酒精廠廠房住宅棧房碼頭等
上海自來水公司楊樹浦路新式濾水池

▲外埠工程▼

南京中國銀行行屋暨行員住宅等
南京交通銀行行屋
南京航空委員會飛機棚廠
南昌交通大廈
南昌中國銀行庫房
南昌航空委員會發動機修理工廠廠房
蘇州中國銀行行屋
杭州錢塘江大橋引橋及正橋橋面

總事務所

電話一五六六〇 一五六六九號
上海愛多亞路一六〇號
電報掛號〇四四四號

華新磚瓦公司

總事務所　上海牛莊路六九二號　電話　九四七三五
分事務所　南京國府路一五七號　製造廠　浙江嘉善千窰

備有樣本樣品價目單承
索即奉倘有特別新樣
見委本公司均可承製

出品

白水泥花地磚
素
美術

白水泥牆面磚
磚面光潔
花紋清朗
顏色鮮豔
質地堅實

青紅色大小平瓦

青色中國廟宇式筒瓦

青紅色西班牙式筒瓦
質地堅實
色澤鮮明
價格公道

歡迎外埠經理

Hwa Sing
Brick & Tile Co.

General Office: 692 Newchwang Road,
Shanghai. Tel. 94735
Branch Office: 157 Kuo Fu Road, Nanking.
Factory: Kashan, Chekiang.

永亮晒圖紙廠

上海江西路四五二號　電話一八三六四號

晨鐘牌
註冊商標

永亮晨鐘牌藍晒圖紙

紙質堅韌
易晒耐洗
影出圖樣
色麗顯明
優待外埠
不加郵稅

30寸長	10碼	每卷貳元陸角
36寸長	10碼	每卷叁元貳角
40寸長	10碼	每卷叁元伍角
42寸長	10碼	每卷叁元陸角

特設晒圖部
代客晒圖　日夜服務

優待券
憑此券向本廠購買晨鐘牌藍晒紙可享六折之利益
▲無券不憑
永亮晒紙廠謹贈
上海江西路四五二號

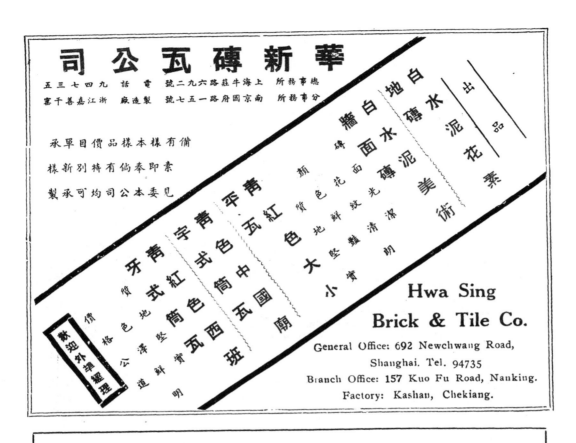

中國建築

第二十六期

民國二十五年七月

目　　次

中國建築師學會
出版

中國建築

民國廿五年七月　　第二十六期

卷頭弁語

這一期的建築圖案材料；是由陸謙受和吳景奇兩位建築師供給的。我讀了他們每個建築說明以後，很感興趣！現在住的問題，實在太嚴重了！尤其是大都會中，那地價的昂貴會使你咋舌！而且很難找到一塊適宜建築的地基，就是畸形狹長的地基，如果在交通便利的地方，也有不少人的逐鹿；要把這種畸形狹長的地基，設計得外表形式美觀，內部佈置適宜，這樣事實上沒有理想那末容易。所以這一期的建築圖案，有很多畸形狹長的地基，經這兩位建築師的匠心獨造，雖則限於這樣的地基，限於鄰舍的障蔽；但是，我們參孜他們的圖案。覺得外表美觀，內部適宜；而且光線合度，空氣暢通。無疑地這是他們的經驗宏富，學問高深，值得我們欽佩的地方！但是他們並不驕傲，並且把事實上的困難完全指點出來，嘉惠後學，使讀者們感到興趣！雖然建築事業，也是學無止境啊！

編者識

說　　明

陸謙受　　吳景奇

這一期的建築月刊，輪值我們供給材料，在接到編輯先生通告之後，便着手搜集，預備交卷。 工作方纔開始，難題却馬上就來了。 我們想，今年學會之所以規定這個刊物每期由各會員分別供給材料，當中必有很深的用意，决不是爲減輕主編者徵集稿件的負擔，更不是爲使各會員得點機會出出風頭。 它的眞實用意，在我們猜想，大概有三種。

第一，是爲普通讀者，要使他們能夠直接看出各個作風不同之點，與及各人所持的主張和所用的方法，循此可以明瞭建築藝術之所以爲建築藝術，使一般讀者的欣賞和鑑別的能力，得以續漸提高。

第二，是爲本會會員，要使他們能夠有觀摩比較的機會，因此得到互相策勵，切磋琢磨的効果。

第三，是爲一般建築專門學生及從業員，要使他們能夠充份了解建築的藝術，是生而不是死的，是活而不是呆的，截短取長，貫通運用，神而明之，存乎其人的道理。

每期的建築月刊，在我們想來，都應該完成它的三種使命。 因此我們的問題，就不容易解決。

論理，這幾年來，我們經手辦理的工程，倒也不在少數，在量的一方面，可稱一句斐然可觀；但是在質的一方面，說起來眞慚愧得很，簡直未有一兩件是完全滿意的。 所以我們起先想，獻醜不如藏拙，何必貽笑大方？ 僥幸這個自私的心理不久便被打倒。 我們回心再想，這幾年的成績，雖不能算好，但當初亦曾經用過一番的心血。 我們所遇到的種種困難，所陷入的諸般錯誤，或因學力之不足，或緣經驗之未充，倘能原原本本，發表出來，免得大家再走我們錯過的路，對於讀者或者不無小補。 所以我們便大膽地選出幾個例子，向大家報告報告。 當然，我們的見解都是主觀的，讀者不一定覺得是對。 這一層，我們祇能讓讀者根據事實，自己去批評了。

說到批評兩字，又不免使我們多說幾句閒話。 其實，在這個年頭，大家都有些自顧不暇，還有誰高興來管別人家的事？ 況且禍從口出，古有明訓，一個不留神，就得惹禍上身，縱使官司不曾吃到，起碼也要捱一頓迎頭的痛駡。 你想聰明的人，會這樣的愚笨嗎？ 所以近年來對於建築藝術的忠實和正確的批評，簡直就未有人敢來嘗試。 我們認為這是一種很壞的現像。 一種新興的藝術，就好像是一個初進學堂的小學生，他的成功，是要靠有好好的師長來作嚴格的指導的。 現時建築界這種混亂的景況，的確需要好好的批評家來作一番整理的工夫，建築的藝術纔能入於正軌。 我們希望這種批評家能夠早日的產生。

也許我們的話說得太多了。 不過，開章明義，總得有幾句的說明，就算是我們自我的介紹。 在後面，我們僅以七種不同性質的作品，奉獻於讀者之前。 這幾個例子，並不是我們認為最滿意的代表作品。 不過它們每個所引出的各種問題，都很複雜而有趣，其中又有許多曾經使我們吃虧不少的東西，所以發表出來，和大家討論一下。 倘如有一個人，能夠從我們的許多錯誤當中，得到一些益處，我們數年的工作，還不至於徒勞。

公　　寓

（同孚大樓）

這是一所奇怪的房子。畸形的地盤，使平面的佈置非常困難。 最低兩層，銀行留作自用，其餘俱屬出租的公寓。 這樣的需要，增加了不少我們的困難。 第一，銀行的進口和公寓的進口要分開。第二，公寓住客的進口和工人的進口也要分開。 一塊這樣畸形和狹小的地皮，請問如何辦法？ 電梯位置的問題，也費了我們很多的時間。 西北面的一部，不能充份的利用，似乎不甚經濟。但除此之外，很難得一個較好的辦法。公寓共有三種不同的格式。 所謂四房間，三房間，及兩房間式的公寓，每層各有一所。 房間的面積，因地方關係，不能放大，因此受了許多人的批評，但實際上還不至於小到不能用。 外觀方面，西北及東南兩頭的尖角，使我們費了很大的勁，因爲橫長的線條，未有收束的地方。 銀行西北面的大門，略嫌太低，因爲上面有扶梯的緣故。

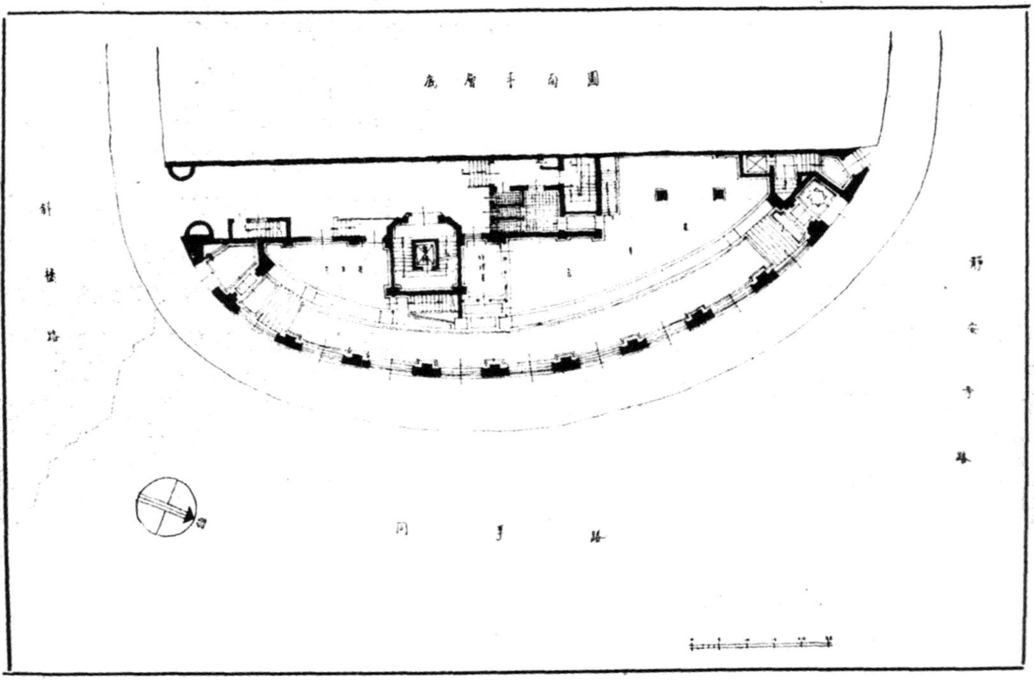

中國銀行上海同孚路大樓

同孚路大樓銀行大門

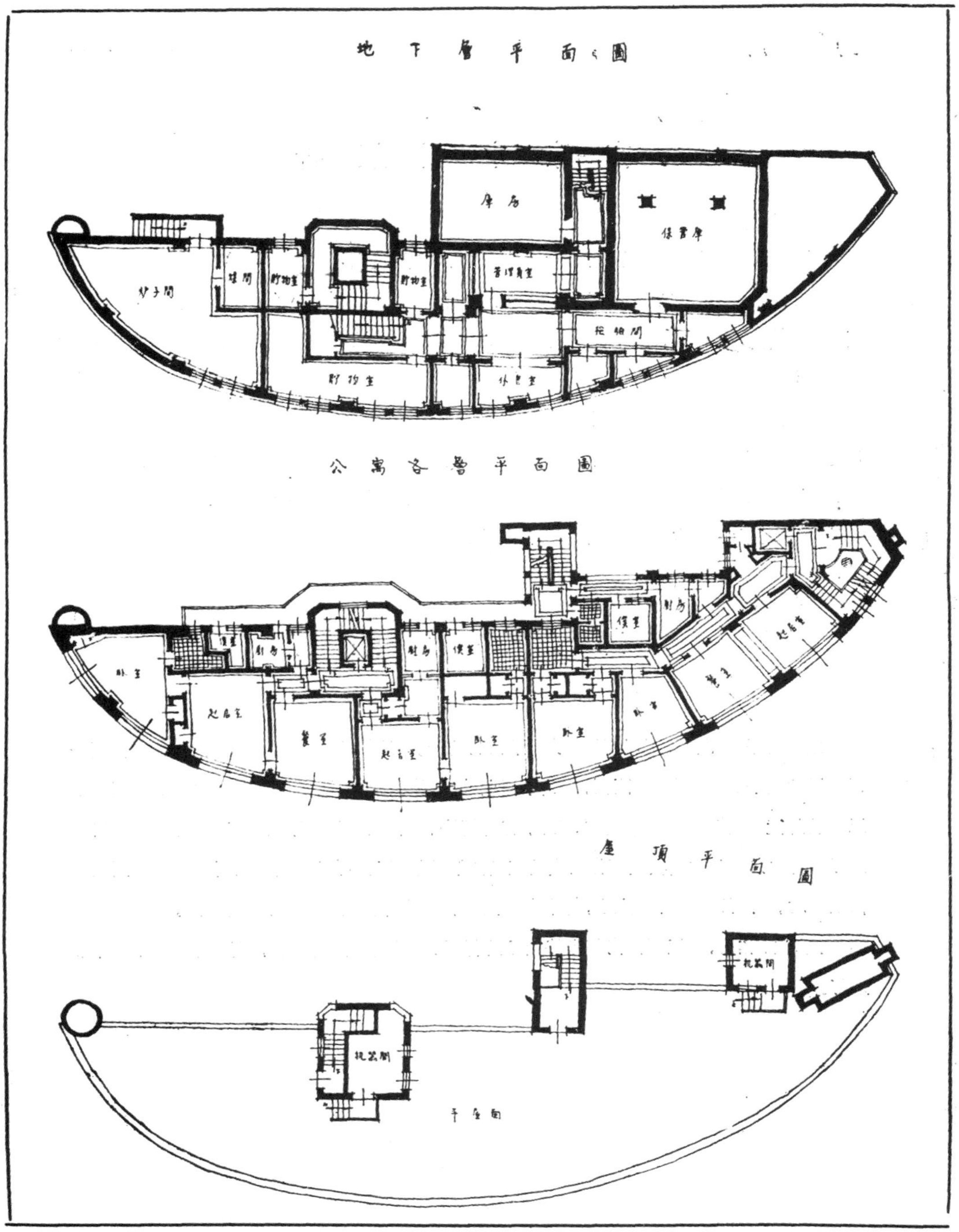

中國銀行上海同孚路大樓

銀　行　　　　南京中國銀行——蘇州中國銀行

南 京 中 國 銀 行

地盤仍是畸形，但因爲面積很大，對於平面之設計，還不覺得十分困難。南京是首都之地，冠蓋往來，終年不息，以中行的地位，當然要有很好的宴會和招待貴客的設備。這是本計劃的一個特點。請注意各部份出入的口道，因爲這是很重要的。在內部，我們採用壁畫來做裝飾，成績極好。營業廳的光線，由天窗下來，分佈甚覺勻和。這個天窗，同時又作爲一種通氣的工具，利用空氣熱升冷降的原理，自動的循環變換。在去年夏季最熱的幾天，證明了這個辦法，完全成功。外觀方面，因爲用純一色的面磚，倒很和諧脫火。但屋頂稍覺太重，承上轉下之處不大妥當。廚房面積不夠大，關於此點，我們常常和廚子吵架。中菜的做法，需要很大的地方，往往出乎你意料之外。

蘇 州 中 國 銀 行

這所房子的平面設計，眞是幾乎要了我們的命。地盤的離奇狀況，恐怕很難再找到一個同樣的例子。向馬路的門面，一共不到七公尺，後面很寬，四面都給人家的房子包圍，所以對於外觀，光線，及出路的問題，就不容易解決。我們起先弄了兩個多星期，總想不出一個好的辦法。後來，改用模型來作研究的工具，纔有點頭緒。可見模型的應用在建築計劃上是很重要的。請注意天井的大小，營業廳的面積和高度，高窗和天窗的應用方法。結果還算不壞。在照相內，可以看出內部光線充足的程度。又是一個老毛病，廚房不夠大。其餘還好。

南京中國銀行

正面立視圖

墻面用泰山面磚，淡黃色，微帶紅。嵌縫用顏色水泥，配磚色。勒脚用蘇州石打光。旗杆古銅色、屋頂用中國式青瓦，黑色。屋脊用人造石。脊飾漆金色。字用古銅製。短栅用鐵製，鍍古銅色。

南京中國銀行

進門大穿堂

墻面用人造大理石，米黃色。柱子用淡紅色人造大理石。地板用淺黃色大理石，鑲黑邊。平頂用飾粉淺黃色，扶梯用白色大理石，帶黑花紋。

營業廳

柱子及墻面用人造大理石，淡米黃色、櫃檯用大理石，黑舖面及黑踢脚，立面白色帶黑花紋。地面用淺黃大理石。欄杆用古銅鑲玻璃。坐椅用白大理石。

南京中國銀行

二樓大樓梯穿堂

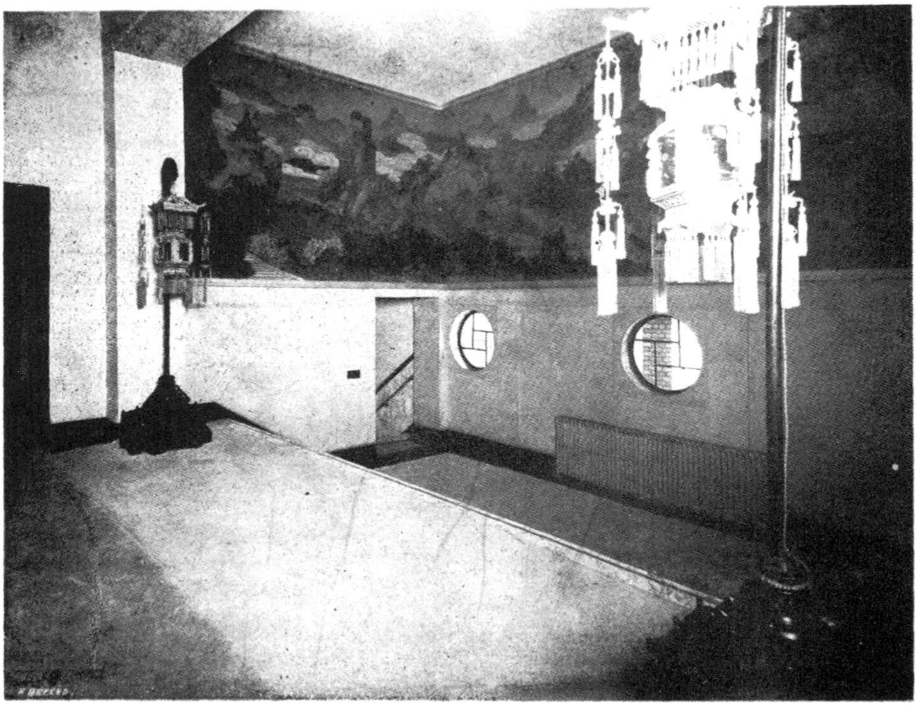

梯級用 理石，白色帶黑花紋。護壁用人造大理石，淡米黃色。鑲黑色踢脚。平頂用飾粉，白色。煖氣帶漆金色。壁畫主要色素爲青 綠，赭，朱，及米黃。

南京中國銀行

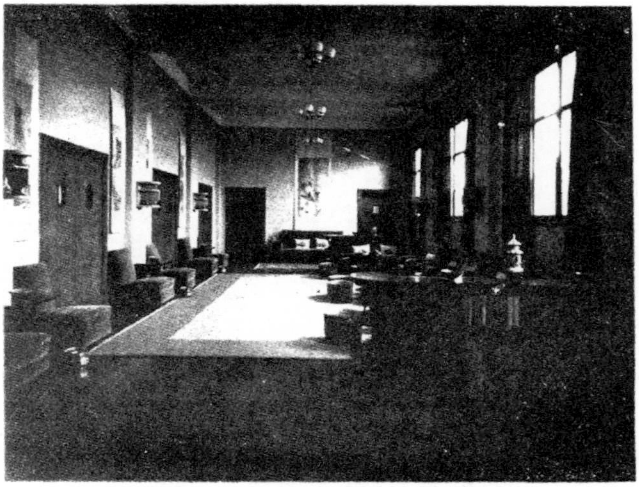

會客廳

墻面用飾粉，象牙白色略帶紅影。平頂淡粉黃色。地板用柳安木漆棕色。窗簾用布淡橙黃色，家具用軟光絲絨蓋面棕黃色，地毯米黃色鑲棕色邊，

會議廳

墻面及平頂用飾粉 淺綠色，帶藍 平頂略淡。地板用細條柳安.漆棕色 微帶黑。傢具蓋面用銀灰色絲絨。窗簾淺綠色。地毯淡藍色，圓柱頂綫條漆銀色。

南京中國銀行

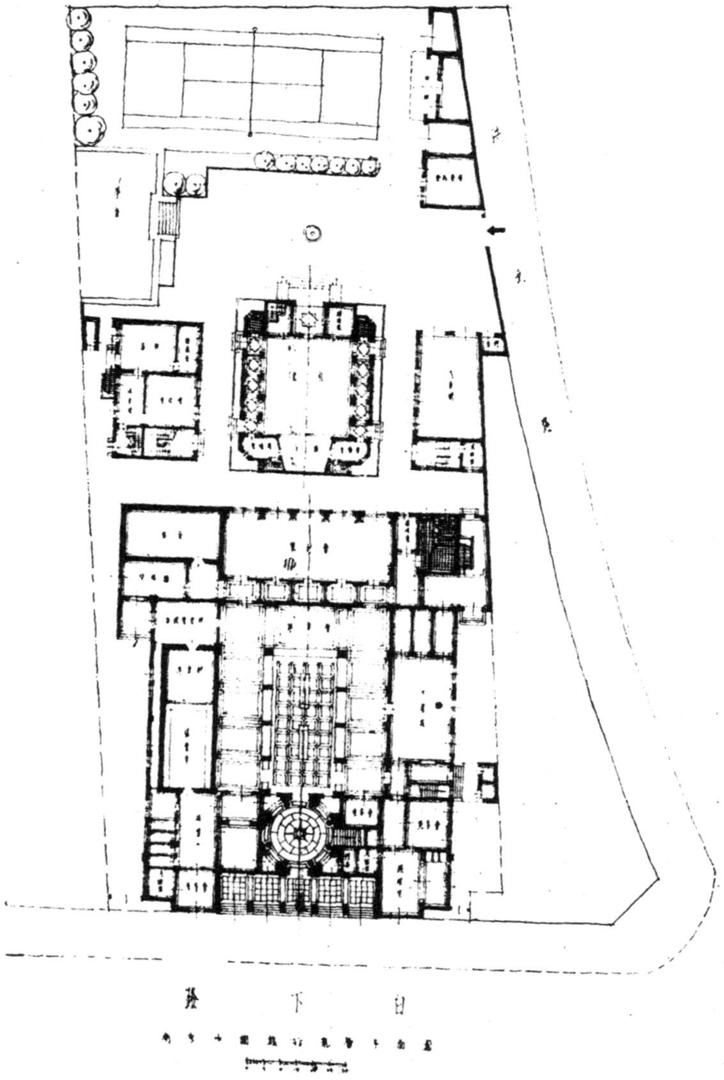

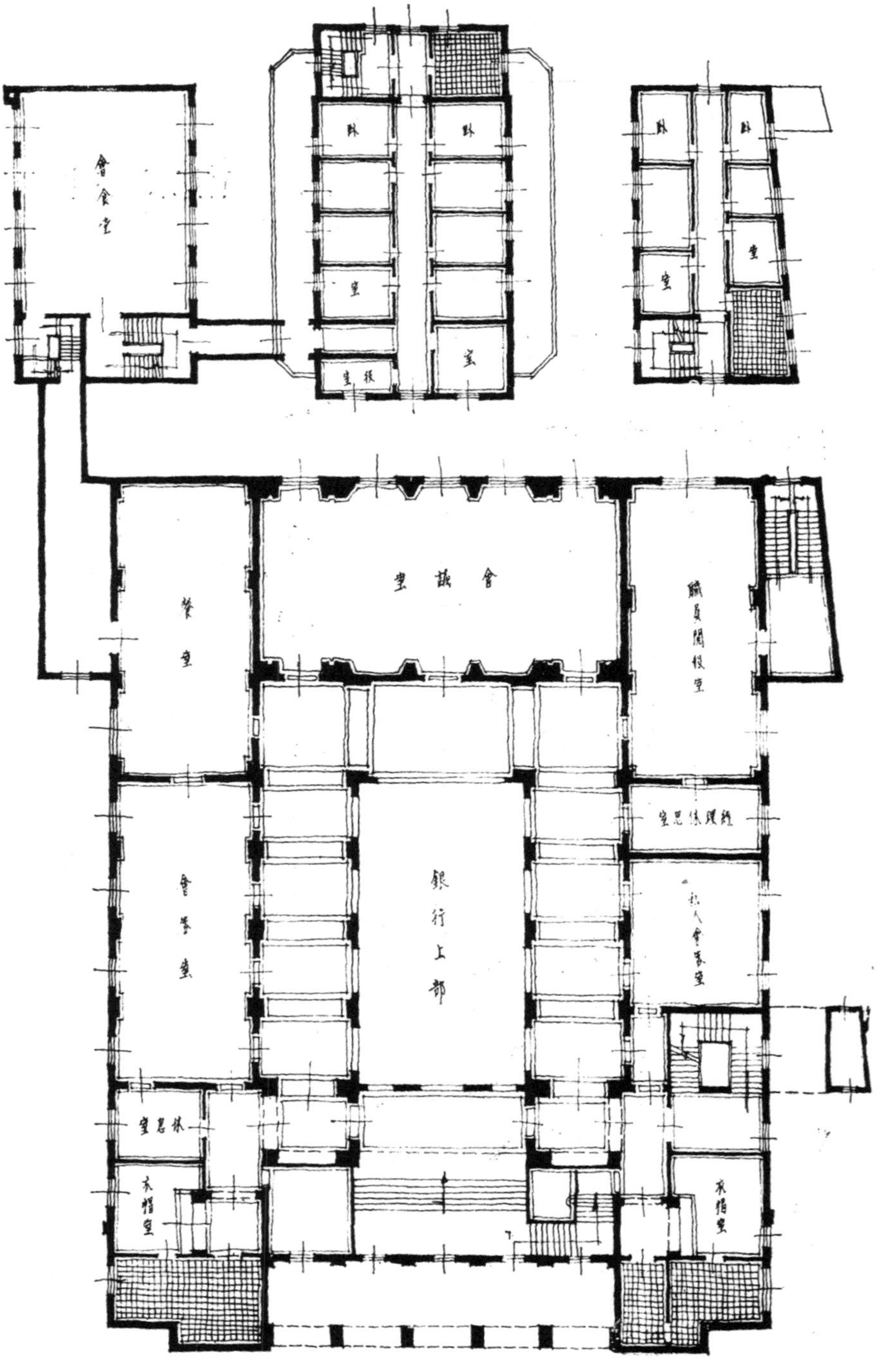
會食堂
臥室
臥室
室
室
役室
臥室
室
會議室
餐室
職員閱報室
經理休息室
私人會客室
會客室
銀行上部
休息室
衣帽室
衣帽室

二層平面圖

10 5 0 10 20 30 ft

二樓迴廊

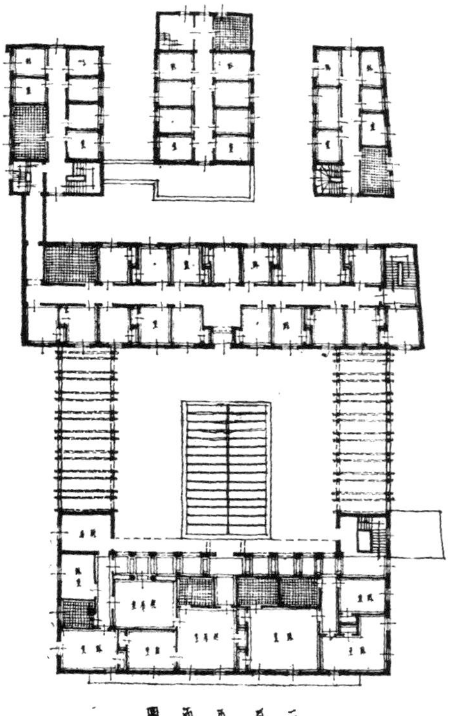

三層平面圖

禮堂正面立視圖

墻面用毛水泥粉刷淺黃色。壓頂用人造石。水落漆丹色。台階用蘇州石。

南京中國銀行

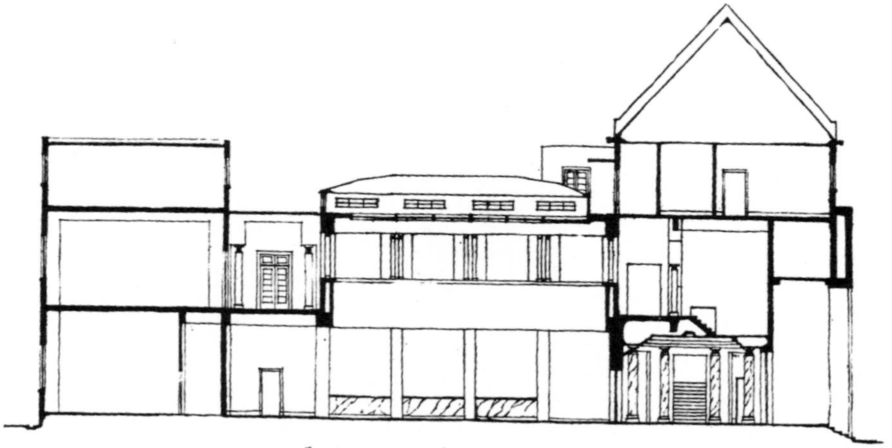

南京中國銀行行屋

剖面圖

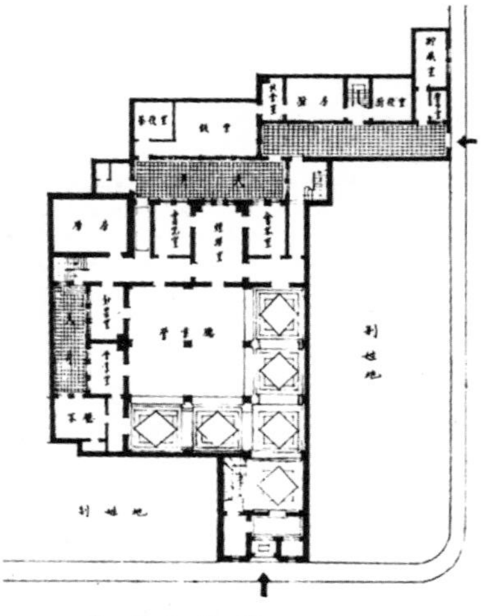

底層平面圖

蘇州中國銀行

蘇州中國銀行

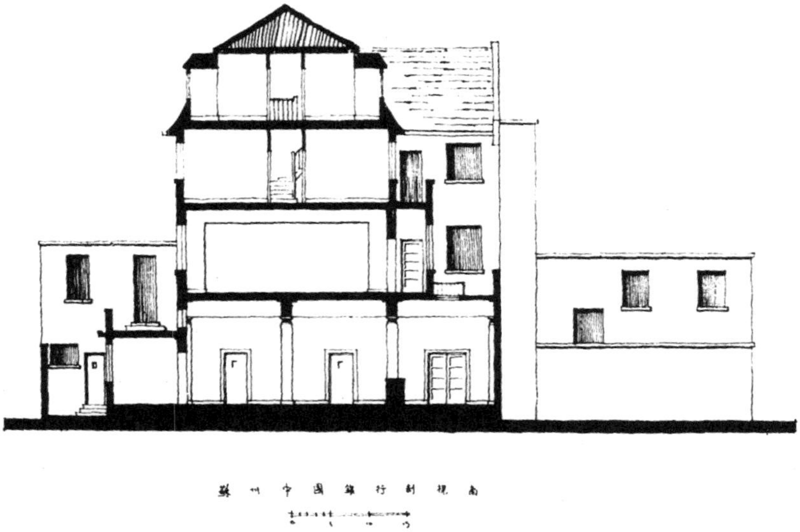

蘇州中國銀行剖視南

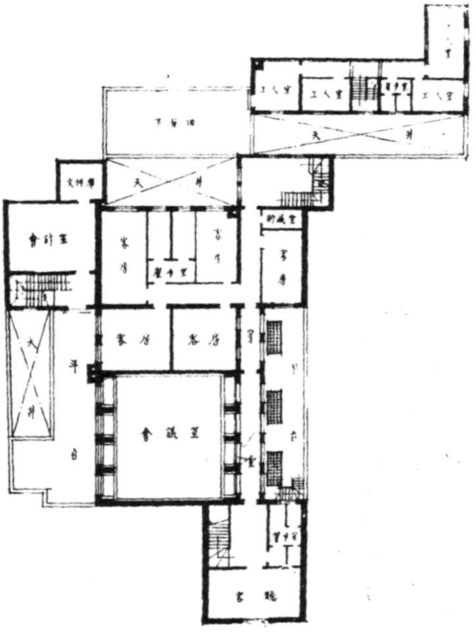

二層平面圖

蘇州中國銀行

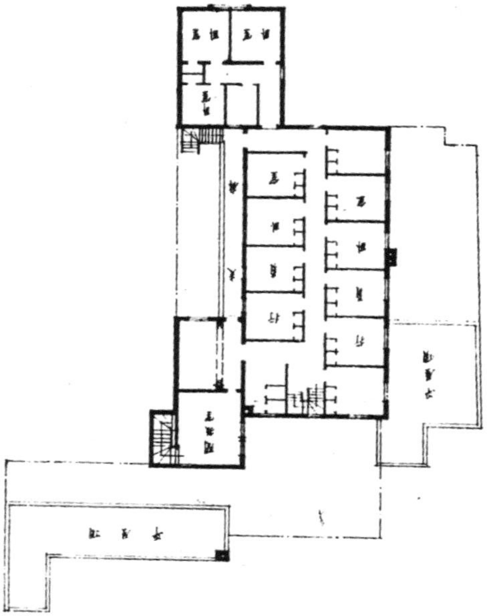

三層平面圖

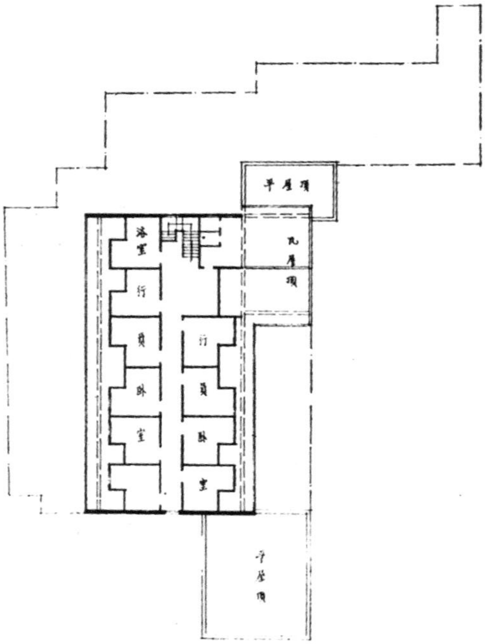

假四層平面圖

營業廳光線由
三個天窗供給

北蘇州河中國銀行堆棧

堆　棧

實際上這并不完全是一所堆棧的建築，因爲堆棧的部份，祇有四層，其餘俱是出租的辦公室。 地層是一個大庫房。 在平面計劃上主要的地方 就是堆棧和辦公室出入口道的分離 這一層 因爲地盤四面凌空，還不大困難。

但在實施工程之計劃上，因爲隣近蘇州河和地脚需要挖深至十四尺的緣故，引出種種的問題，差不多費了我們九牛五虎的力量，總算一一解决， 詳細的情形，在附圖內另加說明，故不在此提及了。 這一次給我們很大的教訓，就是：第一，一個建築師須要有充份的工程學識；因爲在建築上有許多工程的問題，權別輕重，得要他自已來作主。 第二，一個建築師須要和包工切實的合作，因爲對於實地施工的經驗，可以得到他的幫忙不少。

本圖示打平樁情形

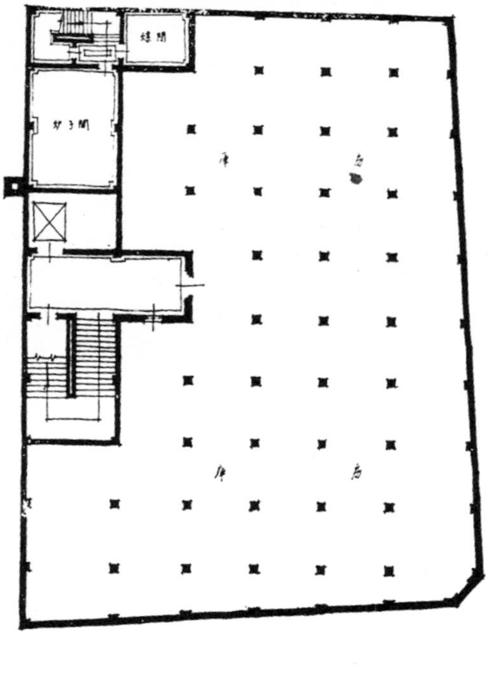

地下層平面圖

本工程挖至八呎以下，沿老貨棧兩面板樁，雖預置拖樁，但已見內傾，每日自半寸至寸許不等，故不得不另謀支撑。爲避免內撑計，用四十尺圓樁平釘入板樁之內，外端用夾板相連，使勿脫出。其意義卽用樁面與地層發生之阻力 以抵抗樁後泥土之傾力。此種平樁雖屬爲理想上之一種試驗，在滬爲創見，但用後効力至鉅，平樁打法至簡單 卽用普通汽錘平放於二導木上，就汽錘之鼓動力，樁木漸次推進。

中國銀行堆棧

本圖示打樁機三架在地場工作情形

最遠之打樁機，正打直樁；中間者正打平樁；最近者正打斜樁。本工程計有七層與十三層二部份。斜樁在兩部份相連處用之。用斜樁意義爲使重力下達地層時，共支重面積加增。本工程所用之斜度爲一與五之比。

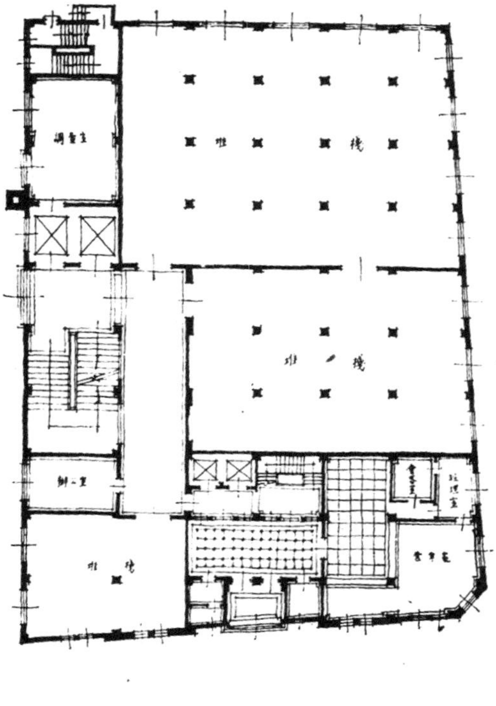

底層平面圖

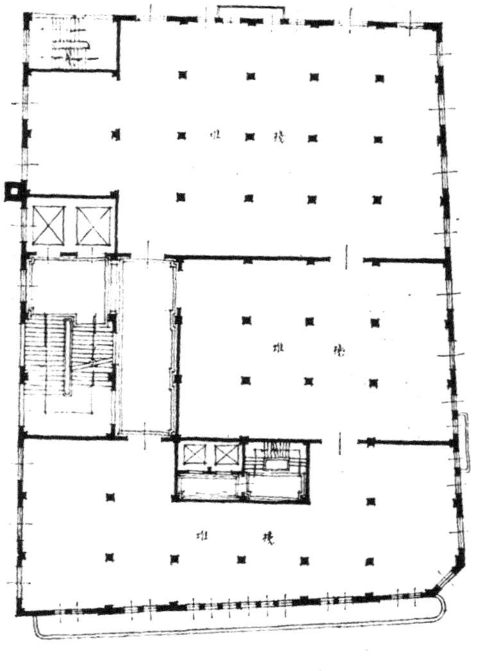

一層平面圖
（二層同）

中國銀行堆棧

本圖示全部木樁打好正做避水層情形

本工程以地平之下有庫房，故地基深至馬路面下十四尺。加以西北二面隣三層樓貨棧，下壓之力甚巨，故四面俱打入六寸十二寸廿四尺長之雌雄筍板樁，其打法以六根至十根爲一排，用樁架往復，每次打入三尺至五尺，至全排打入爲止。如此，則樁垂直而不傾欹，使彼此合縫，外部水不致傾入。支持板樁完全用外拖法，故內部易於工作。沿北蘇州路用拖鐵穿入沿河駁岸，沿文極司脫路用拖樁，經工部局特許在馬路中打入。其餘兩面沿重棧房部份拖樁之外，復用四十尺平樁。

防護板樁，本工程注意以下二點。（一）減輕樁後土壓，卽重物不使沿樁置放。（二）減輕樁後水壓。 卽流水外導，勿使入樁之背面，背面原有之水在樁內打洞務使放出。

圖中所示地基，做時完全乾燥。木樁割平後，塡六寸碎磚與樁面齊，內藏地溝，使水導入幫浦地位不致上湧。碎磚之上平舖三寸水泥三合土，待乾燥後，復平舖五層柏油油毯，然後復平舖水泥三和土二寸，作爲防護避潮層之用。

中國銀行堆棧

底基工程進行情形

全部底基照浮筏式底基計劃，深度六十三英寸，上下平鋪七寸厚水泥三和土，中留空間，每樑底通三寸徑鐵管，萬一有水侵入底層時，則水可自由流通，由幫浦間抽出，故上層地坪無論何時均可乾燥。

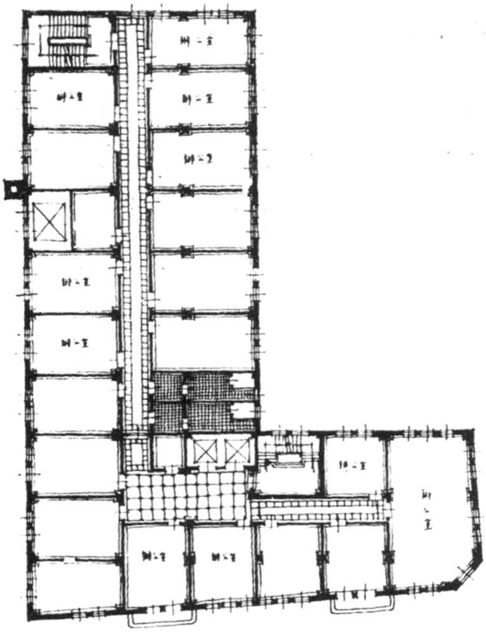

上層平面圖

青島中國銀行行員宿舍

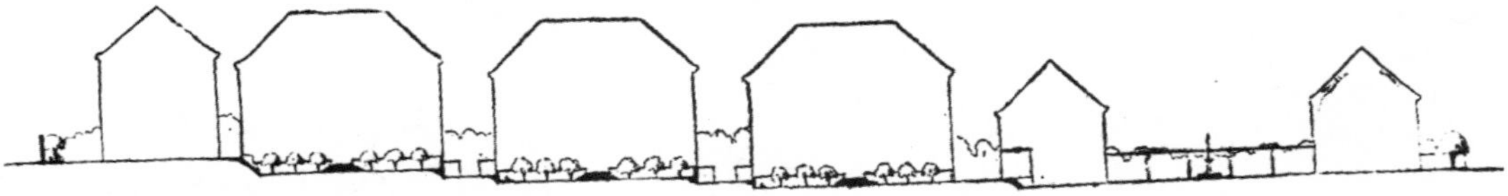

青島中國銀行行員宿舍橫剖視圖

青島中行行員宿舍的地盤，因爲面積廣大，在計劃上曾給予我們以不少的便利。 宿舍種類分作三等：經理，副理，和普通行員。 經副理的住所，是完全獨立式的房子；普通行員用的，却是公寓式。主要之點，是在各等住宅分别安置的地位，要各個分離，而同時又要成爲一個完整的計劃。 我們就用花園的佈置，來達到我們的目的。 地勢由北至南，是一個斜坡，所以我們就利用它來造成一個層台式的花園。 在未曾動手計劃之前，我們實地查過各個行員的生活狀況，所以一切設備，都比較完全。唯一的缺點，就是有三所公寓式的房屋，方向朝西，稍爲有些美中不足。全部建築，都用紅磚紅瓦。外墻之一部份用淺米黄色的毛水泥粉刷，襯着花木青翠的顏色，頗覺調和而有趣。

青島中國銀行宿舍

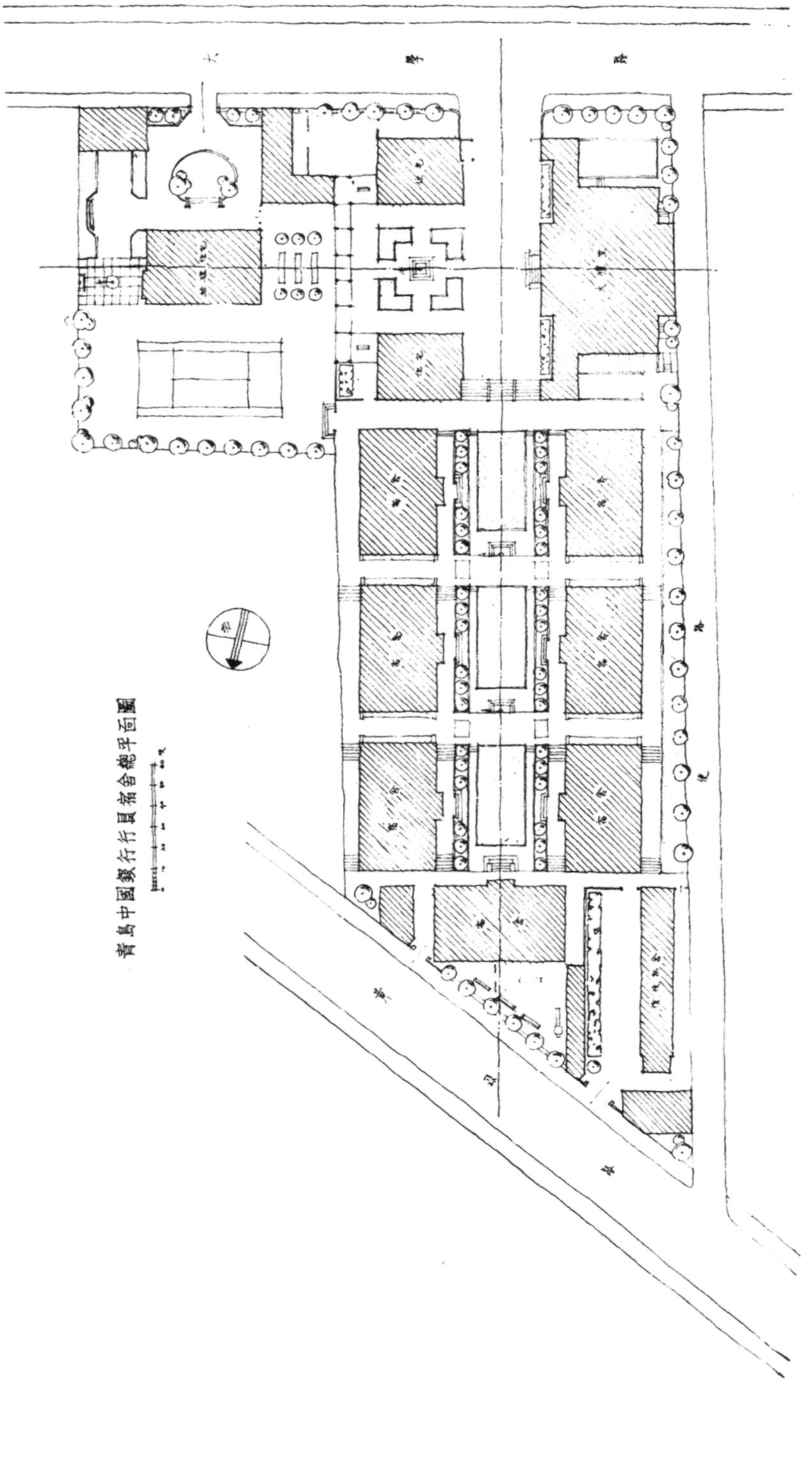

青島中國銀行行員宿舍總平面圖

青島中國銀行宿舍

青島中國銀行宿舍

公寓式舍宿

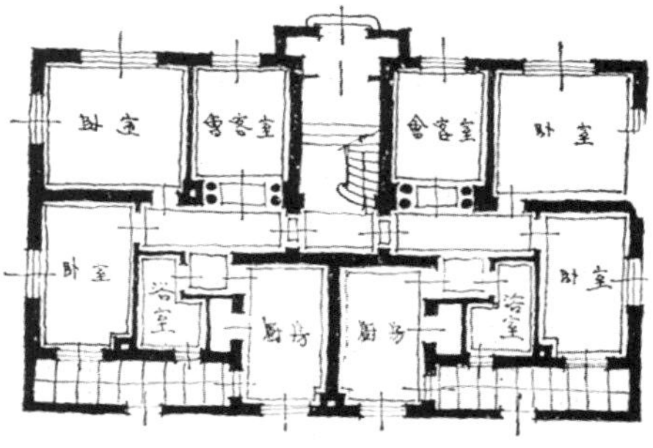

宿舍平面圖

〇二〇三九

青島中國銀行宿舍

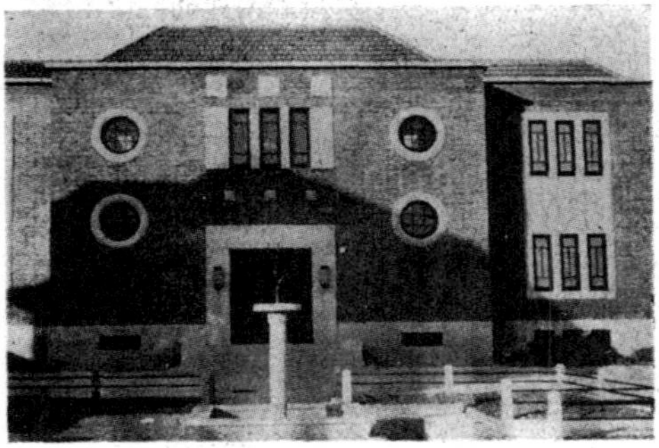

禮堂

噴水池

禮堂門口

副經理住宅

青島中國銀行宿舍

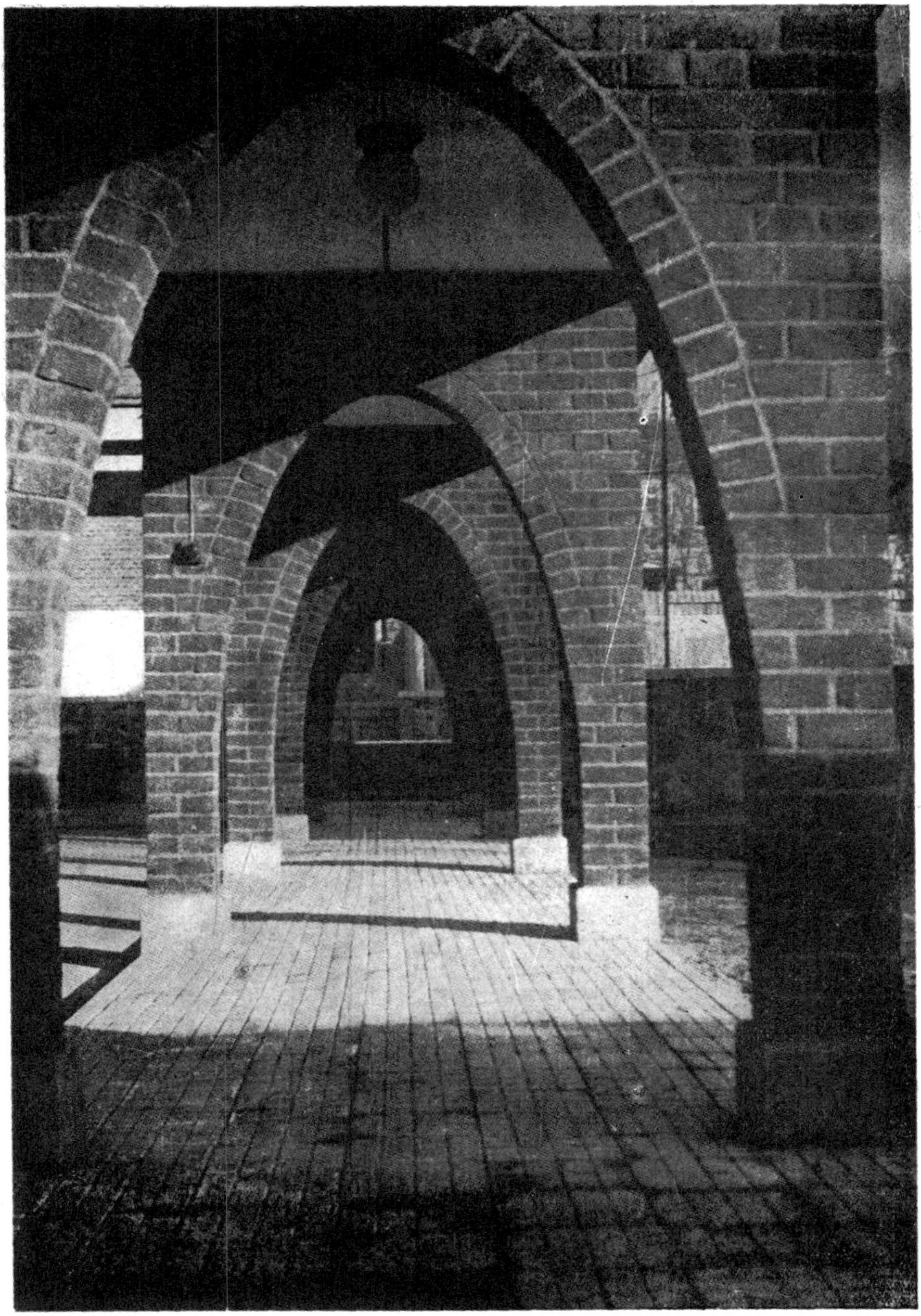

走廊

經理住宅首層平面圖

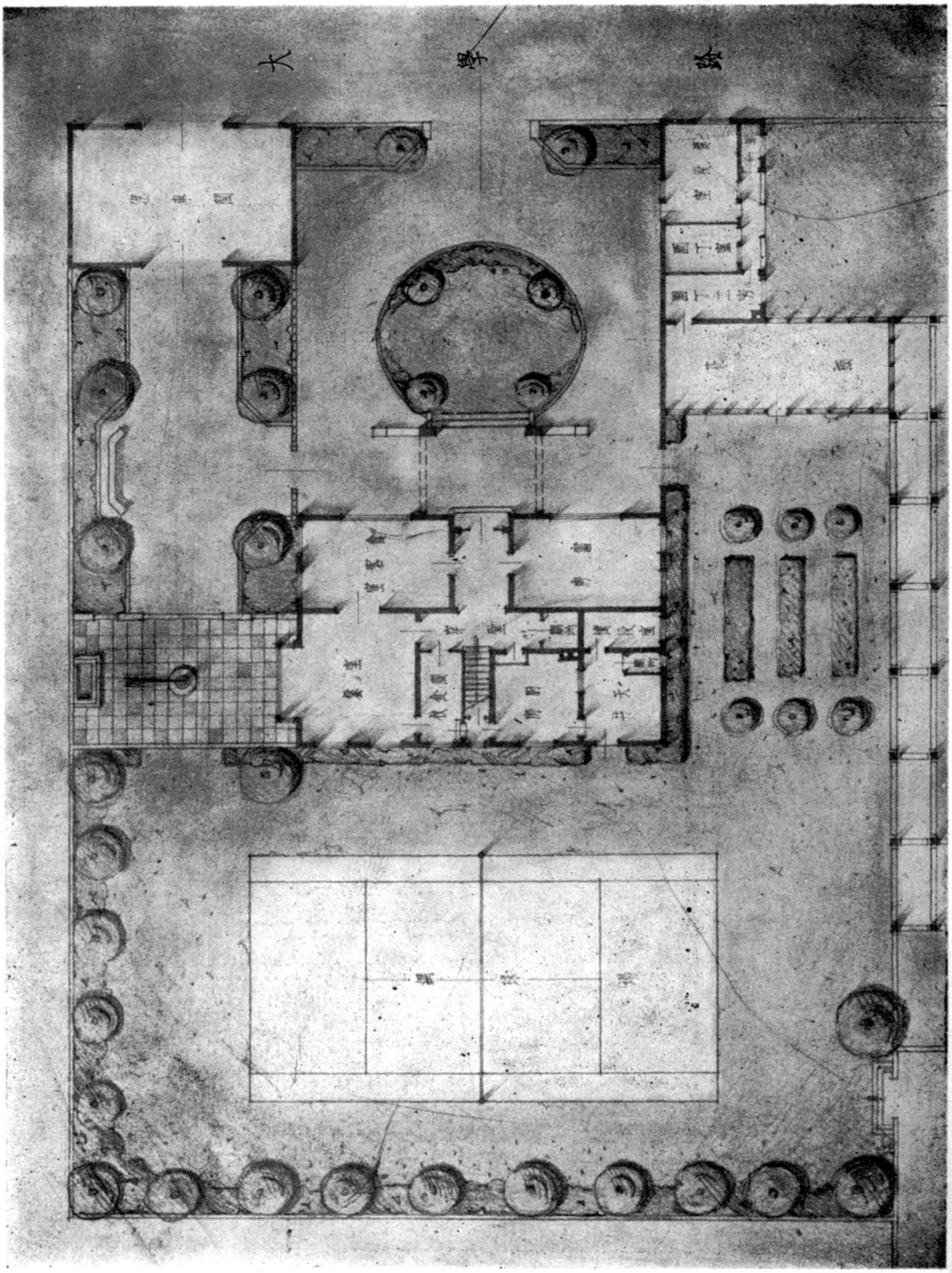

青島中國銀行宿舍

經理住宅

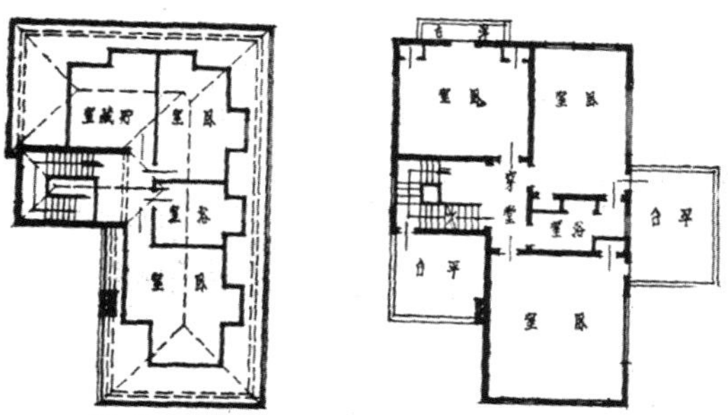

氣樓平面圖　一層平面圖

經理住宅

大門

醫院

太嘉寶鄉村衛生醫院立視圖

太嘉寶鄉村衛生醫院

這所建築，在瀏河附近，是上海張公權先生蓋來紀念他的先人的；所以房屋內部有一間紀念堂。設計時最注意的，就是造價的問題。因爲經費不多，所以在計劃和用材料的上面，都要盡量的節省。病房大致分爲四種，就是：普通男病房，普通女病房，特別男病房，和特別女病房；此外，還有小兒科和留產科的病房。所有特別病房，都放在樓上，是預備給肺病人用的。陽台，就是給他們晒太陽的地方。因爲我們用不起一部電梯，所以扶梯弄得特別寬大，預備病床可以抬動上下。廚房等等，都放在後面，用走廊來做聯絡。在實用方面，這所房子還算成功，而造價的便宜，更是我們起先所想不到。

太嘉寶鄉村醫院

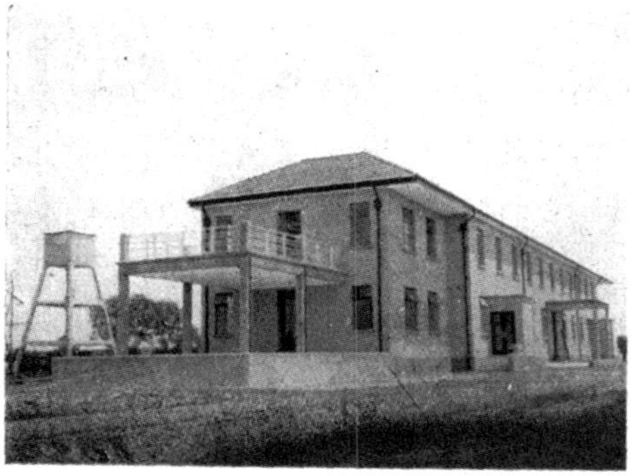

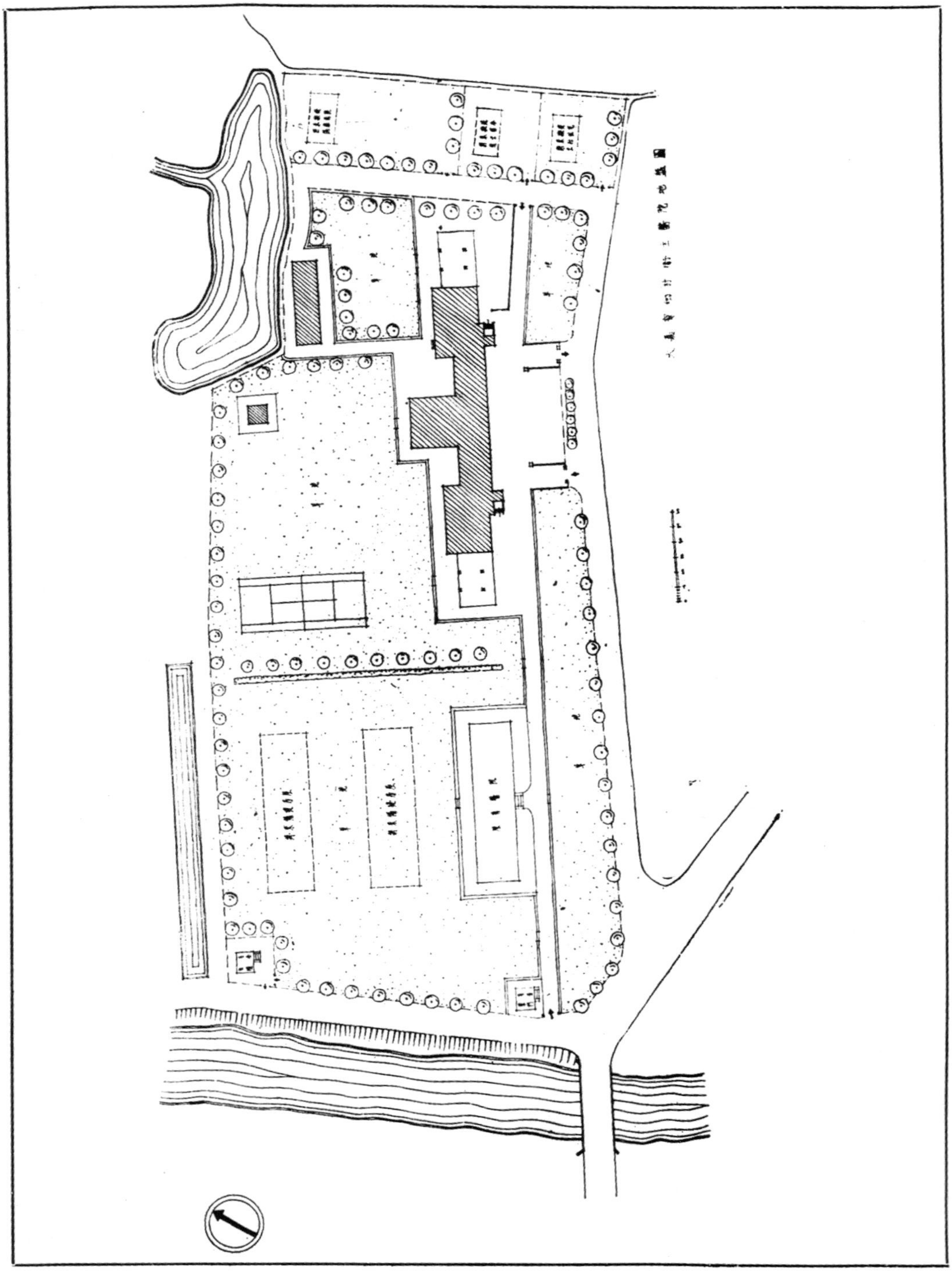

太嘉寶鄉村醫院

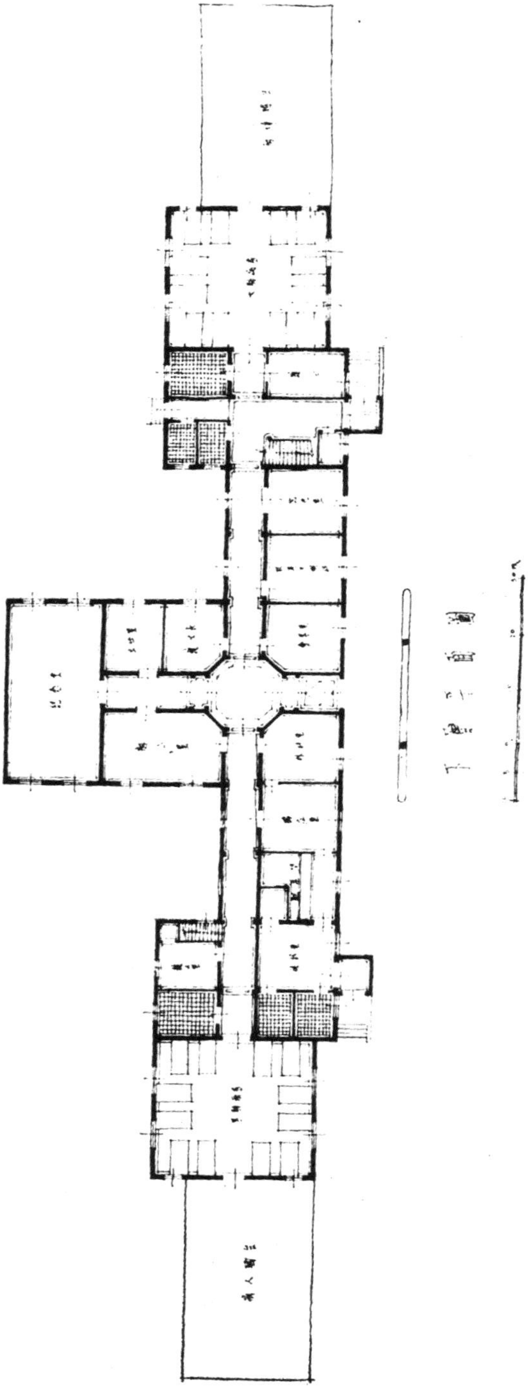

太嘉寶鄉村醫院

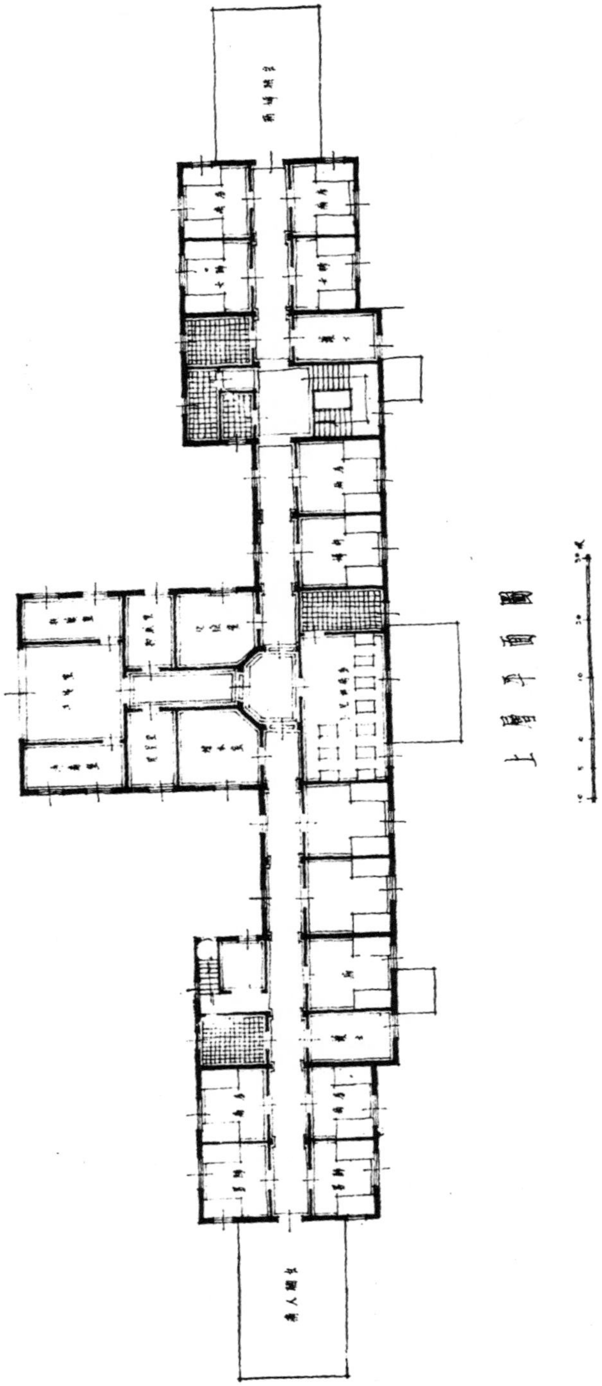

住宅　　上海中山路—南京住宅區

我們選出這兩所住宅，性質各有不同，讀者在附圖中可以很容易的看到。現在，請分別來說明一下。

在上海的一所，是設計給一個人數較少的家庭。因爲主人喜歡運動，所以有戶內運動室的設備。樓梯位置在房屋的當中，地方很經濟，而且出入利便。廚房部份與正屋之隔離，是全靠一個通風的走廊。這個辦法，用起來還算不錯。至於房屋的毛病，却有兩點。第一，貯藏室的地位不敷應用；中國人的家庭，起碼得要兩間很大的貯藏室，作爲貯藏衣箱與及其他大大小小的舊東西。第二，水汀爐子不應放在廚房裏面；因爲這樣一來，在加煤的時候，會使得地方很髒。

在南京的一所是計劃給一個很大的家庭。在這裏，我們利用一個大天井來作取光與及通氣之用。因爲主人好客，所以宴會的地方很完備。客房擺在樓下，是跟從前的習慣。穿堂面積很大，卽使十幾個客人同時到來，還可以有轉身走動的地位。這一點，在大型的住宅的設計當中，是很重要的。外觀方面，因爲主人一定要用古式，所以我們就作一次的嘗試。不過複雜的部份，都曾經一番簡單化的工作。屋頂是用青瓦，外墻粉乳白色，大門用金和紅，色彩方面，還覺得整潔。

上海中山路新建住宅

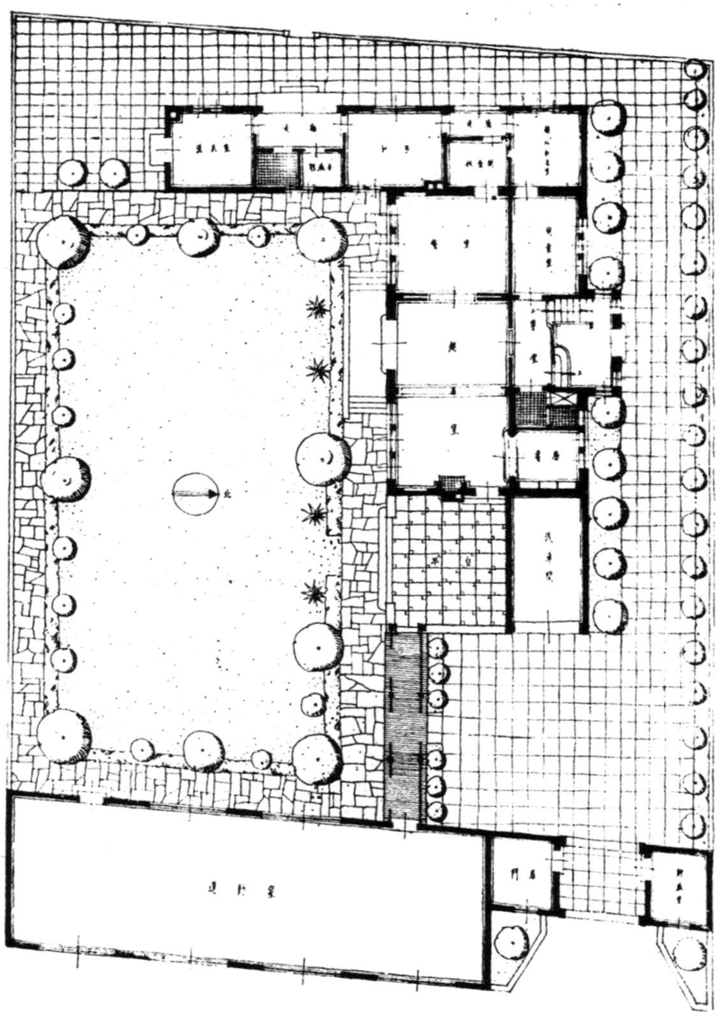

下層平面圖

上海中山路新建住宅

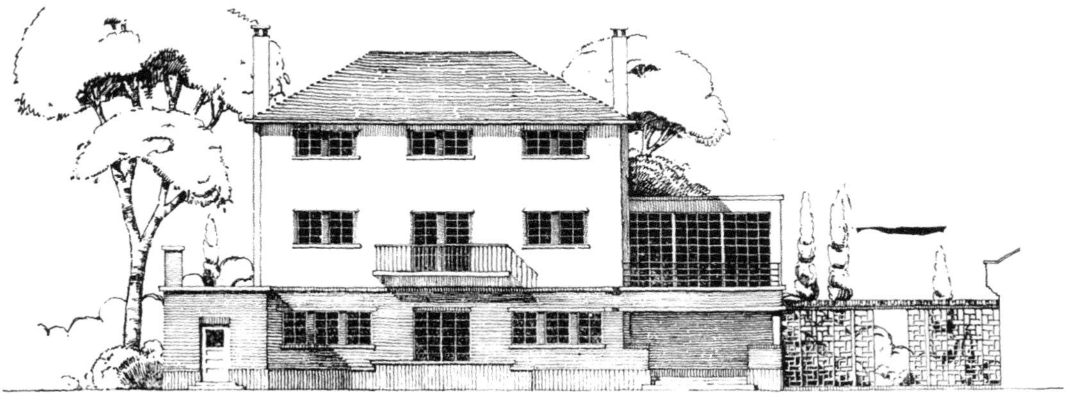

南面立視圖

房屋外面底層用紅磚，上層用毛水泥粉刷 油乳白色。 內部底層之主要房間用木板護壁，上至平頂，原色過蠟。 傢具用桃木 深棕色起光。 蓋面材料分三種：一爲麻織粗線條布， 灰色帶黃；一爲麻織細線條布， 淡紅色；一爲光面絲絨 棕色。 窗簾用銀灰色絲絨。 地毯老紅色，平頂粉淺黃色，藏暗燈。

中山路住宅

廻廊

大門

庭院

中山路住宅

北面立視圖

庭院之一角

中山路住宅

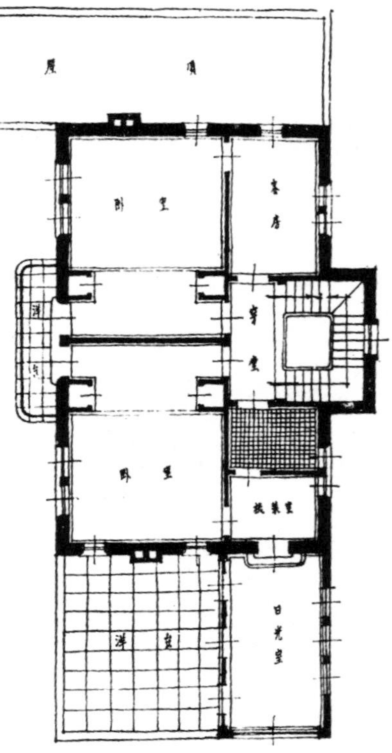

二層平面圖

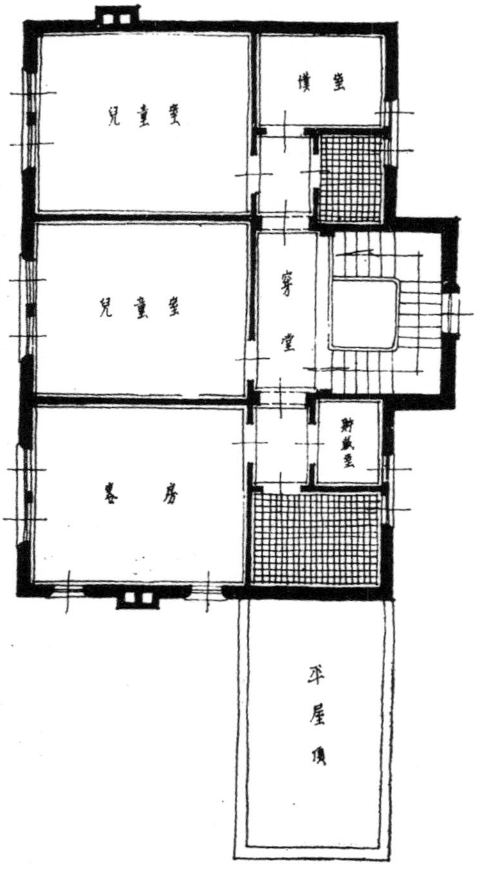

三層平面圖

中山路住宅

會客室

餐　　室

南京住宅區新建住宅

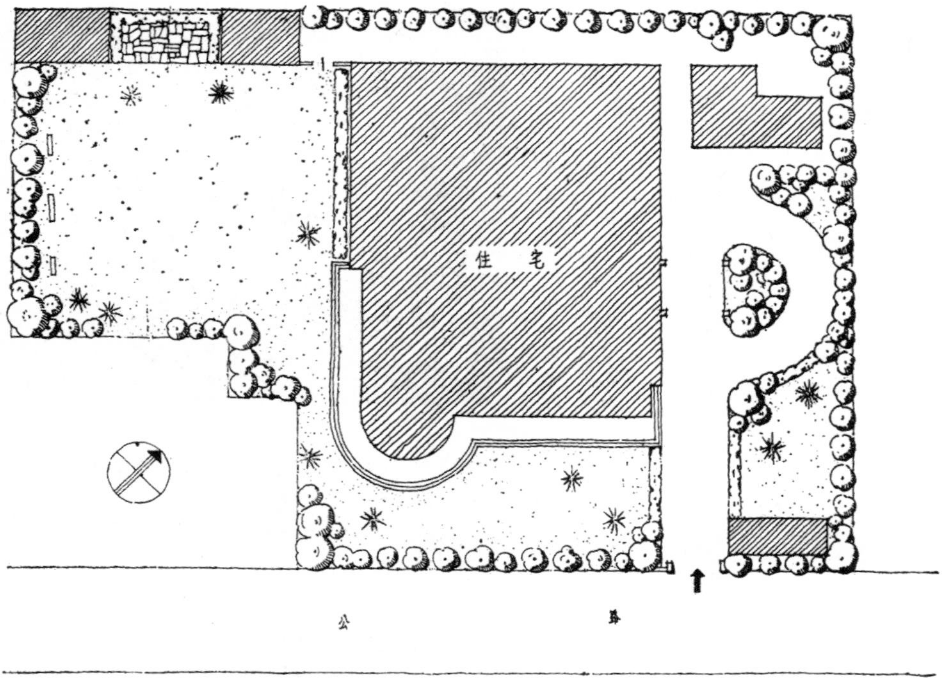

樓平面圖

房屋外墻全用毛水泥粉刷，油象牙白色， 屋頂用中國式青瓦，黑色， 圓柱漆深紅色。 入門穿堂墻壁用飾粉，米黃色，帶紅。 平頂粉白，配紅線條， 地板深棕色， 宴會廳全用木板護壁， 平頂粉淺綠色。 傢具用柚木，原色；蓋面用皮，深棕色。 窗簾外用薄紗，白色； 裹用絲絨，銀灰色。 地板淺棕色。

南京住宅區新建住宅

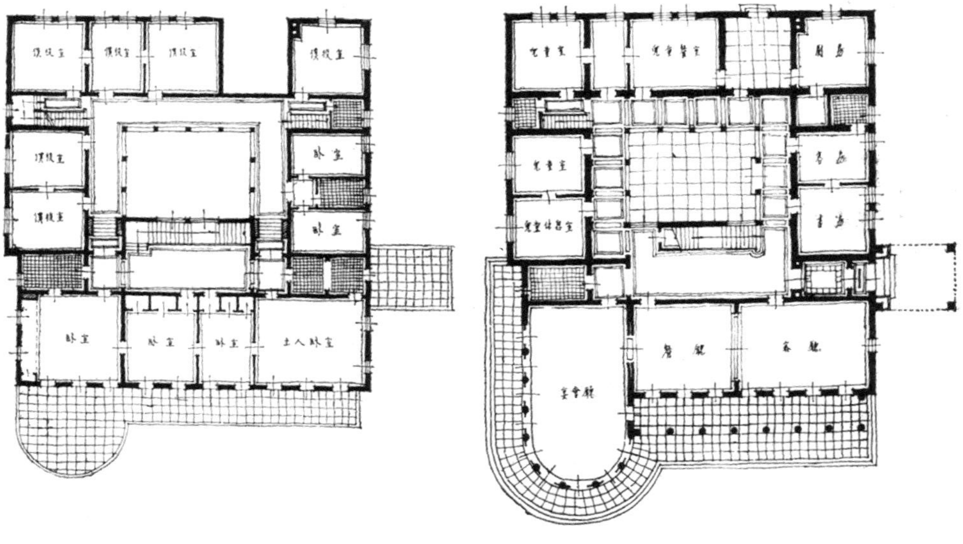

底層平面圖

南京新建住宅

扶梯穿堂

宴客廳

內部裝飾

三個例子

房屋內部裝飾和傢具的設計，我們辦過很多。 這幾處，是我們最近的作品。 本來這種設計，并不是容易的事情；有時比較一所大建築的計劃，還要麻煩得多。 所用的材料，是很複雜的；必要小心選擇，方能適用。 色彩是一個重要的原素。 情感的表現，應該不落俗。燈光倘如配得好，常常使整個的設計，得到意外的成功。 傢具不宜太多，要大小適宜，切乎實用爲度。 有許多人喜歡用“時代”的傢具，這亦是人有所好，不過房間裏面一切的東西，都要跟着屬於這個“時代”纔配得上。 插花和小盤景，也是很好的點綴材料，能使計劃得到一點生氣。 古玩，千萬不要多擺。 一件精美的藝術作品，要有單純的背景，纔能顯得它的好處出來。 在陳設上，一個普通的毛病，就是開古玩舖子。

公　寓

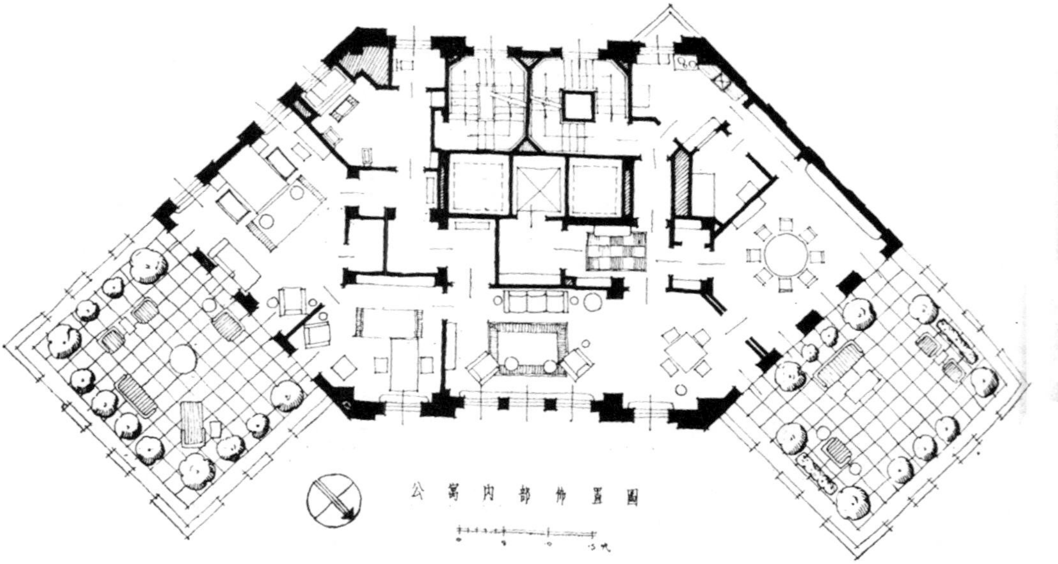

公寓内部佈置圖

這是一所公寓，式樣很爲特別，因爲房間都是 畸形。客廳和飯廳用柚木來做護壁，高度直至平頂。 臥房和書房的墻壁，却用顏色飾粉；臥房是淺青色， 書房是淡黃色，微帶紅。 傢具客廳和書房用柚木，飯廳和臥房用楓木。 所有畫面布，窗簾和地毯都和墻壁的顏色同類相配。

屋頂花園

公寓

客廳

平頂燈

公寓

書房

臥室

臥室

餐廳

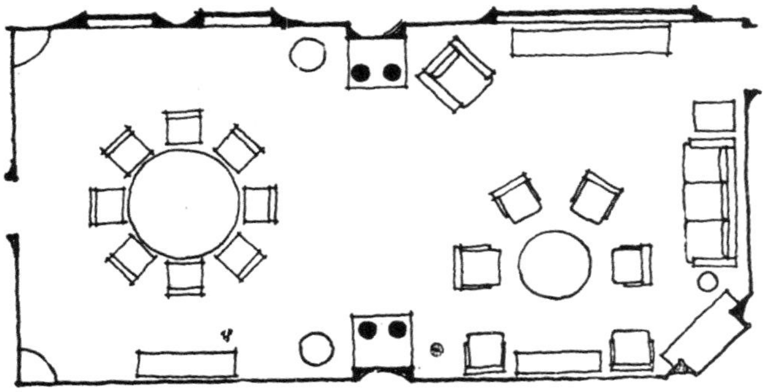

這裏客廳和飯堂併在一起，中間只隔一堂簾子。墻壁用飾粉，米黄色。平頂淺綠色。地面舖棕色油氈。家具用柚木，蓋面用銀灰色絲絨，

餐　　廳

俱樂部

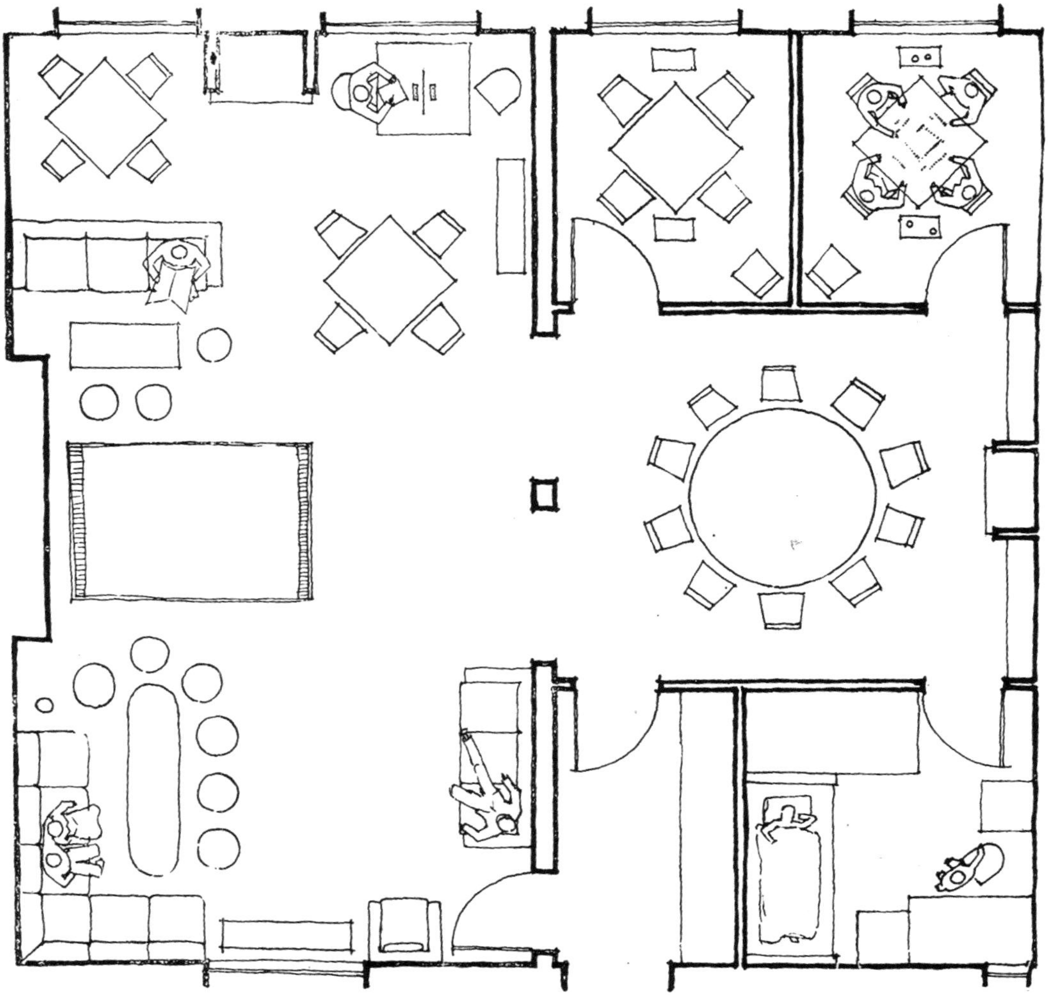

俱樂部內部佈置圖

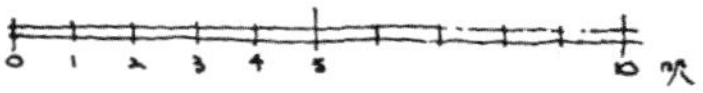

這是一所俱樂部，內有客廳 飯堂，及玩牌室。墻面用飾粉，客廳金黃色，飯堂淡青色，玩牌室乳白色。 木器和地板全用木頭的原色，表示簡樸的氣象。 火爐烟通用來作裝飾品，這裏還是第一次。

俱樂部

餐室

玩牌室

俱樂部

我們的主張

陸謙受　吳景奇

但凡從事藝術的人，對於他自己所從事的藝術，一定需要一個主張。這就是譬如行船之必需要一個方向，同樣的重要。行船大海而未有一個方向，我們就知道它的危險。從事藝術的人，而未有一個主張，他的成功分數，也就可想而知了。

一種主張，從未有絕對是對的，亦未有絕對的不對。從來未有永遠是對的，亦未有永遠的不對。因爲時代的輪，不停地在推進着，社會的組織，人類的心理，都會常常發生很大的變化。所以一種主張或理論，在某一個時代和某一種環境之下是對的，在另一個時代和另一種環境之下，就不見得是對了。但凡關於藝術的主張，大概如此。

現在我們暫時把理論擱開不談，根據三句不離本行的原則，就目前對於建築藝術的各種主張，實地來討論一下。

這個問題，未免要複雜了。因爲人心不同，有如其面，說到藝術的主張，就永遠不會聽到兩種完全相同的見解。但是歸納起來，大概可以分作三派。第一，是復古派。第二，是求新派。第三，是折中派。

復古派的人，是主張要把中國古代的皇宮廟宇，從新建築起來，不過用途就和從前兩樣。

求新派的人，是主張要倣效歐美的最新建築方式，如所謂立體式，國際式，或未來式等。

折中派的人，是主張中西并用，今古兼收的。表面看來，倒有些像所謂集大成的主義。

以上三派，一派卽有一派的見地和道理，對與不對，我們暫時不必去管它。主要的，還是在我們能夠看清楚建築藝術的本身，與及它的所以產生和進步的條件。

人類有生以來就需要居住的地方。所以住的問題，上自天子，下至庶民，都要想出一個解決的辦法。在上古時代，人類的生活很簡單，對於住的條件也是很簡單。祇要找到一處能遮風蔽雨與及防止野獸侵入的地方，一個巢，或一個穴，住的問題，就算解決。到後來，人類的生活續漸複雜起來，住的條件也跟着發生變化了。大概起先是完全根據生活的需要來進展，其後便與美術發生關係。

因爲人類的心理，是富於情感的；在各項生存的條件得到滿足之時，一腔的情感，便得要找一條出路。於是文學，音樂，美術，以及凡可以作爲舒情工具的東西，都應運而生。整個人類的生活，因此更加豐富。在這種情況之下，建築當然不能是例外。

說到情感，大家都知道它是完全受環境所支配和影響的。環境不斷地在變遷，所以情感也跟着不斷地在變遷。然則一切發揮情感的東西，所謂舒情的工具者，决不能從古至今，絲毫不變，豈不是很明顯的事實嗎？

所以當我們看到在每一個時代和每一處地方的文學，繪畫，或雕刻，我們便可以推測當時當地社會的一切情形；至於建築，自然也有同樣的作用。

因此，我們對於建築藝術的主張，一個很複雜的問題，得到一種答案了。我們以爲派別是無關重要的，一件成功的建築作品，第一，不能離開實用的需要；第二，不能離開時代的背景；第三，不能離開美術的原理；第四，不能離開文化的精神。

所謂實用的需要，就是說：建築要能滿足我們特別的需要。譬如一間戲院，就要能夠使我們舒舒服服地看到演員的動作，和聽到歌唱的聲音。

所謂時代的背景，就是說：建築要能充分地顯出我們這一個時代進化的特點。不要開倒車，使人家懷疑着現在是唐還是宋。

所謂美術的原理，就是說：建築的結構，顏色，形勢，都要合乎美術的原理。不要因爲標新立異，就不顧一切的將奇形怪狀的東西都弄出來。

所謂文化的精神，就是說：建築要能代表我們自己文化的精神。不要把中國的城市，都變成了歐美的城市。

所以在這四種原則之下，我們就應該努力創造一個新的風格出來，作爲我們對於這一個時代文化的貢獻。我們自己應當爭點氣，下點苦工，做點事業，不要老是跟在人的後面。必定這樣，我們的建築藝術，纔有出頭的日子。

（定閱雜誌）

茲定閱貴會出版之中國建築自第……卷第……期起至第……卷

第……期止計大洋……元……角……分按數匯上請將

貴雜誌按期寄下爲荷此致

中國建築雜誌發行部

……啓……年……月……日

地址……

（更改地址）

逕啓者前於……年……月……日在

貴社訂閱中國建築一份執有……字第……號定單原寄……

……收現因地址遷移請卽改寄……

……收爲荷此致

中國建築雜誌發行部

……啓……年……月……日

（查詢雜誌）

逕啓者前於……年……月……日在

貴社訂閱中國建築一份執有……字第……號定單寄……

……收查第……卷第……期尚未收到祈卽

查復爲荷此致

中國建築雜誌發行部

……啓……年……月……日

中國建築

THE CHINESE ARCHITECT

OFFICE:

ROOM NO. 405, THE SHANGHAI BANK BUILDING,
NINGPO ROAD, SHANGHAI.

廣告價目表

底外面全頁	每期一百元
封面裏頁	每期八十元
卷首全頁	每期八十元
底裏面全頁	每期六十元
普通全頁	每期四十五元
普通半頁	每期二十五元
普通四分之一頁	每期十五元
製版費另加	彩色價目面議
連登多期	價目從廉

Advertising Rates Per Issue

Back cover	$100.00
Inside front cover	$ 80.00
Page before contents	$ 80 00
Inside back cover	$ 60.00
Ordinary full page	$ 45.00
Ordinary half page	$ 25.00
Ordinary quarter page	$ 15.00

All blocks, cuts, etc., to be supplied by advertisers and any special color printing will be charged for extra.

中國建築第二十六期

出版	中國建築師學會
編輯	中國建築雜誌社
發行人	楊錫鏐
地址	上海寧波路上海銀行大樓四百零五號
電話	一二二四七號
印刷者	美華書館 上海愛而近路二七八號 電話四二七二六號

中華民國二十五年七月出版

中國建築定價

零售		每冊大洋七角
預定	半年	六冊大洋四元
	全年	十二冊大洋七元
郵費		國外每冊加一角六分 國內預定者不加郵費

本社啟事一

本社出版之中國建築所載圖樣均是建築家之結晶品品固爲國人所稱許所有中西房屋式樣無不精美堅固適宜經濟屢承各界函詢以前所出各期能否補購以窺全豹函復爲勞惟本刊銷數日增印刷有限致前出各期殘缺不少茲爲讀者補購便利起見將未售罄各期開列於下:—

一卷三期　一卷四期　一卷五期　（以上每本五角）

二卷一期　二卷二期　二卷三期　二卷四期　二卷五期　二卷六期

二卷七期　二卷八期　二卷九十期合訂本　二卷十一十二期合訂本　（以上每本七角如自二卷一起至二卷十二期全一套者可以打八折計算）

三卷一期　三卷二期　三卷三期　三卷四期　三卷五期　二十四期

二十五期　（每本七角）

本社啟事二

上海公共租界建築房屋章程係工部局所訂祇有西文本售價甚昂本社有鑒於此特譯成中文精裝一厚册僅售洋壹元庶購買能力可以普及使未諳西文者閱此又覺便利不少也

廣 告 索 引

全球建築師

對於現代大廈均用現代金屬

圖示上海靜安寺路國際大飯店下四行儲蓄會之正門，經鄔達克建築師證明，係用鋁合金所製。

鋁之外部用途之一

樸素明亮之建築物上。裝用鋁合金之窗嵌版。至爲悅目。蓋此種輕巧嵌版。除其美術價値外。對於建造之成本。亦可省費多多。

採用適度之鋁合金。可兼調和與實用，堅韌與輕巧而有之。不致汚及四圍材料之顏色。

鋁之外部用途。可謂無窮。除其耀然之光輝外。復不坼裂。不翹曲。不分離。其抵抗寒暑與銹蝕之特質。已成確然之事實。

惟於此有甚重要者。卽選用適度之鋁合金是也。本公司當欣然貢獻一臂之助焉。

ALUMINIUM UNION LIMITED

請用鋁以爲隨意之設計

鋁爲有韌性之金屬。最合建築家與營造家之需。鋁能範鑄，能捲起，能壓鑄，能輾捲，能抽細，能釘合，能用火管鍛接或局部鍛合。故能適應種種創造的設計之需要。凡欲得實用材料以實現藝術化之想像者。鋁之爲用，可謂無窮。

鋁之其他用途

▲內部用
欄杆　坐椅　花沿條
門　桌　電器附件　階上方眼格
升降機門及飾件　扶手　銘刻嵌板
電燈附件　窗柱　旋梯柱　壁柱
吊飾物　暖氣管

▲外部用途
噴水器　籬柵　旗杆脚
大門　繫舟樁　拱側　市招　屋
頂蓋索　造像　窗框

鋁能表示現代設計之秀雅與氣勢

歡迎垂詢詳情

鋁業有限公司

上海北京路二號

上海郵政信箱一四三五號

如圖爲上海國際大飯店之扶梯欄杆，係鋁合金所製。

（一）

陸根記營造廠

本廠承造之上海市醫院

本廠最近承造工程一覽

中國銀行行員宿舍
建築地址　上海極司非而路
業主　中國銀行
建築師　陸謙受君

百樂門大飯店及舞廳
建築地址　上海愚園路角
業主　顧聯承君
建築師　楊錫鏐君

大同公寓
建築地址　上海西摩路大同里
業主　李伯勤君
建築師　周春壽君

中南銀行行員宿舍
建築地址　上海愚園路鎮寧路角
業主　中南銀行
建築師　李英年君

上海市立醫院及衛生試驗所
建築地址　上海市中心區
業主　上海市工務局
建築師　董大酉君

上海國立商學院
建築地址　上海江灣西體育會路
業主　上海商學院
建築師　楊錫鏐君

南京蠶桑改良試驗所
建築地址　南京中華門小行鎮
業主　全國經濟委員會
建築師　經委會工程處

南昌省立醫院
建築地址　南昌民德東路
業主　全國經濟委員會
建築師　基泰工程司

南京全國國民大會會議廳及美術陳列館
建築地址　南京國府路
業主　全國國民大會籌備委員會
建築師　陶記建築師事務所

事務所　上海大西路一六五號
電話　二〇一八九號
分廠　南京　杭州　南昌

建業營造廠

JAY EASE & CO.

GENERAL BUILDING CONTRACTORS

本廠最近竣工之國立西北農林專科學校大樓

本廠最近承造工程一覽

英工部局西人監牢A/B	上海華德路
英工部局西人監牢R/D	上海華德路
招商局鋼骨水泥貨棧一二三四號	廣州
宋漢章先生住宅	上海金神父路
中央大學農學院	南京
新住宅區蘭園合作社第一部工程	南京
張治中先生住宅	南京
熊式輝先生住宅	南京
中國銀行經理住宅	南京
藏經樓	南京
西北農林專科學校大樓	陝西武功
中國旅行社西安招待所	陝西西安
中國銀行西安分行	陝西西安
三原民治學校	陝西三原

總事務所
上海九江路一一三
電話一四八八四
電報掛號二一四四

分廠
南京
西安　電報掛號二一四四
廣州

本廠登記證
上海甲等五五號
西安甲等十七號
南京甲等二五號
廣州甲等八九五號

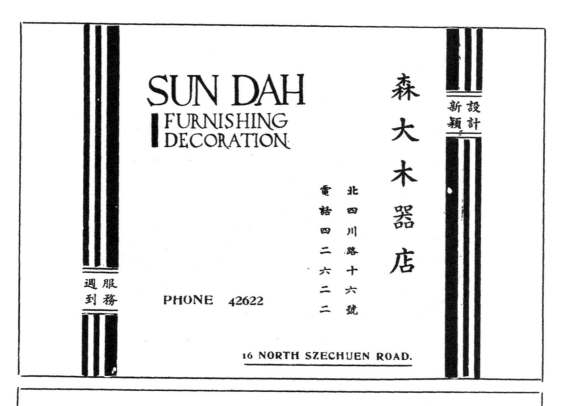

元豐公司

建築裝璜部

△營業要目

美術燈光 玻璃裝飾 彩畫油漆 浮雕壁畫

櫥窗門面 噴漆電鍍 銅鉄傢具 醫療器械

承辦工程一班

本埠：

四行儲蓄會二十二層大廈

浙江商業儲蓄銀行

上海市市立醫院

上海市衛生試驗所

上海市博物館

上海市圖書館

航空協會會所

外埠：

南京新都大戲院

南京國民政府文官處大廈

南京中央飯店

杭州大華飯店

重慶四川美豐銀行

西安隴海路車站

事務所愛多亞路一一一七號

電話 八〇一二七

製造廠斜土路八九八號

青雲路四二五號

中國銅鐵工廠

專製鋼窗鋼門銅窗銅門及代客設計銅鐵工程

本廠最近出品之新式收銀機

樣本備索

本廠承造甯波建船街盛府之鋼窗鋼門工程

總事務所
上海甯波路四十號
電話 一四三九一

分事務所
南京新街口忠林坊三三號
電話 二二八五六

新和興鋼鐵廠股份有限公司

總管理處 上海博物院路十四號　廠址 上海浦東周家渡
電話 總經理室・一一八六一　營業科 一五九〇七

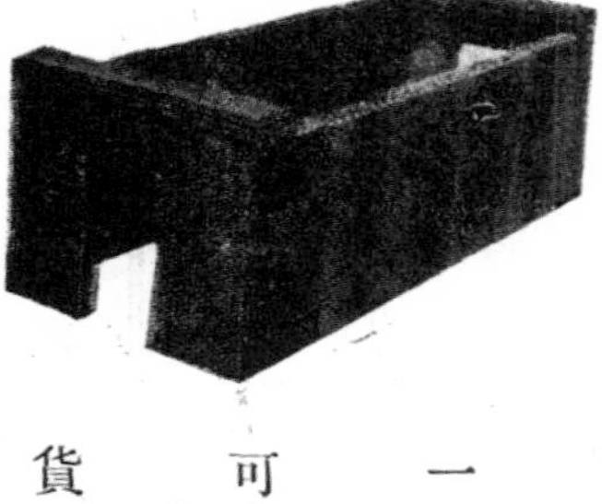

本廠自鍊純鋼精製建築鋼條盤旋保險鋼圈首創天字標記擔保品質優良直徑四分至吋半花色方圓俱全長度壹百餘呎尺寸隨單剪配完全省去廢料一經訂定合同分批照數送到可以分期付款並免堆運費用貨款節省甚多經濟而且穩妥

ALL MODERN ARCHITECTS
RECOMMEND
MODERN
BATHROOMS!

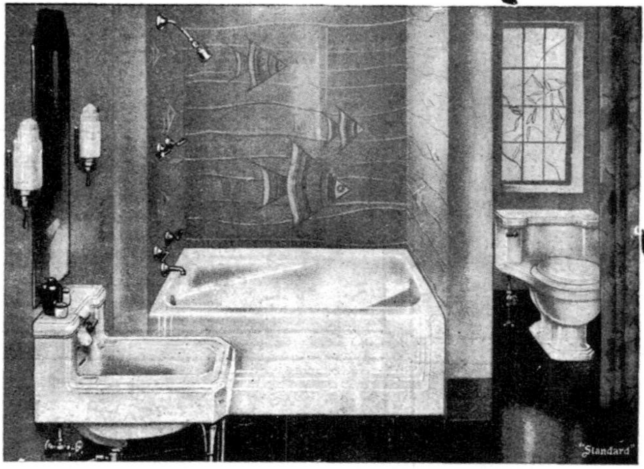

FROM EVERY ANGLE THE NEWEST, SMARTEST BATH

TIME TO REMODEL

YOUR CLIENTS OBSOLETE AND UNSIGHTLY BATHROOMS WITH MODERN SANITARY & BEAUTIFUL

"Standard" PLUMBING FIXTURES

Sole Agents in China

ANDERSEN, MEYER & COMPANY, LIMITED

SHANGHAI AND OUTPORTS

DAO KWEI KEE

GENERAL & BUILDING CONTRACTOR

HEAD OFFICE ~ LANE 140, 27, CHENGTU ROAD

~ SHANGHAI ~

TELEPHONE : 32493

陶桂記營造廠

本廠最近承造工程之一

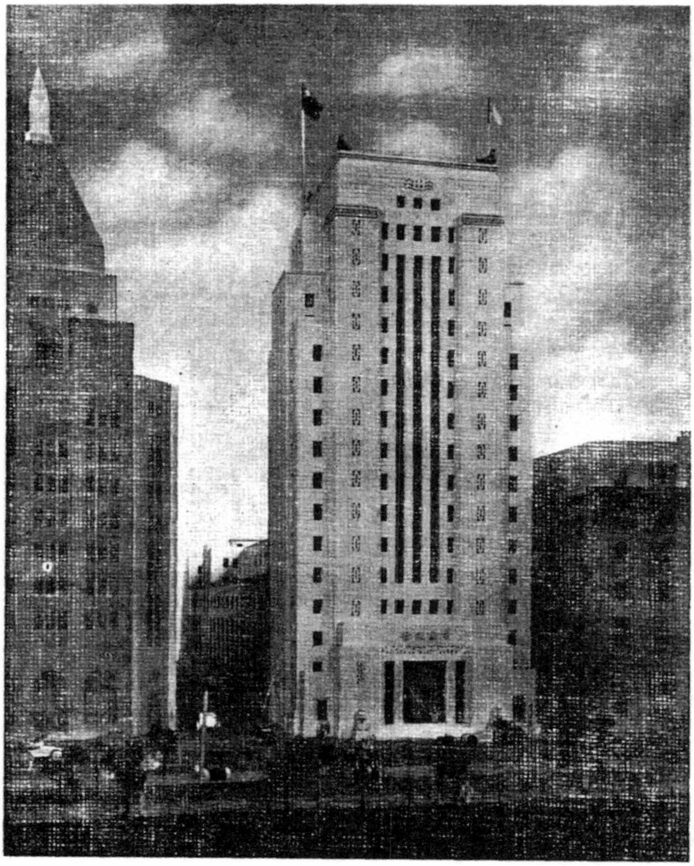

中國銀行總行大廈 共和洋行及陸謙受建築師聯合設計

總事務所 上海南成都路一四〇弄二七號

電話 三二四九三

中華民國廿五年七月廿九日收到

中國近代建築史料匯編（第一輯）

中國建築

第二十七期

中國建築

第二十七期
中國建築師學會出版

THE CHINESE ARCHITECT

潘肇記營造廠

專門承造各種房屋

地址：馬白路一六二號

電話：三〇五四〇

周林記營造廠

CHOW LIN KEE

BUILDING CONSTRUCTION

SHANGHAI

本廠承建各項建築工程

經濟

堅固

迅速

如荷賜顧

竭誠服務

定能滿意

上海滬西億定盤路

諸安浜甲三十號

國立中央研究院檢驗證明書

國立中央研究院工程研究所
THE NATIONAL RESEARCH INSTITUTE OF ENGINEERING.
ACADEMIA SINICA
BRENAN AND YUYUEN ROADS SHANGHAI CHINA
TELEPHONE 21944

審查上海實用科學社新式門鎖之報告

就吾人審查所得關於機械方面者，上海實用科學社所自製之新式箭牌門鎖，有可供實用之利點凡二：

一，此種新式門鎖，因其在X^n之數之範圍內，鑰匙之齒形各鎖不同。一假定n為鎖簧之箇數，在該社所製者為4，X為鎖簧之深淺之級次數，即該社所稱鎖心彈子之長短之級次數，來件未註明，故較能保障安全。可與市上最流行之「艾而」(Yale)牌及「考丙」(Corbin)牌等之外貨鎖較。具同等之功用。而吾國舊時之神仙鎖，實即其濫觴。特舊式神仙鎖無須鑰匙亦可試啟，實為缺點。此則非先有與原製造廠同一情形大小之鑰匙，不能試探，故較可靠矣。

二，近年吾國人士鑒於外貨鎖類之充塞市場，高等者居奇，低劣者傾銷。仿製之廠已不啻風起雲湧。惜吾人無緣一一詳細評論其失。惟求能信用昭著者，頗不多覯。而且免起鶻落，不能持久者不少。今該社果能如來函所稱，以科學精神，猛進不已。如選材審慎，製作精密等點，實頗具決心。則前途必能於質及量雙方均超過上述最著名之數種外貨，而尤以設計之得宜為更足注意：

甲能使構造簡單而收減低成本之效，故售價廉。乙、各部平均堅固，能於耐久，且不致驟然損壞。丙防止水之浸入及防銹爛頗能顧及。

至所採用材料之種類及其品質，確與實用科學社所宜稱者相同。

合併述及。

中華民國廿五年六月十日

所長 周仁

審查人 何桂聿

國立中央研究院工程研究所
THE NATIONAL RESEARCH INSTITUTE OF ENGINEERING.
ACADEMIA SINICA
BRENAN AND YUYUEN ROADS SHANGHAI CHINA
TELEPHONE 21944

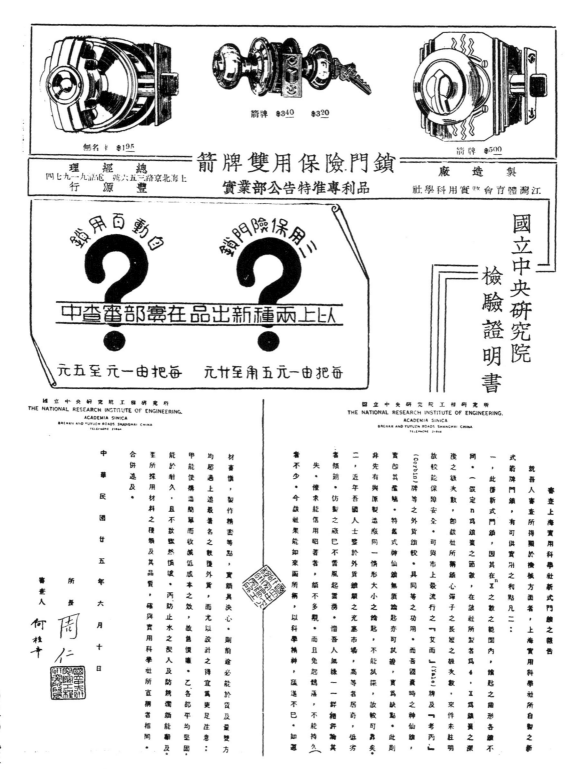

中國獨家經理

合中企業公司

上海圓明園路九十七號

電話一三一四二——三

美國約克銀箱庫公司承造

中國銀行總行新廈內

全部庫門及保管箱設備

約克廠出品不論大小

均採用最新式之設計

使顧客獲得堅固可靠之保障

並願供給建築師

以設計新式庫房之參考材料

YORK SAFE & LOCK CO.

NEW YORR, PA. U.S.A.

Sole Agent in China

UNITED CHINA SYNDICATE

97 Yuen Ming Yuen Road

SHANGHAI

兼辦特種保險鋼筋精密鎖鑰及建築用一切鋼料

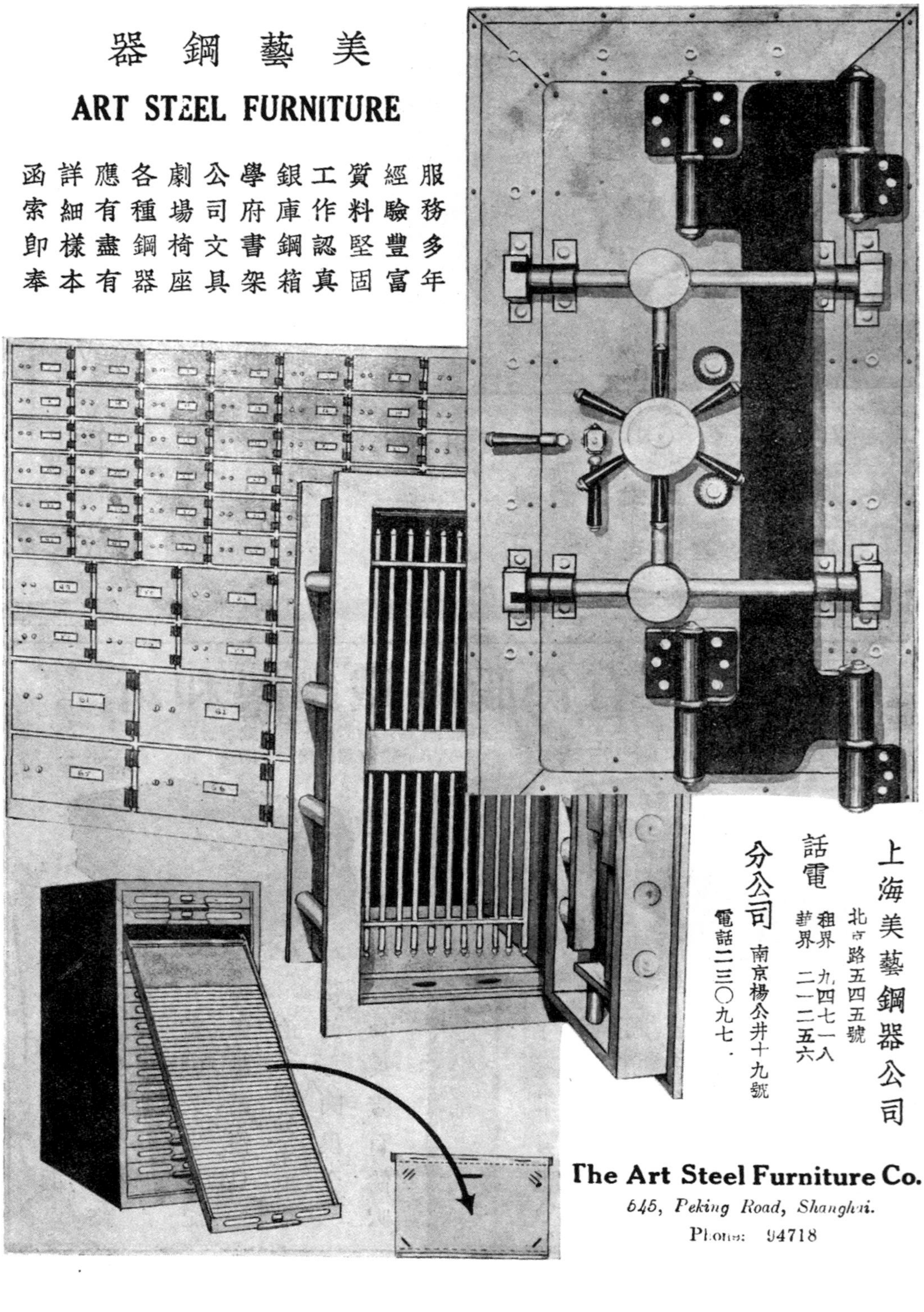
美藝鋼器
ART STEEL FURNITURE
服務多年
經驗豐富
質料堅固
工作認真
銀庫鋼箱
學府書架
公司文具
劇場椅座
各種鋼器
應有盡有
詳細樣本
函索即奉
上海美藝鋼器公司
北京路五四五號
電話 租界 九四七一八
華界 二一二五六
分公司 南京楊公井十九號
電話二三〇九七
The Art Steel Furniture Co.
645, Peking Road, Shanghai.
Phone: 94718

永亮晒圖紙廠

上海江西路四五二號　電話　一九三四六號

晨鐘牌
註冊商標

永亮晨鐘牌藍晒圖紙

紙質堅韌
易晒耐洗
影出圖樣
色麗顯明
優待外埠
不加郵稅

30寸長　10碼　每卷貳元陸角
36寸長　10碼　每卷叁元貳角
40寸長　10碼　每卷叁元伍角
42寸長　10碼　每卷叁元陸角

特設晒圖部
代客晒圖　日夜服務

優待券

憑此券向本廠購買晨鐘牌藍晒紙可享六折之利益
▽無券不憑

永亮晒紙廠謹贈
上海江西路四五二號

"Carto"式片爐（俗名水汀）
"Arcola"暖汽鍋爐
"Smokless"暖汽鍋爐

本公司出品均選用最優美之國貨原料不單製造樣式美觀效力優良且擔保耐用價格低廉

承裝水汀衛生
電氣通風工程

上海興華水汀衛生工程司
四川路四一六號
電話一六一三六號

北平中華汽爐行
電話東局四六三八號

亞細亞晒圖公司

寧波路四十七號
電話
13357

承晒各項圖樣交件迅速
服務週到如蒙賜顧竭誠歡迎

ASIA PRINTING CO.
47 NINGPO ROAD　TE. 13357

本社啟事一

本社出版之中國建築所載圖樣均是建築家之結晶品固爲國人所稱許所有中西房屋式樣無不精美堅固適宜經濟屢承各界函詢以前所出各期能否補購以窺全豹函復爲勞惟本刊銷數日增印刷有限致前出各期殘缺不少玆爲讀者補購便利起見將未售罄各期開列於下:—

一卷三期　一卷四期　一卷五期　(以上每本五角)

二卷一期　二卷二期　二卷三期　二卷四期　二卷五期　二卷六期
二卷七期　二卷八期　二卷九十期合訂本　二卷十一十二期合訂本
(以上每本七角如自二卷一起至二卷十二期全一套者可以打八折計算)

三卷一期　三卷二期　三卷三期　三卷四期　三卷五期　二十四期
二十五期　二十六期　(每本七角)

本社啟事二

上海公共租界建築房屋章程係工部局所訂祇有西文本售價甚昂本社有鑒於此特譯成中文精裝一厚册僅售洋壹元庶購買能力可以普及使未諳西文者閱此又覺便利不少也

中國建築

民國廿五年十月　　第二十七期

目　次

THE CHINESE ARCHITECT

卷首語

本期大部材料由李英年建築師所供給。李君現供職於浙江興業銀行建築部。所有作品頗能表現其精密穩健之個性。本篇所列其最近作品中有公寓，銀行，住宅，房產等等。類皆結構精邃一絲不苟，時人稱之。蒙其供給各項圖樣攝影等爲本刊增光不淺焉。

本期原應於月初出版。茲因多數圖樣因底稿係鉛線製版後不能清晰。後加墨重製，以致又行愆期。重勞定戶諸君紛函詢問。謹爲歉仄。爰誌數語聊表歉忱。

西摩路李氏公寓

李英年

李氏公寓，原爲李伯勤先生住宅，地處愛文義路與新閘路間之西摩路，交通便利，環境亦甚幽靜，惟其前面適爲舊式石庫門樓房，美中稍有不足，後經業主同意，將其中一部份拆卸，沿馬路部份有礙觀瞻者改造之，並擬在前面車間屋頂，稍植花木，蓋其後面與左右原爲鄰家園地，如此則前後左右均有掩映襯托，後以未經完工已租賃一空，故此點終未舉辦，否則該公寓如在遠望，處于園林之中，其境界以較現狀或可更勝。

吾人習慣，以種種關係居住公寓認爲不甚合適者爲多，故其設計亦以西人需要爲主，內容設施佈置亦尙美備，更有數點堪爲公寓設計者介紹：

（一）凡百設計，造價成本，爲計算利息之重要原素，但在公寓當視經常經費爲更重，蓋前者屬于一時支出，後者屬于永久給付。經常費最大者爲水與熱之供給，以作者經驗所得，凡西人居處均可用人工井水，國人則否，以其飲食不同也。本公寓以所用係自流井水每年節省開支不少。熱之供給。多數均由水汀傳遞，發熱機爲熱汽爐子，爐子靠燃料發熱，欲燃料減輕必先得減輕之消耗與迅速傳送，如範圍較大者，更可另裝加煤機，效力尤大，故爐間之設置，以接近建築中心爲佳。

（二）聲響隔離，亦爲公寓設計之重要問題。本公寓以造價所限，不能全部均用鋼骨混凝土，所有樓地擱柵及分間隔牆，概係木料，故欲隔絕聲響，尤有困難補救辦法，着重在上下平頂，故每層加平頂筋，使與擱柵脫離，中間幷留相當空隙，庶聲響與空氣，在此罅隙間有回旋流通之餘地，成効甚佳。分間板墻，尋常均爲六寸，茲特加厚兩寸，同時將水泥大樑亦擬爲八寸，使與牆身厚度一律，如此則不祇減輕傳聲程度，且各間牆面均無大樑痕跡

（三）鋼骨計算方面亦經相當注意，故柱支較多，每柱不過距離二十尺，均係偏形藏于牆中(a)務使每柱負擔不致過巨，可無凸出之處。(b)大樑與底基，大料之長度亦以不超過二十尺爲最合算。(c)重量漸趨平均，底基反重可得確實之中心點，可無畸輕畸重致生隙裂之虞。

營造承包人爲陸根記，水電暖汽設備均由漢興行承辦，共計造價貳十五萬元每年約收租金五萬元。

西摩路公寓

全景

西摩路公寓

（一）

（二）

李氏公寓，基地原有舊屋，經拆除改劃界綫後，成一極爲完美之地形，東出西摩路，西北緊靠公路，所留空地祇有南面一方興建築，中心之微小天井，所得光綫空氣，無與倫比。

（三）

此三頁照片均面西南之外觀

西摩路公寓

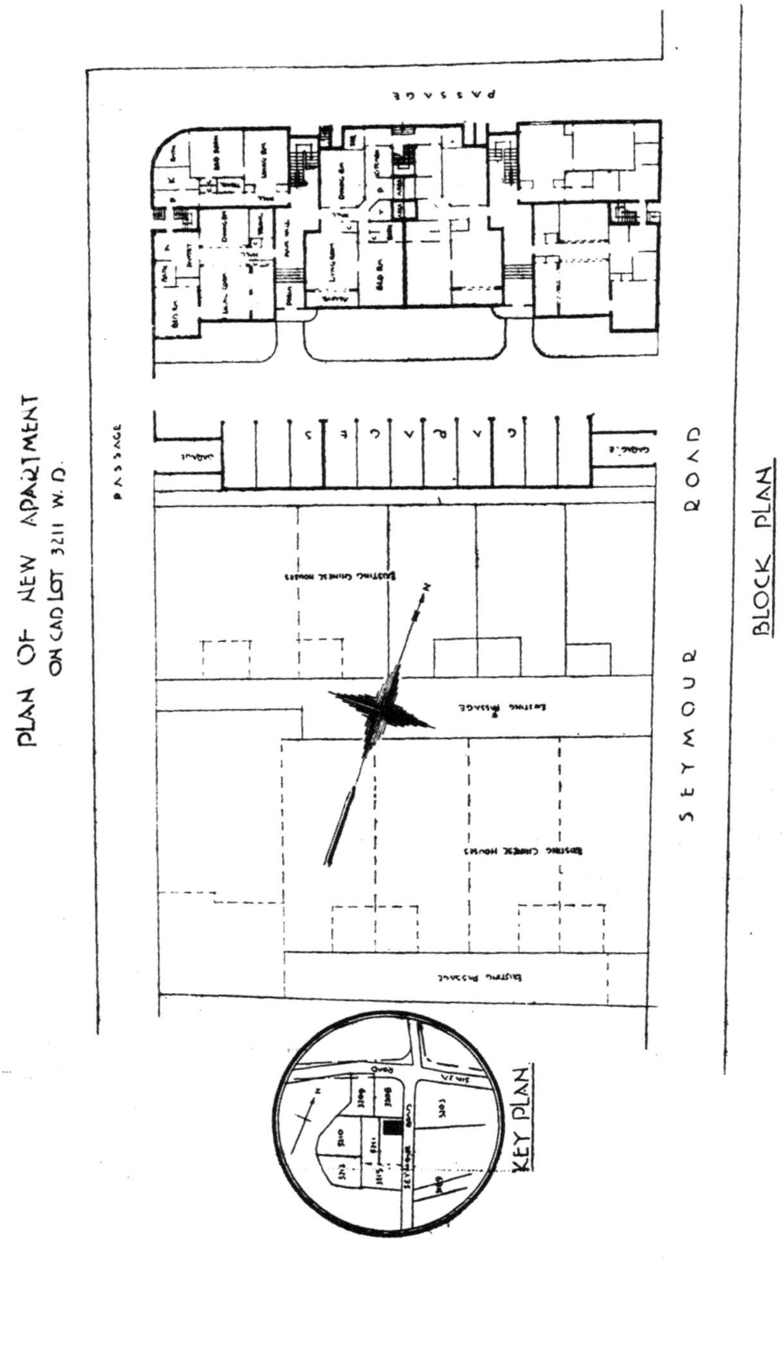
PLAN OF NEW APARTMENT
ON CAD LOT 3211 W. D.
BLOCK PLAN
KEY PLAN
SEYMOUR ROAD
PASSAGE
GARAGES
EXISTING CHINESE HOUSES
EXISTING PASSAGE

西摩路公寓

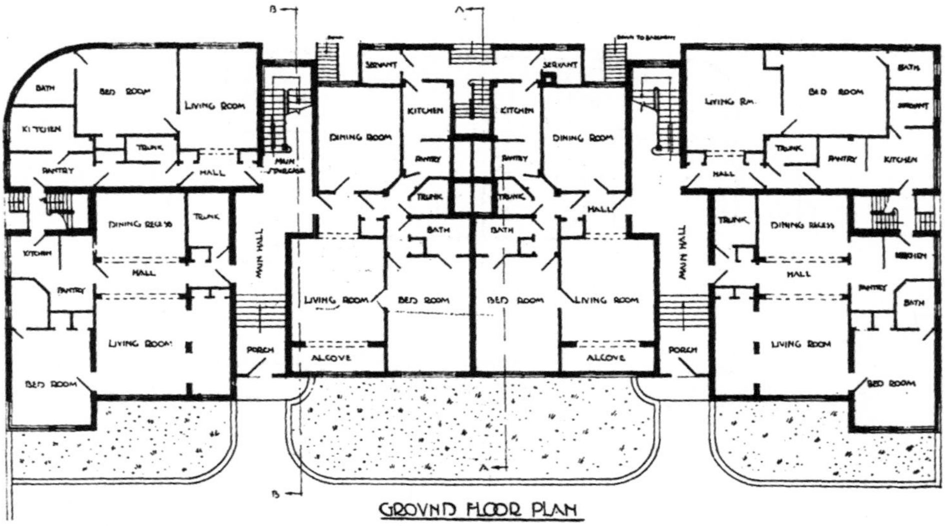

GROUND FLOOR PLAN

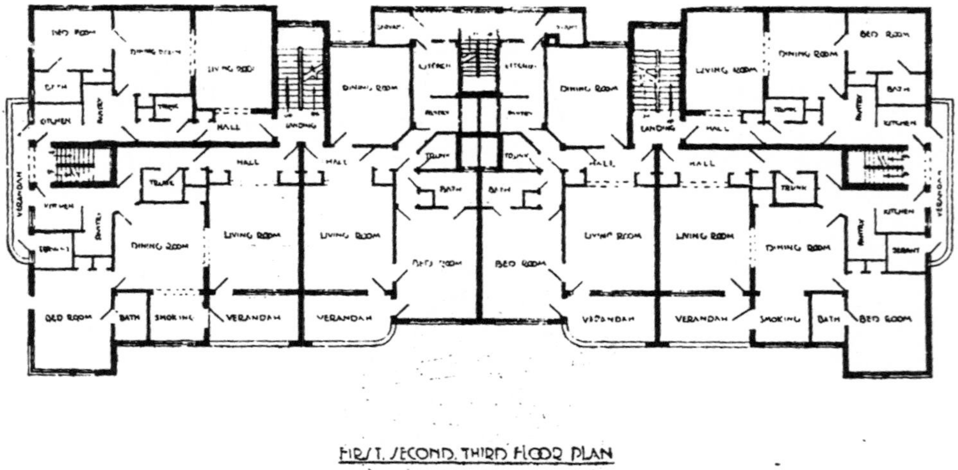

FIRST, SECOND, THIRD FLOOR PLAN

西摩路公寓

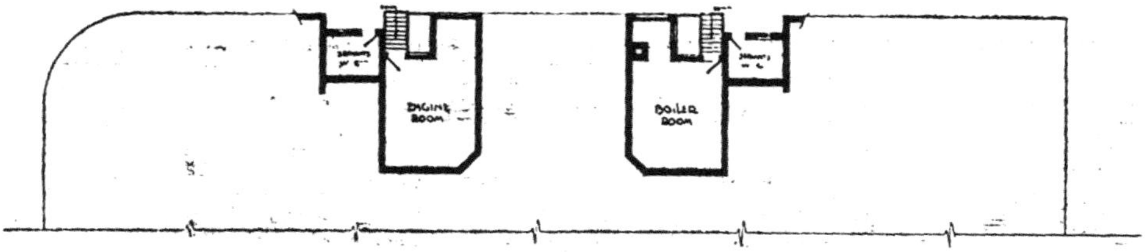

BASEMENT PLAN

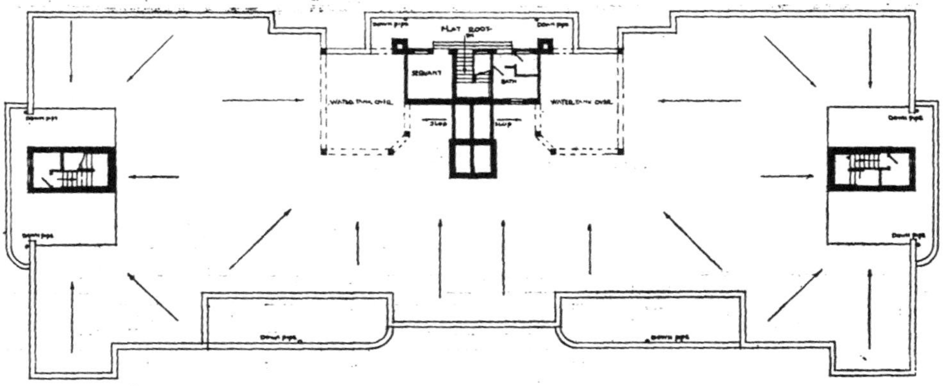

ROOF PLAN

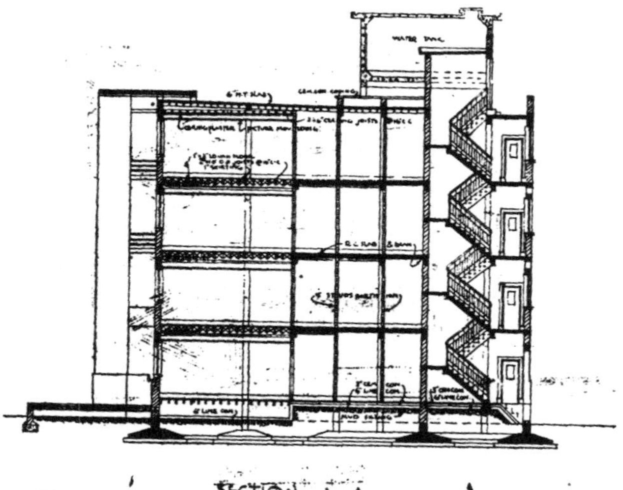

SECTION A-A　　A

西摩路公寓

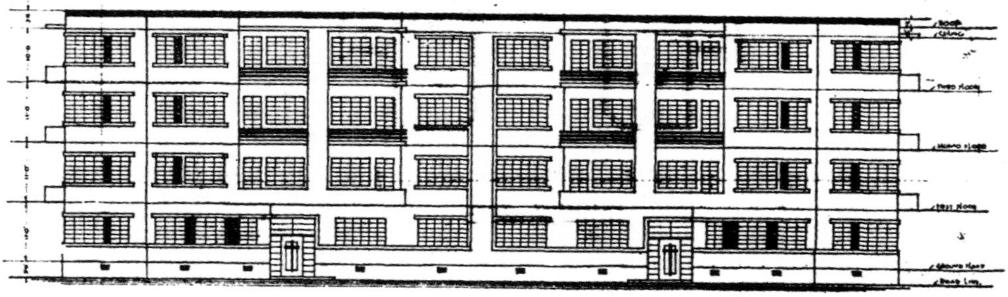

FRONT ELEVATION

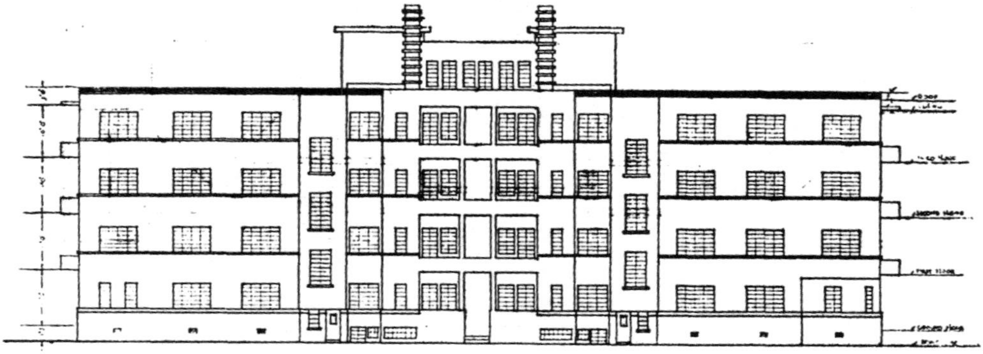

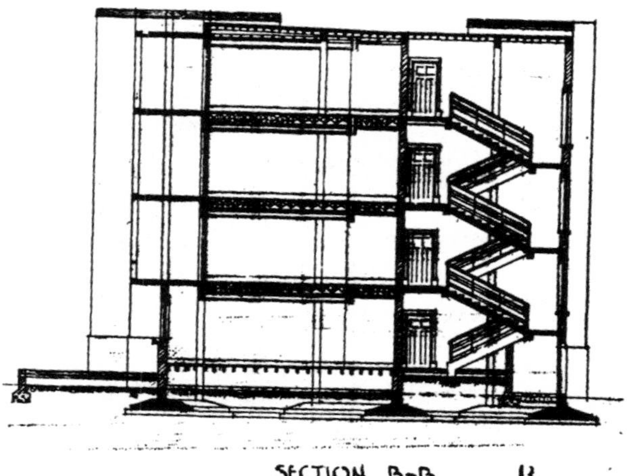

SECTION B-B　B

靜安寺路浙江興業銀行西區支行

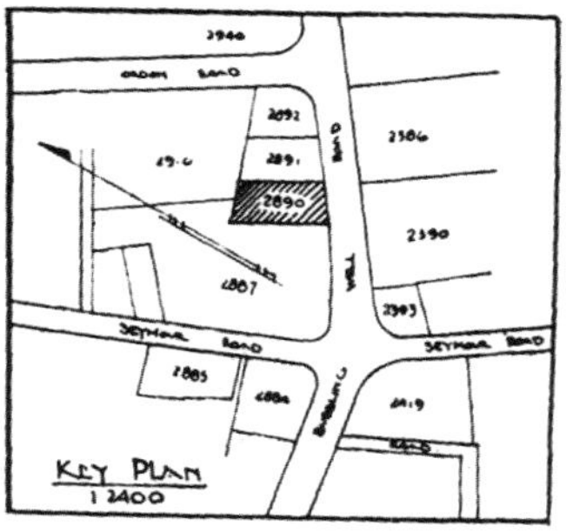

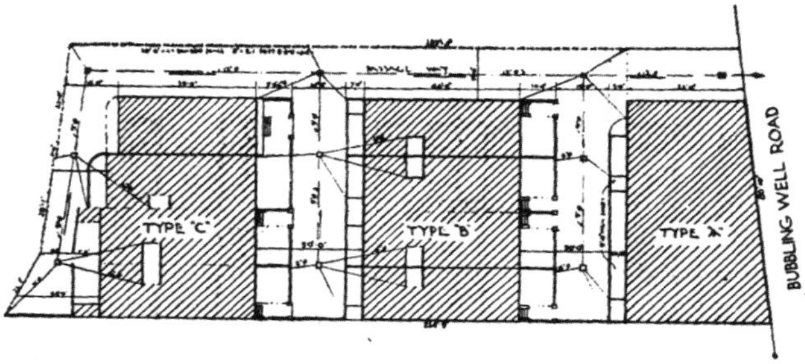

浙江興業銀行西區支行說明

李英年

浙江興業銀行上海總行所屬有支行數處，西支行原在西摩路相近之靜安寺路。賃人一椽，已甚舊陋。新屋即在偏東之地方協會舊址。全地分爲三塊，後兩塊爲出租住宅，銀行自用者約佔面積四十五平方，即底層及二樓之一部，餘分公寓三宅，未經開工，已爲人定去，或以地點適中 設計着重實用，前來接洽與要求加高層數者，更絡繹不絕，以爲預算所限，且高度增加不免阻礙後塊光線，故未舉辦，致無以饜要求者之望。

面樣略仿總行式字樣，以本人主張，機關所屬傍支建築，門面格局，應取一律，統系分明，同時亦易使人認識，故所用材料亦不相上下。建築承造人由元和義記營造廠承包，計造價叁萬六千元。衛生與暖汽設備，由清華工程公司承裝，計六千壹百元，電氣工程歸大中華承辦，計壹千元，保管庫裝置，預計兩萬元，一部份庫門已由合中企業公司承包。此爲銀行及公寓建築費用 後塊住宅不一一備舉。

靜安寺路浙江興業銀行西區支行　　TYPE "A"

前面立視圖

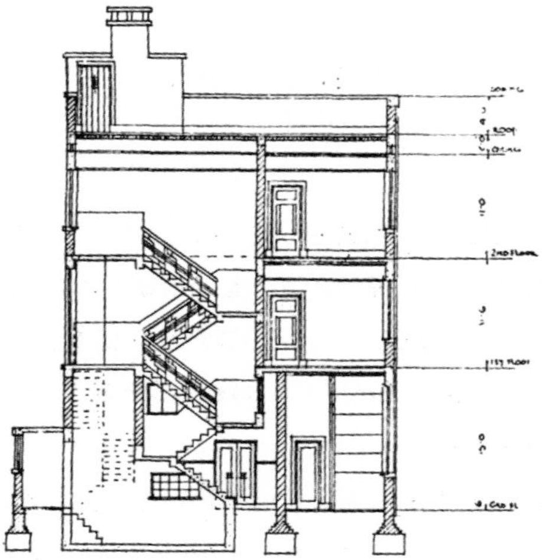

側面剖視圖

TYPE "A"

靜安寺路浙江興業銀行西區支行

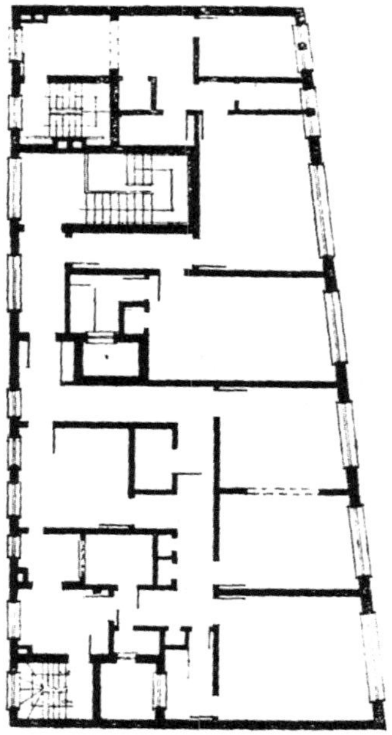

二層平面圖

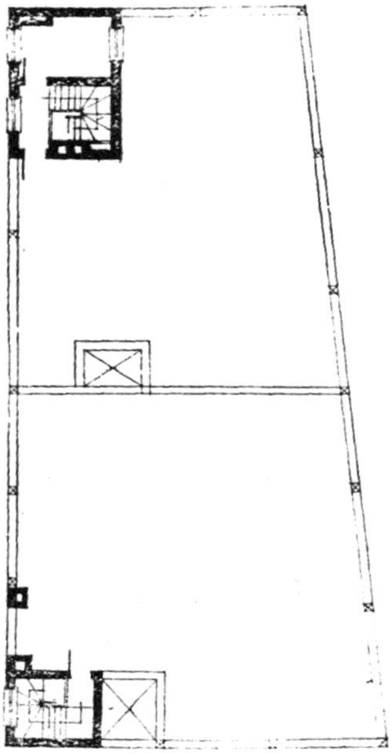

屋頂平面圖

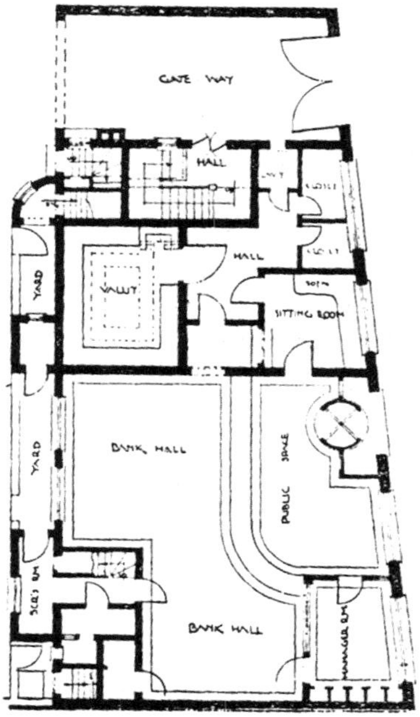

底層平面圖

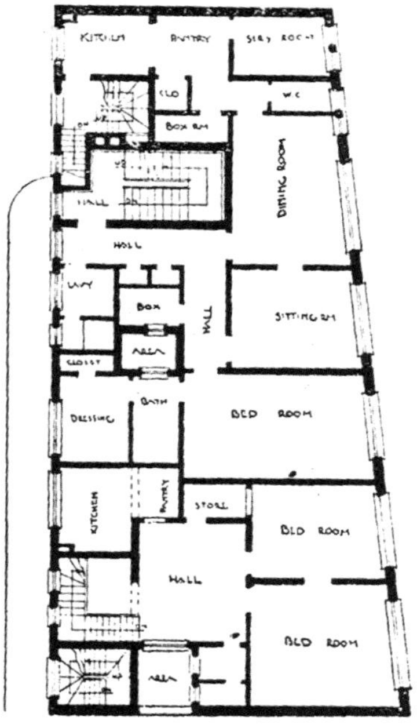

一層平面圖

靜安寺路支行內住宅

TYPE "B"

正面立視圖

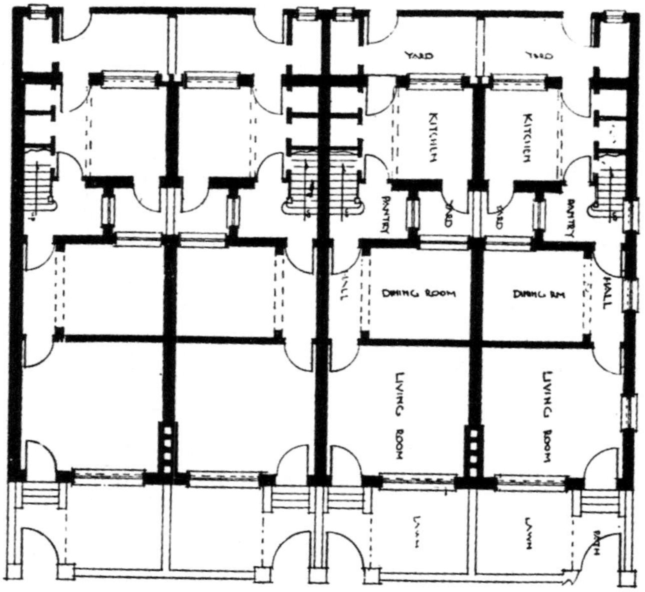

底層平面圖

TYPE "B"

靜安寺路支行內住宅

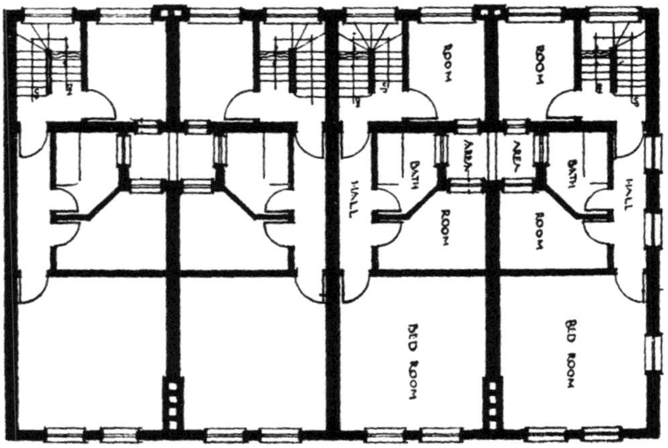

一層平面圖

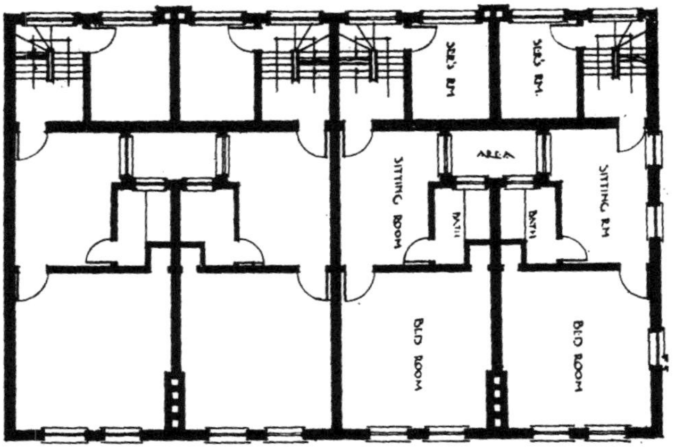

二層平面圖

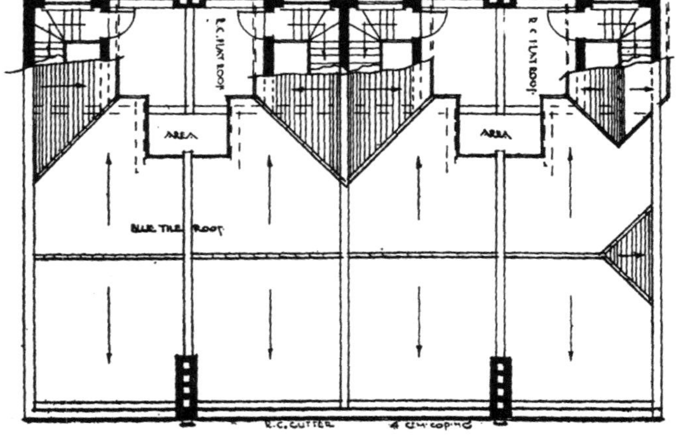

屋頂平面圖

靜安寺路支行內住宅

TYPE "C"

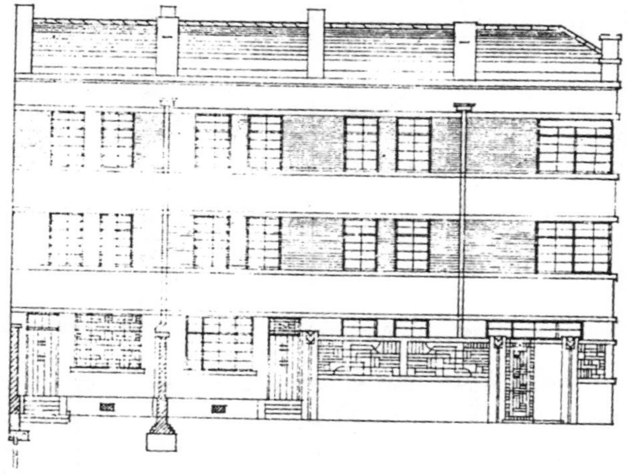

正面立視圖

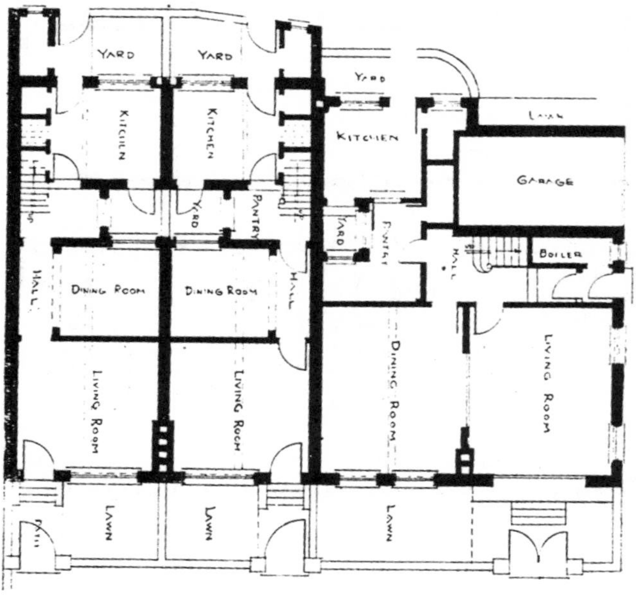

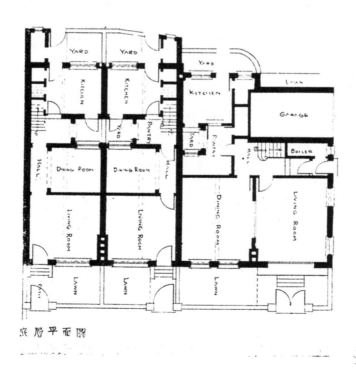

底層平面圖

YTPE 'C'

靜安寺路支行內住宅

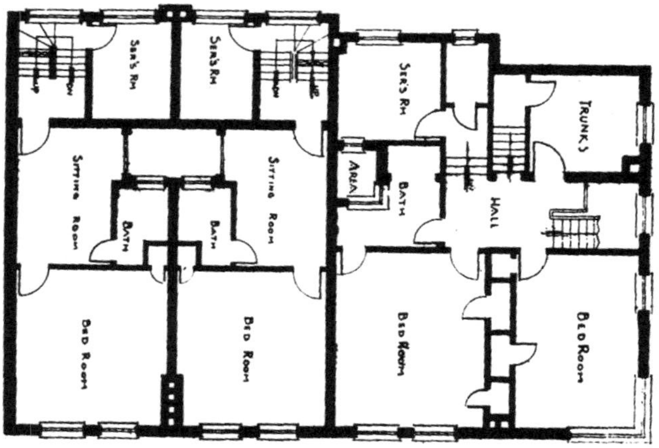

一層平面圖

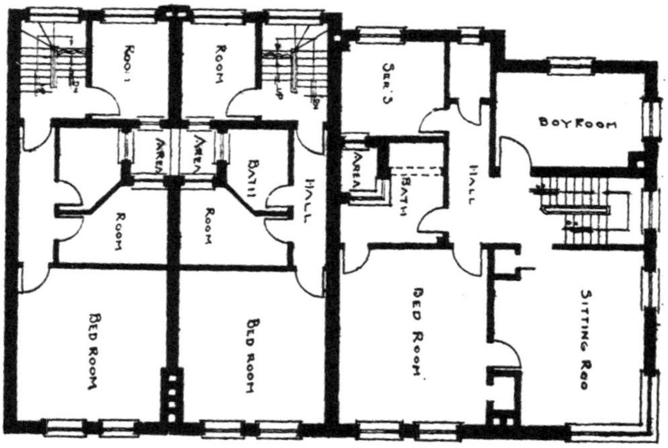

二層平面圖

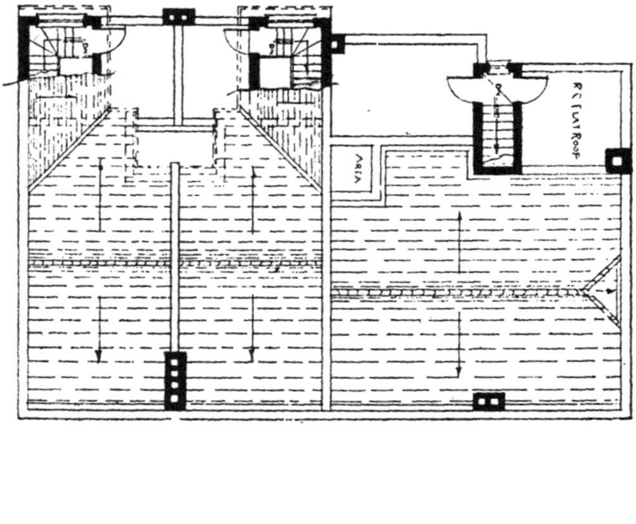

屋頂平面圖

浙江興業銀行北蘇州路倉庫說明

李 英 年

堆棧建築，着重點當在工程計算。然計算係根據全地佈局，如全局佈置一有缺點，工程計算方面必受重大影響，以本人經驗所知，須注意下列數點：

（1.） 不能過份重視地價，四週能與鄰屋距離十尺以外者最好，否則卽以正屋靠近鄰家，不能如過街樓式，樓上堆貨樓下爲里弄。

（2.） 堆棧雖毋須空氣，中間不用天井，然接連深度亦不宜過長。

（3.） 樓梯間不宜太寬。

（4.） 如不用大樑之樓板建築，每層高度，不宜超過十二尺。

（5.） 多數堆棧，現已改稱倉庫，所儲貨物殊不固定，不能聽取業主之言，專儲某種貨物，作計算根據。

以上所舉，大概而已。其他問題，當有更重要于此者，爲建築師所盡悉，故不一一具論。

該棧蓋造，已經六年，其造價連一切設備費共計七十萬元，沿北蘇州路一帶，除中國銀行倉庫外，仍稱首屈一指、

浙江興業銀行倉庫

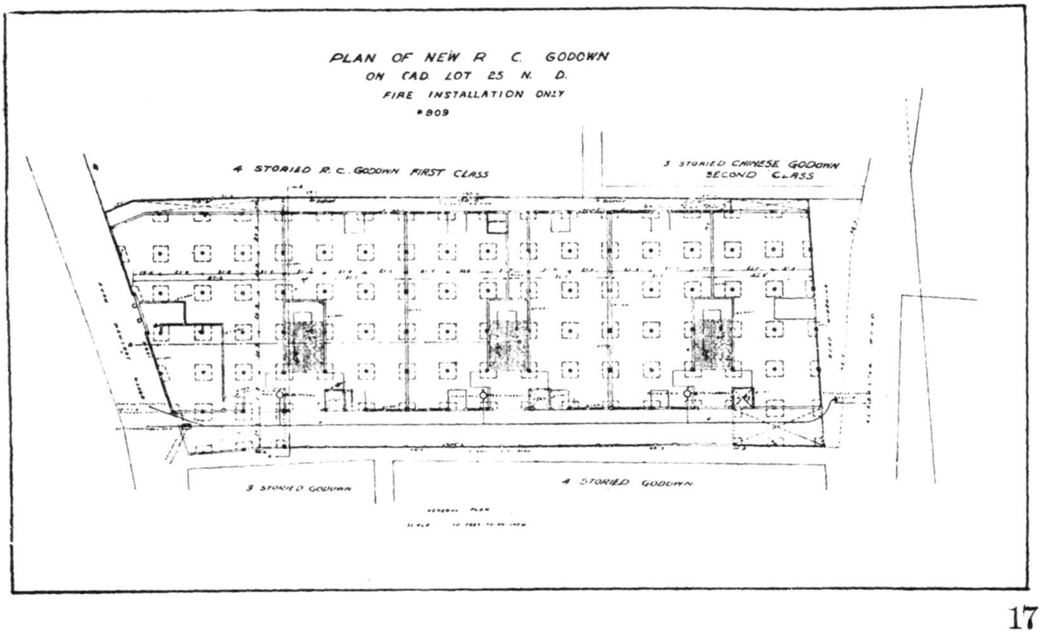
PLAN OF NEW R. C. GODOWN
ON CAD. LOT 25 N. D.
FIRE INSTALLATION ONLY
#909
4 STORIED R. C. GODOWN FIRST CLASS
3 STORIED CHINESE GODOWN
SECOND CLASS
3 STORIED GODOWN
4 STORIED GODOWN

鎮寧路浙江興業銀行行員宿舍

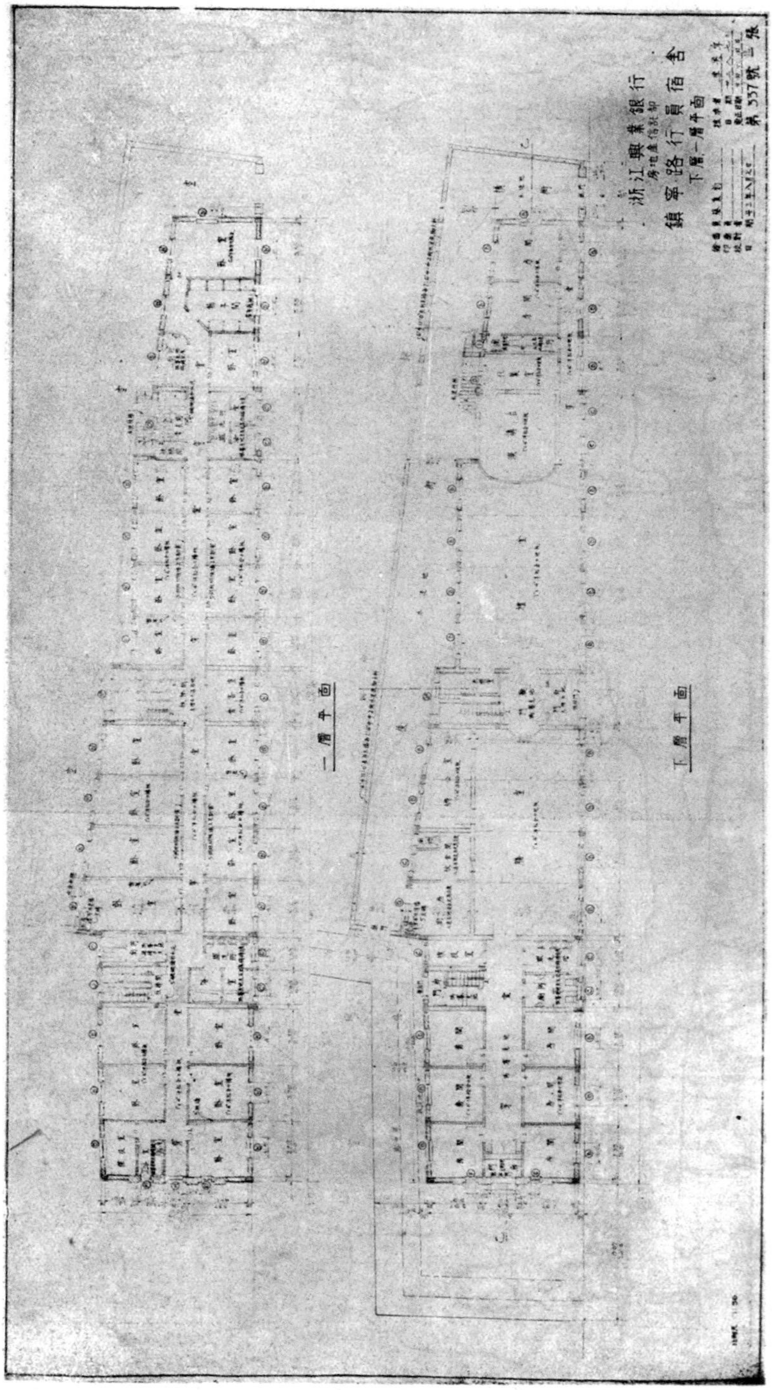

鎮寧路浙江興業銀行行員宿舍

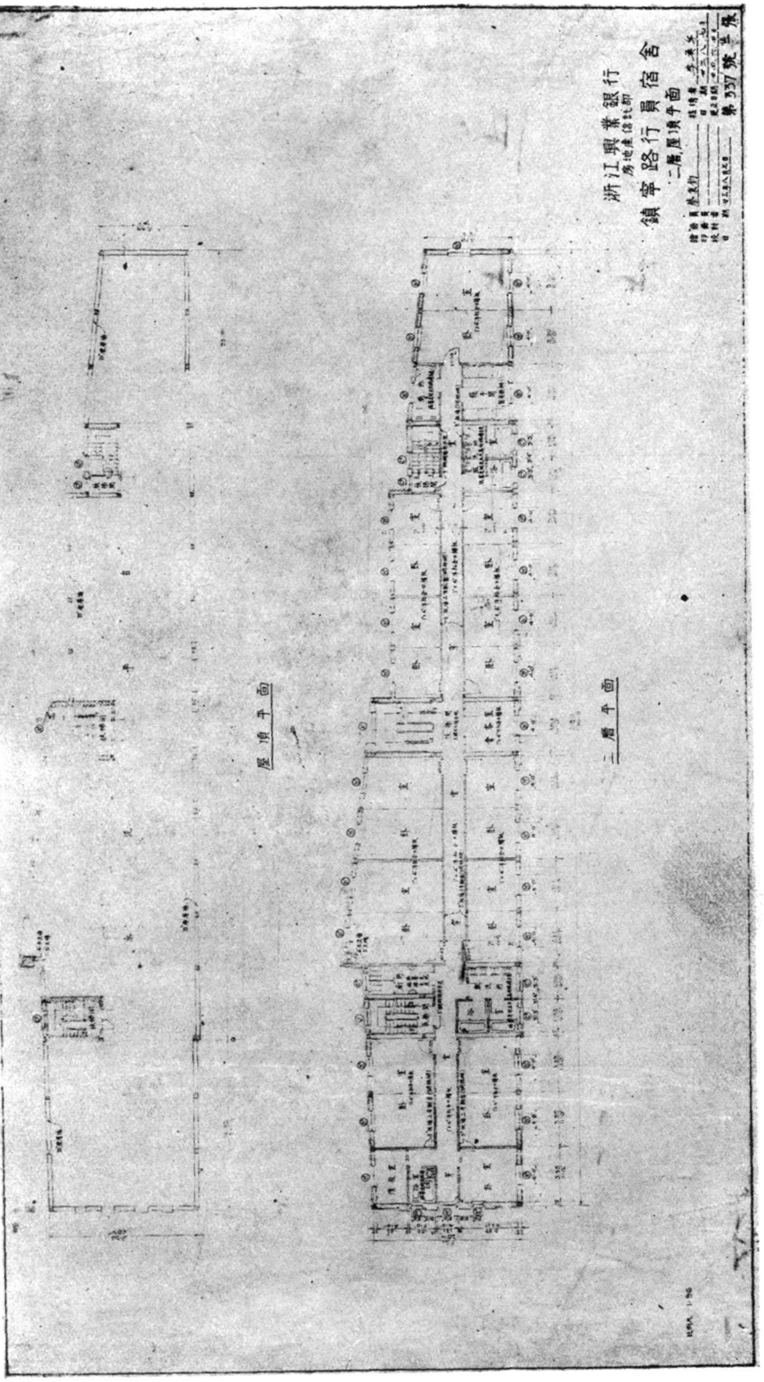

嘉興民豐紙廠

模型

漁光村

愚園路素稱幽靜，爲住宅區域內重要馬路之一，漁光村處于愚園路中段，離兆豐花園不遠，至靜安寺市區亦近，以是建造迄今，全村五十三宅，無一宅空關一日，經租人爲中國營業公司，且稱爲全滬最易收租之處，惜以造價所限，工料均不精美。設計方面，乙種尚覺滿意，甲種有一缺點，即底層扶梯間光綫不足，幸間數不多，故以全部而論，堪稱成功之作。

郁光滬路圖的

乙種之三[illegible]外影

愚園路流光邨

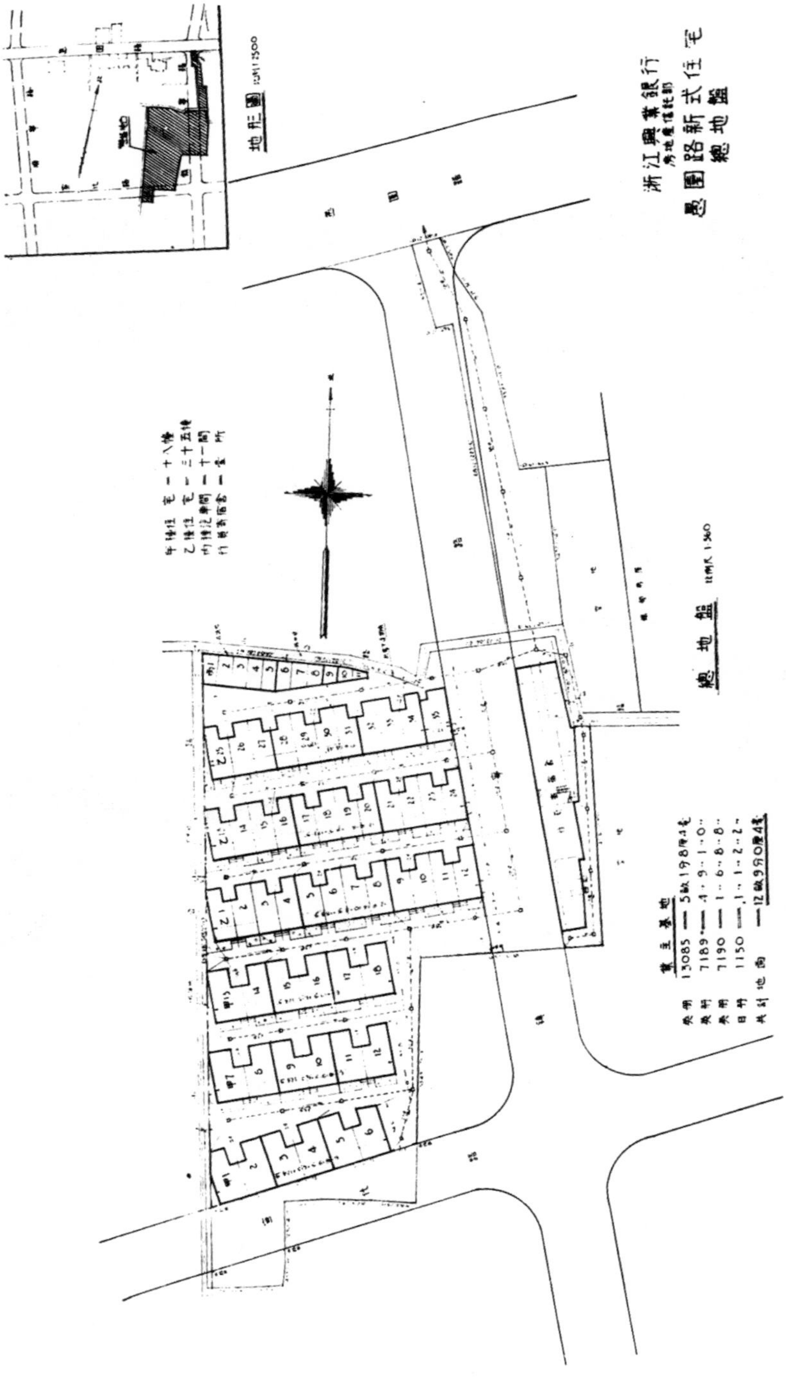

愚園路新式住宅

甲種——幢

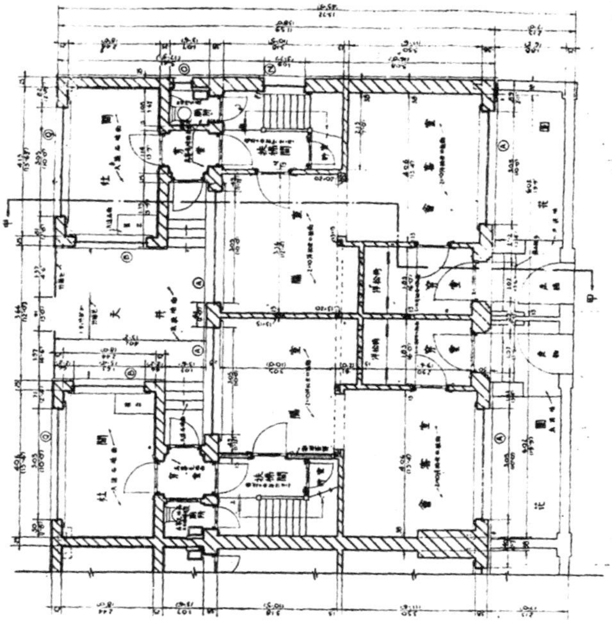

下層平面

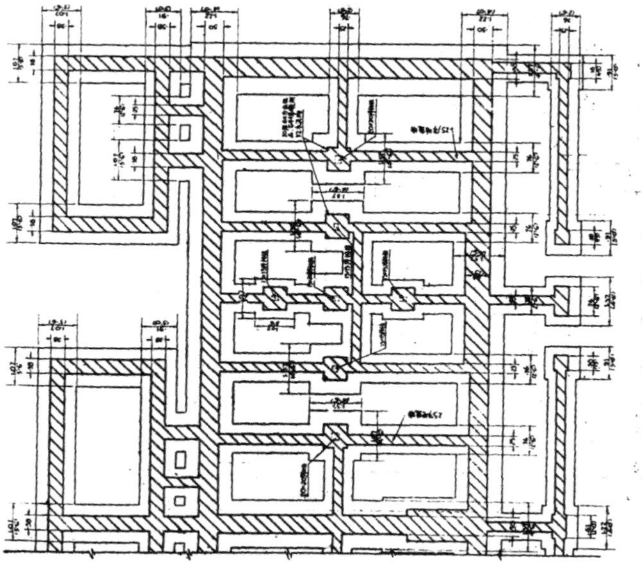

底基平面

衡閣路流光邨

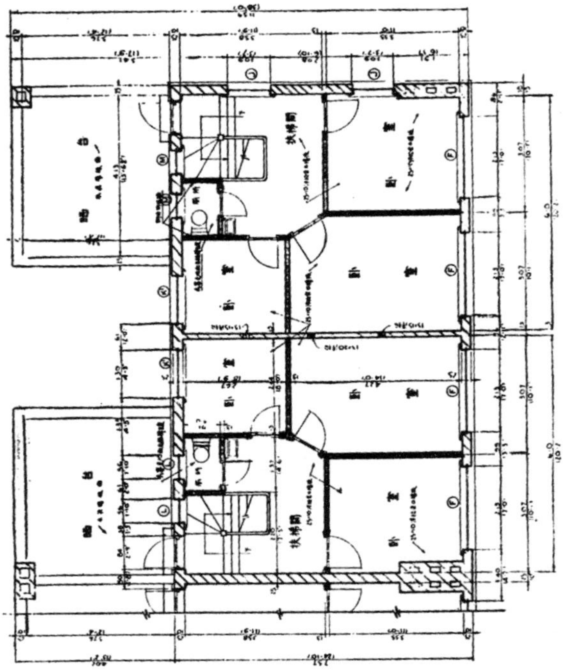

二層平面

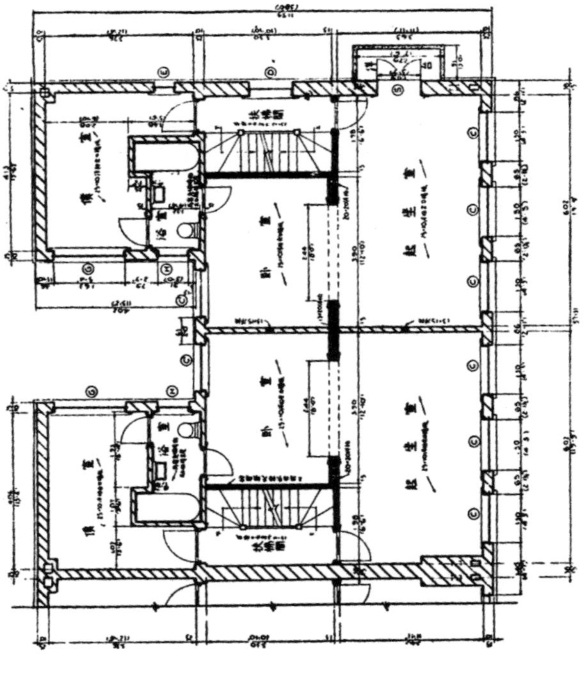

一層平面

愚園路漁光邨

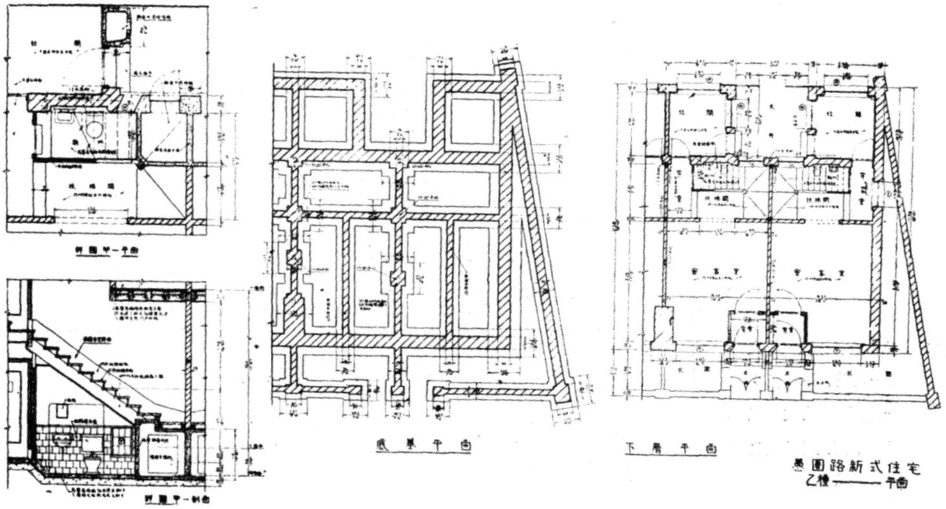

愚園路新式住宅
乙種——平面

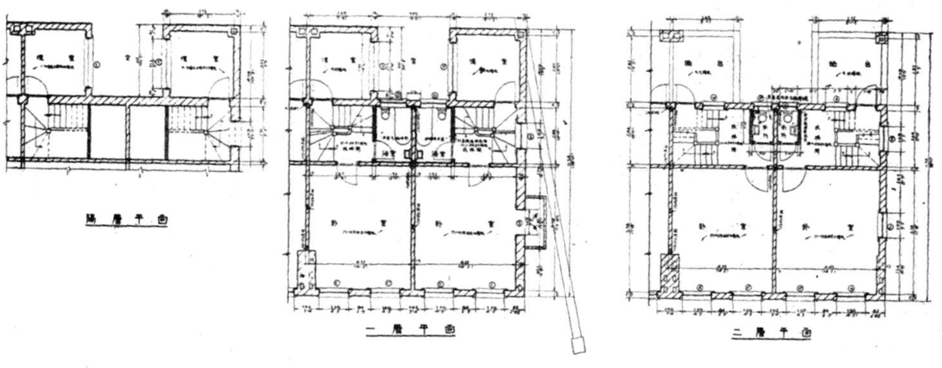

愚園路新式住宅
乙種——平面

愚園路漁光邨

(一) 乙種南面

(二) 此為甲乙兩種以外之另一式樣。外觀祇多一邊門與陽台改在三層。平面設計及設備裝置較為完備。

漁光村之東南一角

(三) 甲種南面

愚園路漁光邨

（四）漁光村內之中南宿舍

（五）乙種南面之另一鏡頭

参特赫司脫路四維邨

全景

四維村

四維村在愛文義路以北之麥特赫司路，爲前江海關監督姚文敷先生住宅原址，此處建築與普通里弄住宅不同者有以下五點：

(一)堅固，全部樑、柱、扶梯及底基均係鋼混骨凝土造成。

(二)清潔，屋房正面相對，里弄較爲整潔，面北一埭以二層以上正室都係向南，應用方面，仍無妨礙。

(三)設備，凡自用住宅應備之設備，無不齊全，

(四)材料，無論建築材料或設備材料都係上等郎紗至門鎖亦由業主自行向英國定購。

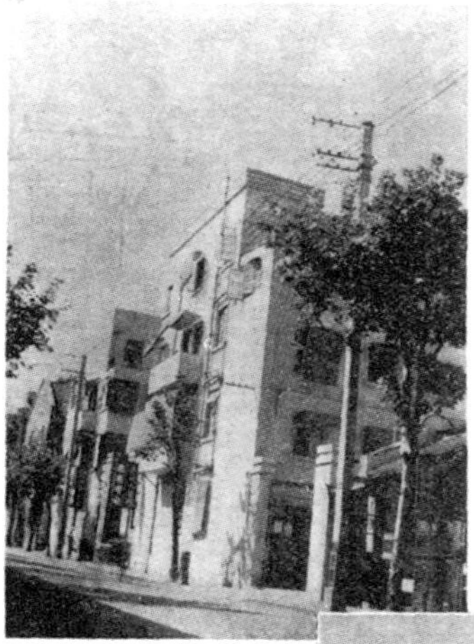

(一)

(二)

(五)外觀，普通里弄門連戶接，全部一律此處則前後不同，左右互異，外觀猶同公寓。

設計方面仍不能認爲完全成功者，以成本太貴，不適宜于計息出租也。

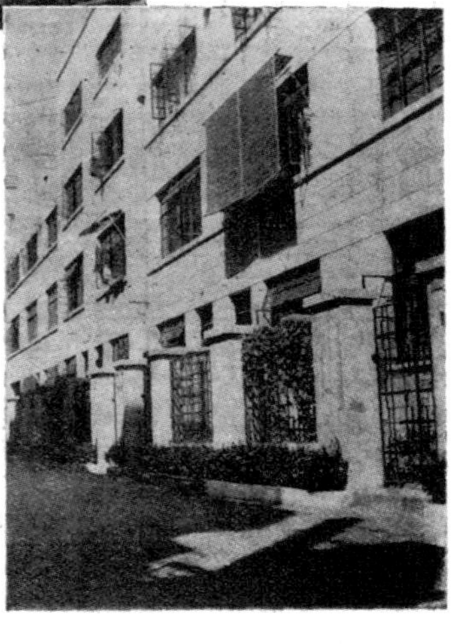

(三)

四維邨

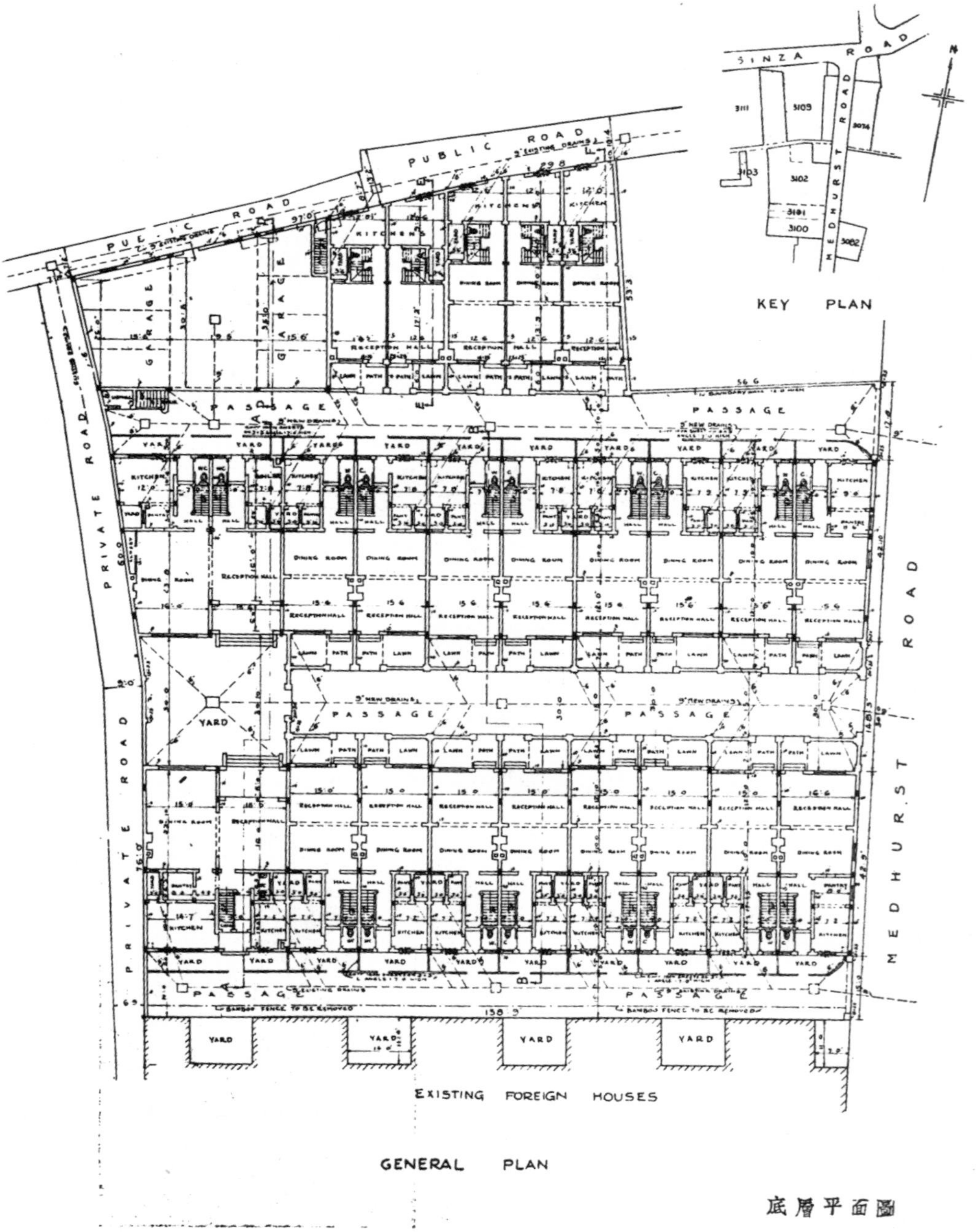

GENERAL PLAN

底層平面圖

四維邨

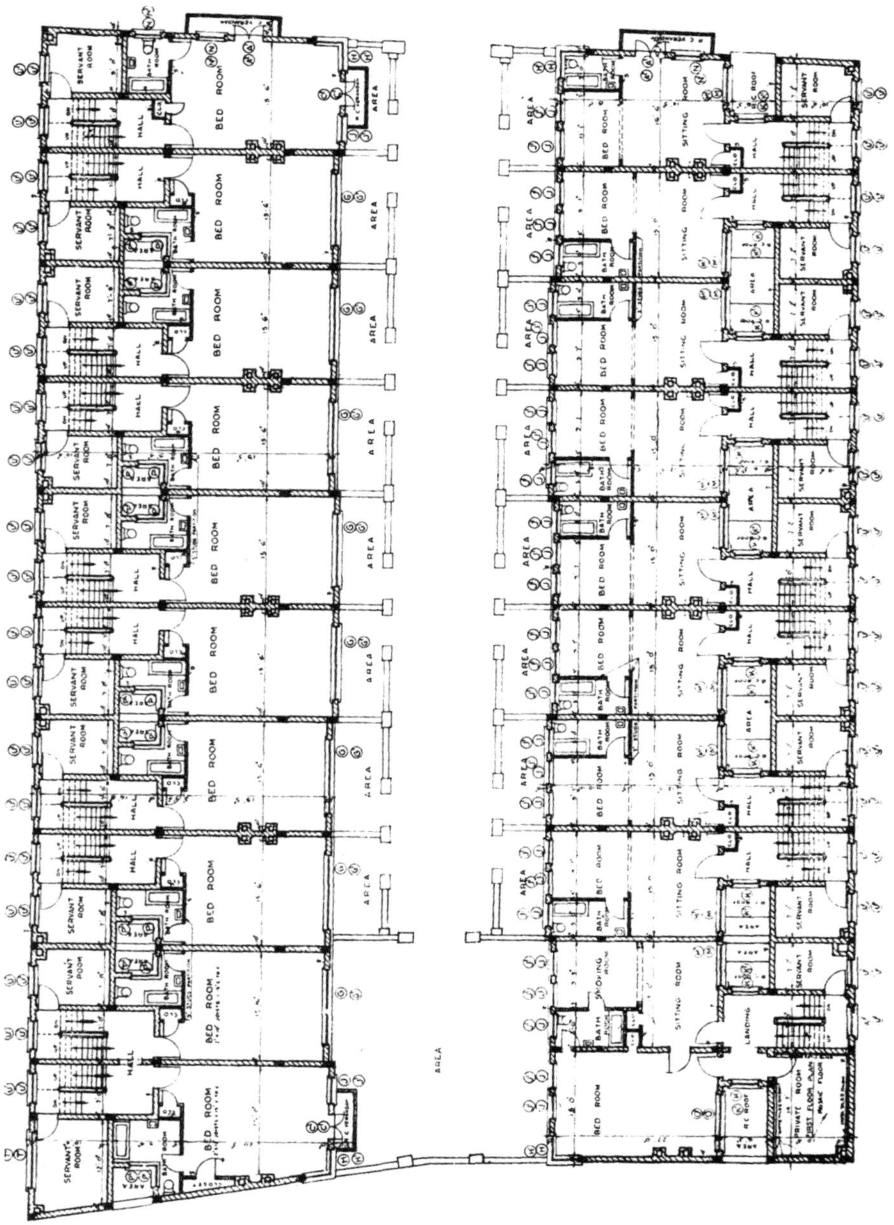
SERVANT ROOM
BATH ROOM
BED ROOM
HALL
AREA
SITTING ROOM
LANDING
FIRST FLOOR PLAN

一層平面圖

四維邨

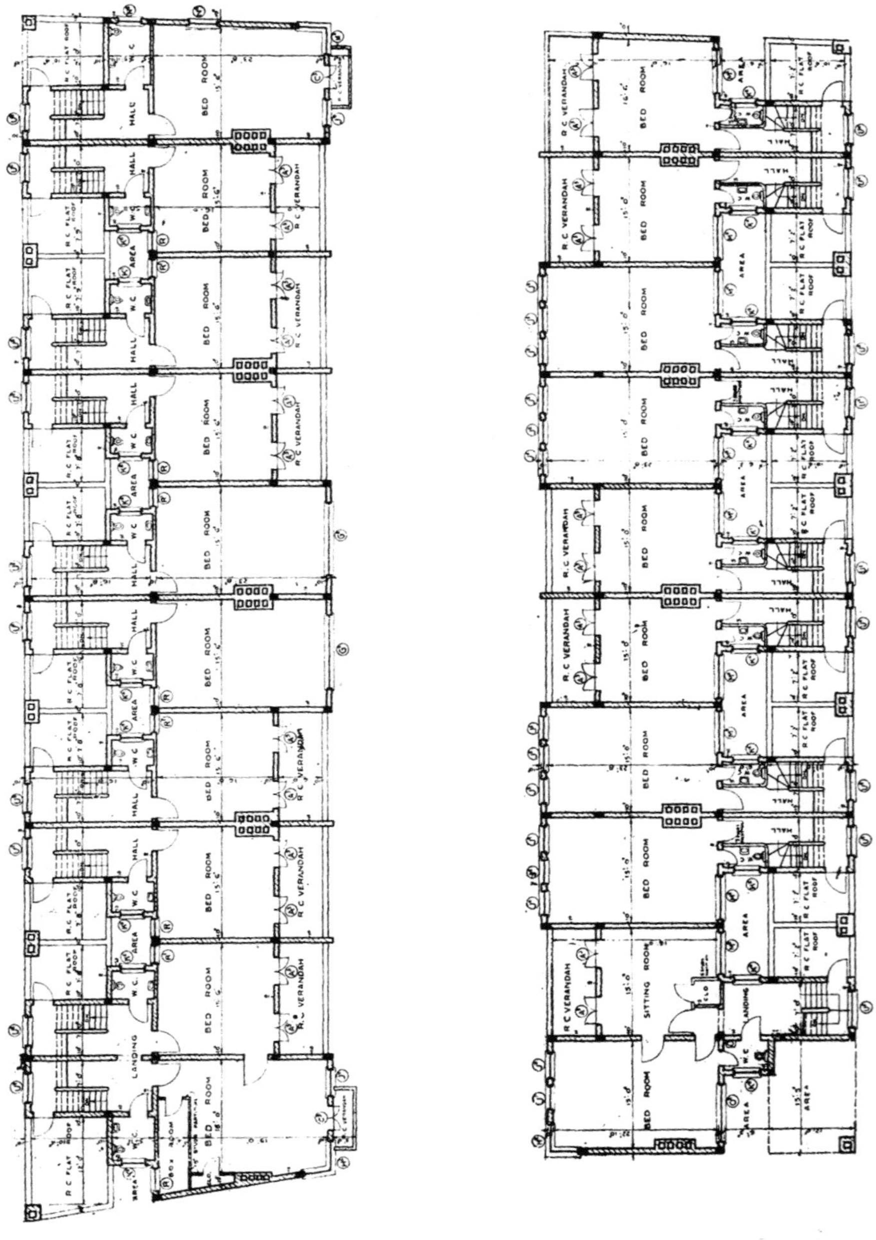
BED ROOM
HALL
W.C
AREA
R.C VERANDAH
R.C FLAT ROOF
LANDING
SITTING ROOM
BOX ROOM

二層平面圖

四維邨

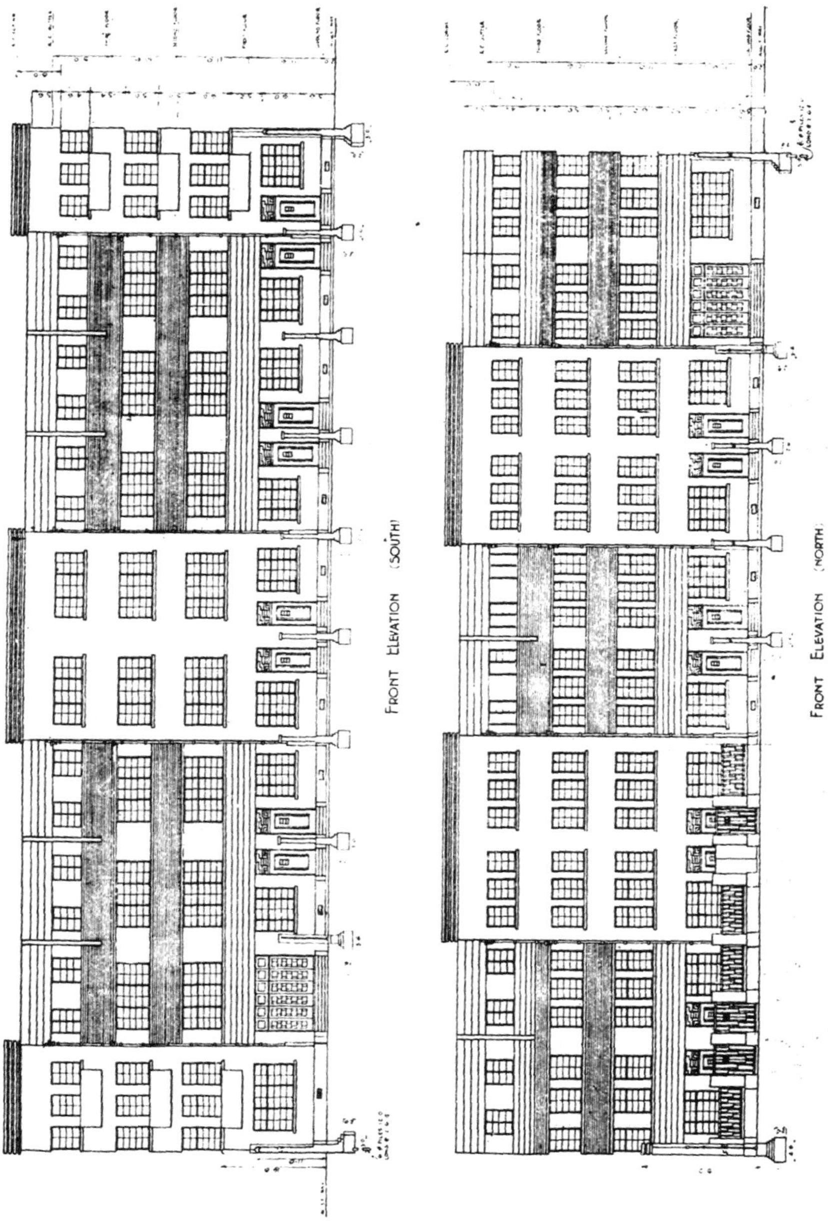

前面立視圖

四維邨

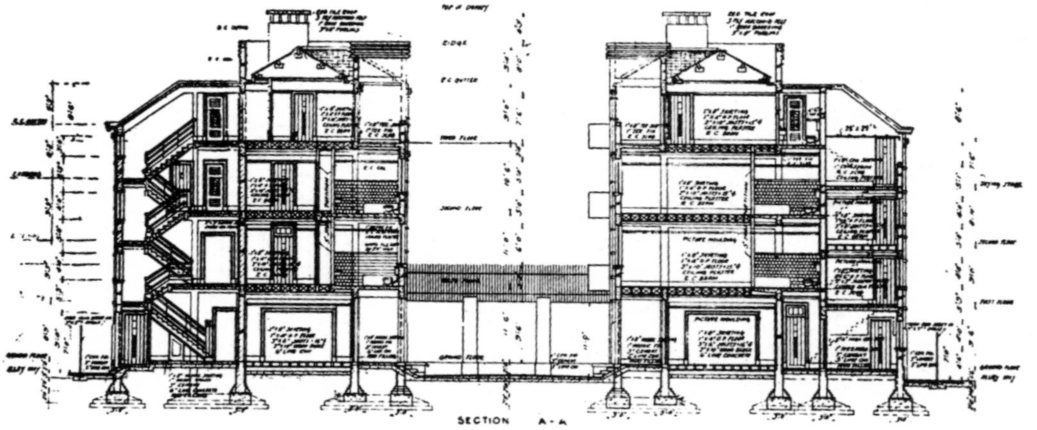

剖視　甲

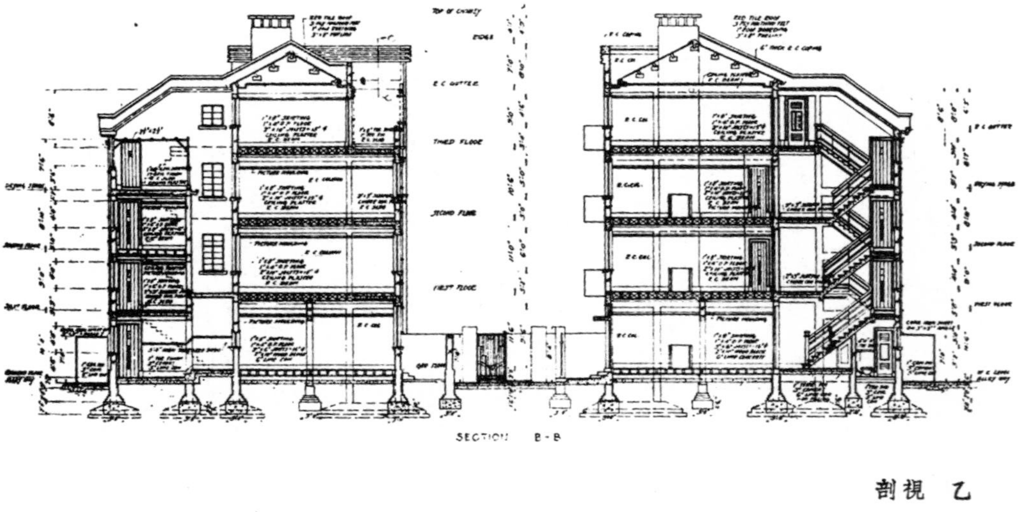

剖視　乙

住 宅 類 總 說 明

李 英 年

本期所載的住宅圖樣佔的地位最多，這是因爲我想與人們多多少少總有些關係的緣故，要是你本來對于建築圖樣，歡喜看看的，那末下面那些照片圖樣一定給與你更多的興趣！

下面的第一類，是專門爲業主自用而設計的，所以有許多別人以爲不適宜的地方，那個業主却以爲最合適沒有，這是各個業主的習慣，思想和觀念不同，不能勉強修正的，也許有人以爲不用到修正。話雖然不錯，但是我們建築師苦了，遇到這種情形，只有遷就，那更談不到什麽作風！或什麽統系！

第二類是業主造了住宅給人租賃的。此種住宅的設計，先要顧到的是建築地點的環境，租賃的是那一種人，他們需要些什麽？當然，問題不止這樣簡單還有別的應備條件。

第三類可稱爲弄堂住宅，此種住宅的設計，最感困難，這是因爲業主『將本求利』。假如等到完工交屋，還是租不出去或者租金達不到預定那裏高的數目，那末業主要怪你，業主的朋友要批評，房客也要批評，建築師到那個時候，可成爲『衆矢之的』。 僥倖得很！到現在爲止，我還不曾做過『衆矢之的』，所以對于這一類建築，我想多說幾句。

弄堂住宅，都是大批的，少則十數宅，多則數十宅，但是，消納的胃口沒有這樣大，就是那一個地點，有這樣大的銷路，也許租賃的人，各人所需要的不同，所以最低限度，一處建築要分幾個式子，不能全部一律。

在前些時候，弄堂住宅，裝置衛生設備的早期，浴室的位置，不在前面，定在後面，多數都是吃了委託外國人設計的虧。因爲他們只曉得，依照建築章程，浴間必須要直接空氣，弄堂住宅是左右毗連，直接空氣只有前後面，他們不想想用別的方法也可得到直接空氣。這一點，還是容易解决的，最困難要算全間位置，因爲普通一間樓房，假定寬十五尺深四十尺，要在這樣一個範圍裏面，變化各種式子，每種式子要合多數人的應用，一方面還要顧到成本不能太大。

下面是幾個最近完工的例子，每個不同的地方分開來寫在各個圖照的傍邊。

仰視

美麗的窗

大門

拉都路住宅

自備住宅設計，應以業主之需要爲主，此宅如以普通眼光視之：如園地略小，設備未全，正間稍多，下房較少，似不無缺點，然其建築之堅固，材料之精美非其他住宅所可比擬也。

拉都路住宅

底層平面圖

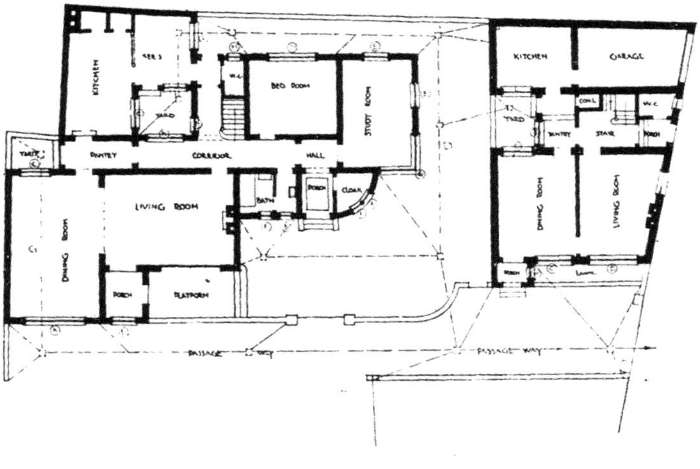

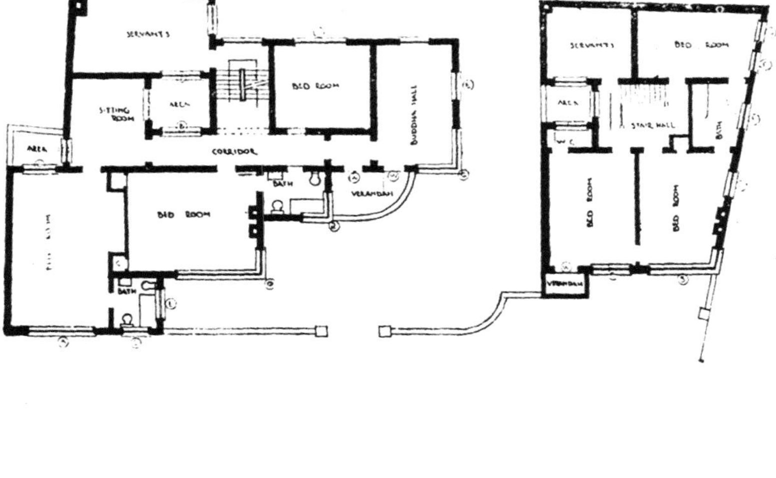

一層平面圖

拉都路住宅

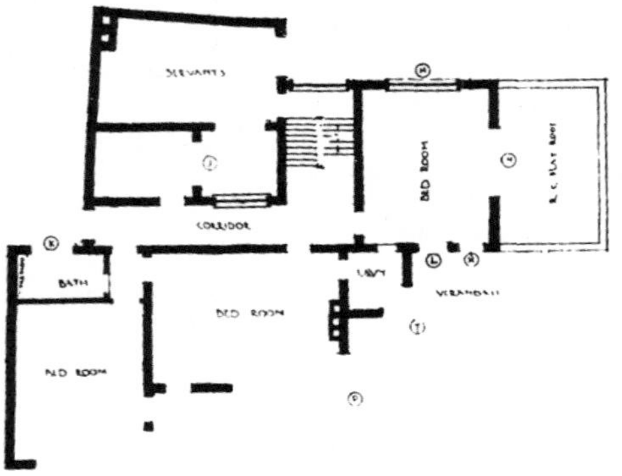

二層平面圖

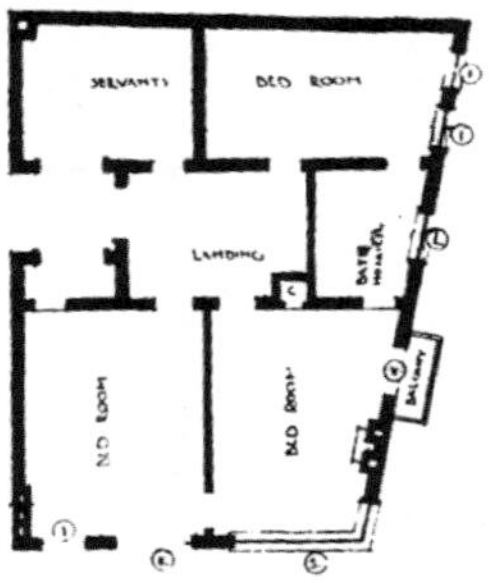

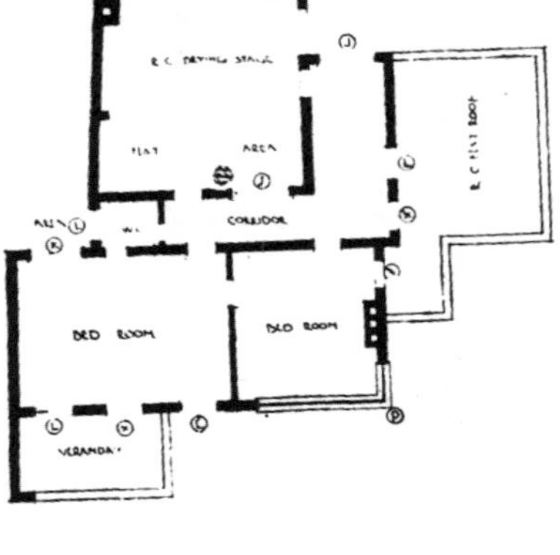

三層平面圖

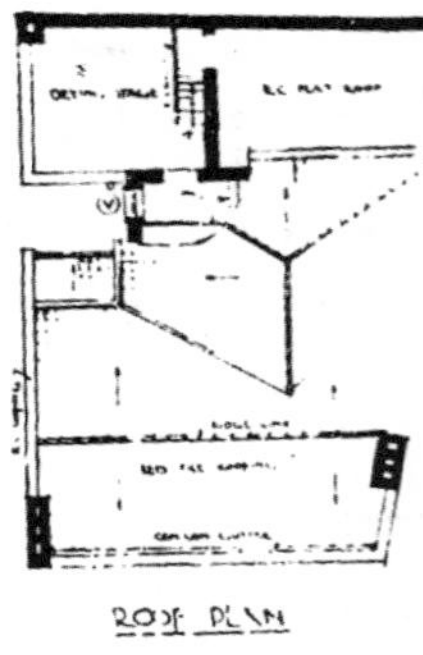

ROOF PLAN

杭州豐生路住宅

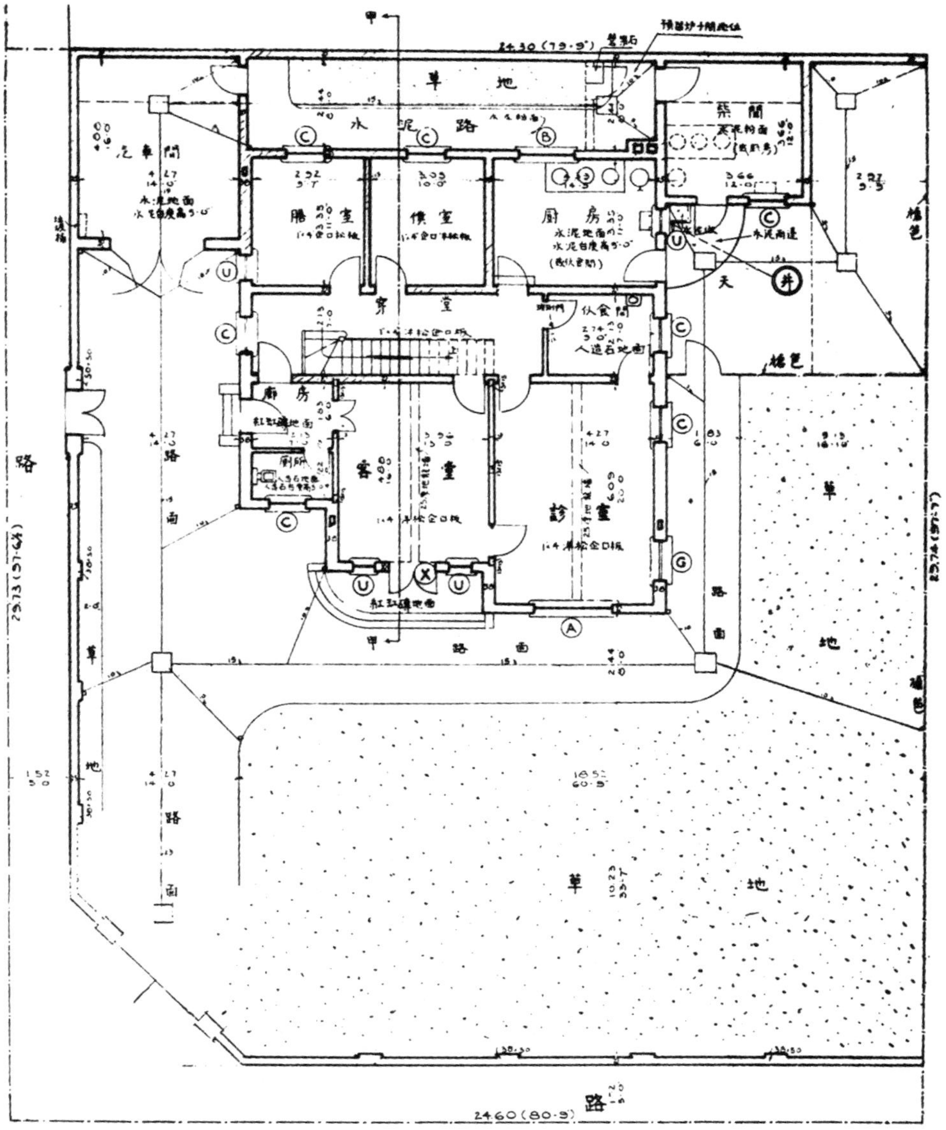

底層平面圖

〇二二三九

杭州長生路住宅

一層平面圖

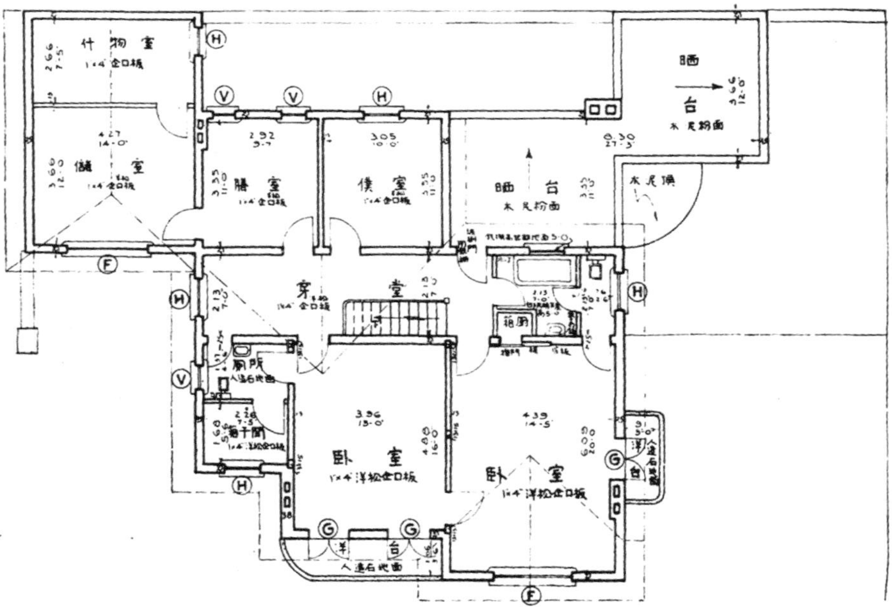

海格路住宅

全景

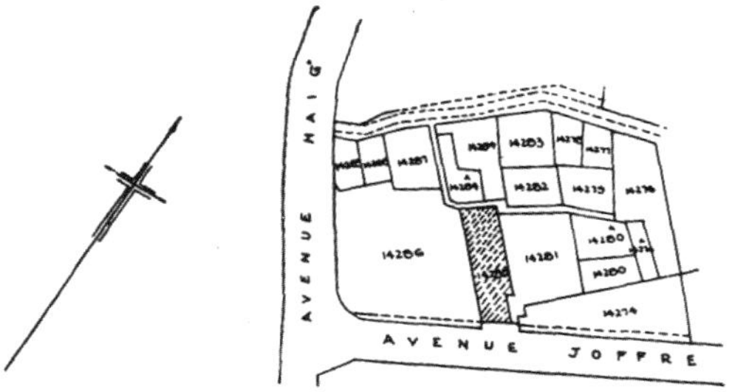

BLOCK PLAN

海格路住宅

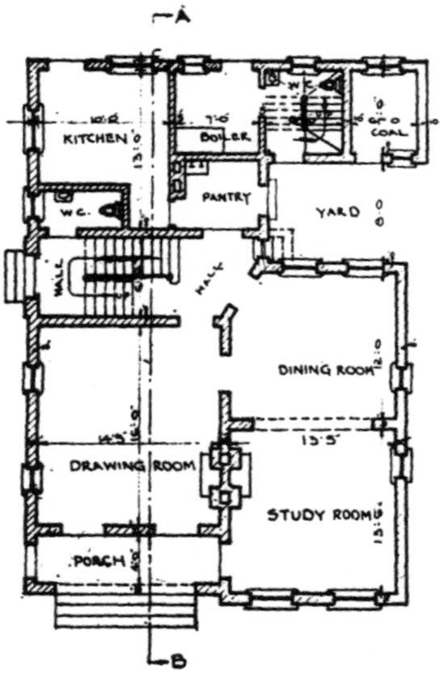

GROUND FLOOR PLAN

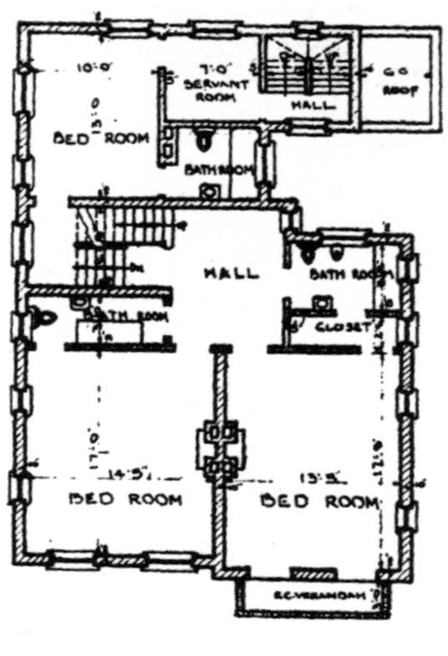

FIRST FLOOR PLAN

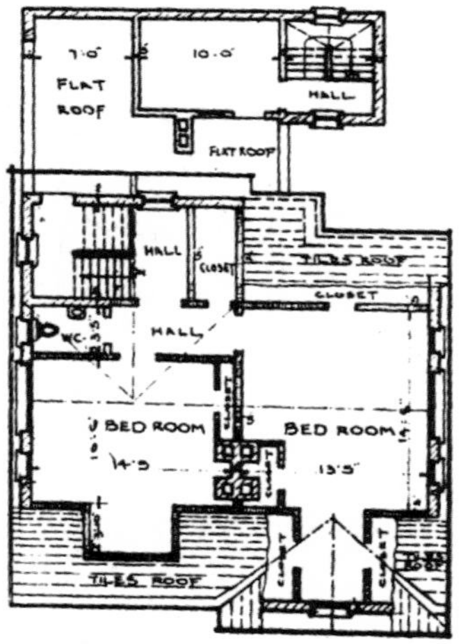

ATTIC PLAN

全景

白賽仲路住宅

此爲出租住宅設計之一，業主原擬建造單間兩宅，以基地之畸形，地點之偏僻，均不適宜，而鄰地綠樹成蔭，青茵舖地，皆係花園住宅，環境清幽，如照業主所擬建造，不惟交通不便，出租困難，且亦觀瞻不雅，幸業主以全權委託，得變更設計，儘量適應需要，結果非常滿意。

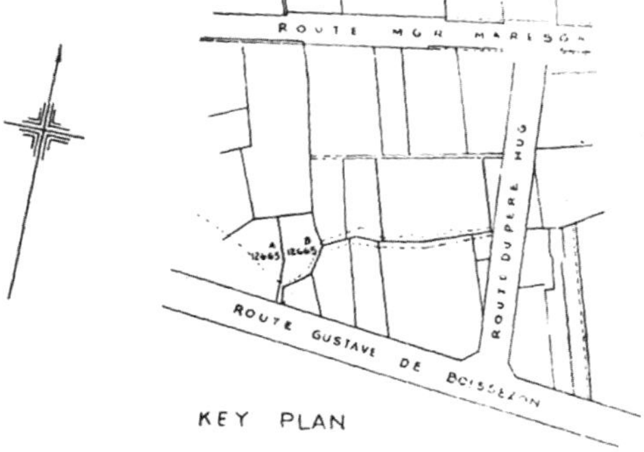

KEY PLAN

大門

白賽仲路住宅

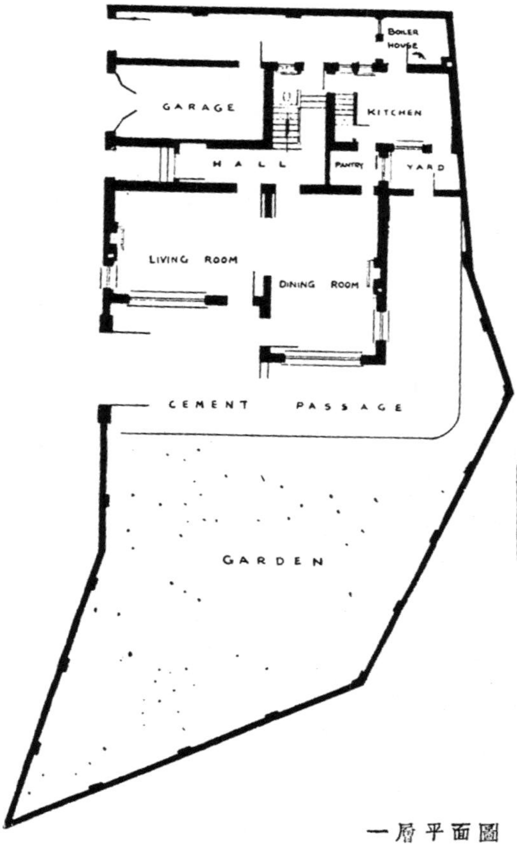

底層平面圖

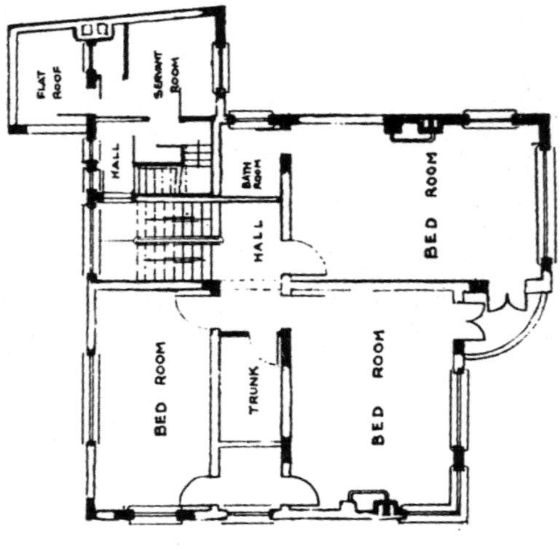

一層平面圖

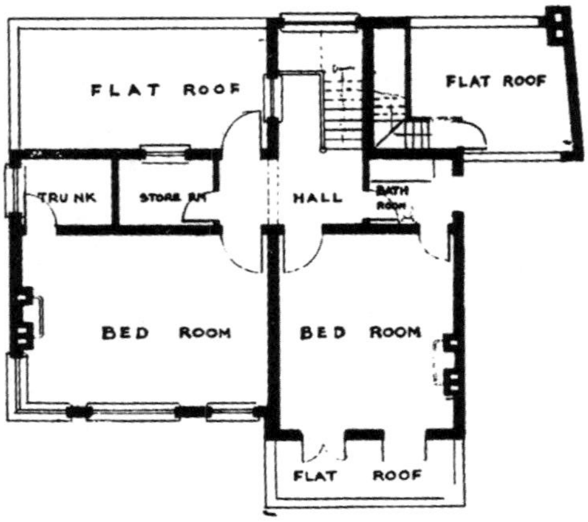

二層平面圖

白賽仲路住宅

西面立視圖

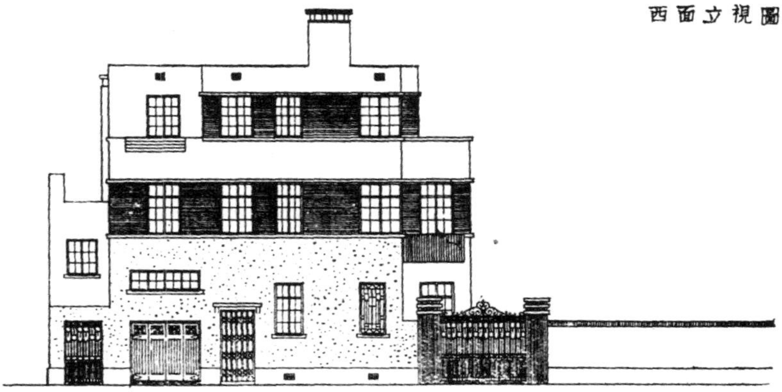

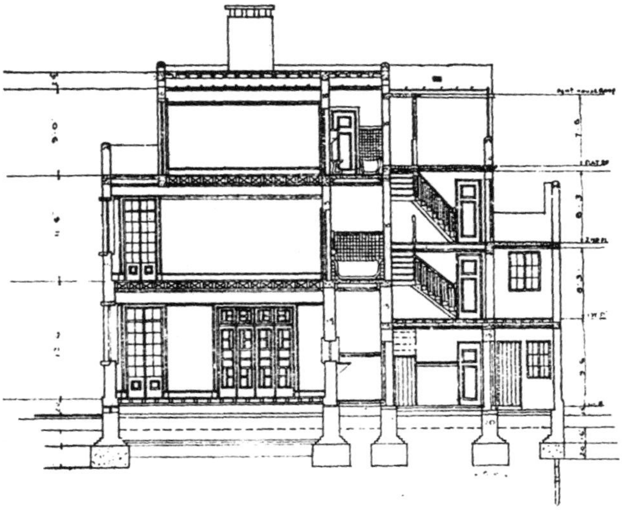

剖視圖

杭州湖濱路住宅

此基地最宜適于建造旅舍，以交通便利而環境幽静，湖山在望，公園爲鄰，惜已爲三業主所共有，各造住宅壹所，以不欲標新立異，故三宅均爲中國格式，内部佈置，新舊家庭均可適用，設備亦甚完美。造價平均每宅爲兩萬二千元，承造人爲元和義記營造廠，衛生工程與煖汽設備由清華公司與榮德水電行分包。設計方面，以園地太小，爲唯一缺點。

乙式全景

杭州湖濱路住宅

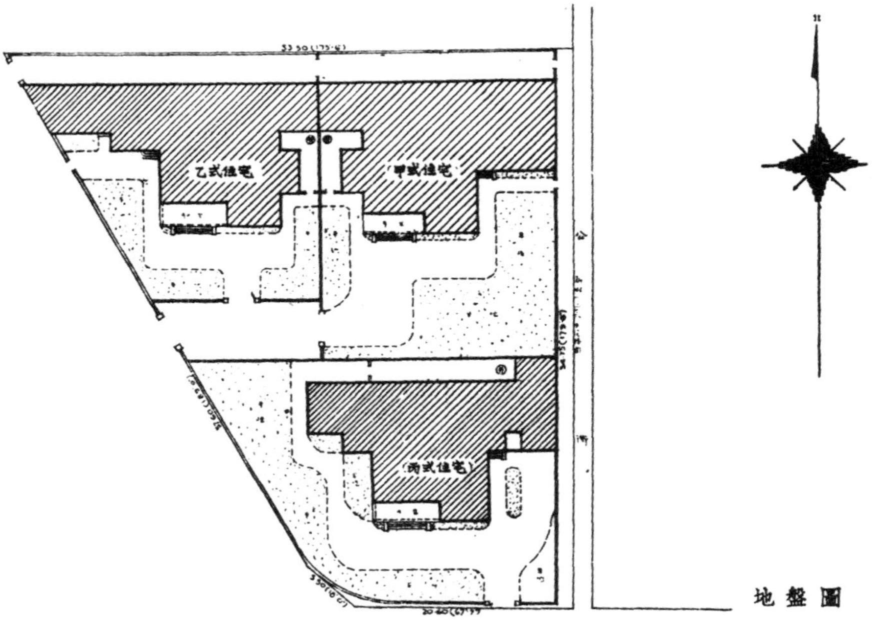

地盤圖

甲式全景

杭州湖濱路住宅

丙式全景

杭州湖濱路住宅

乙式

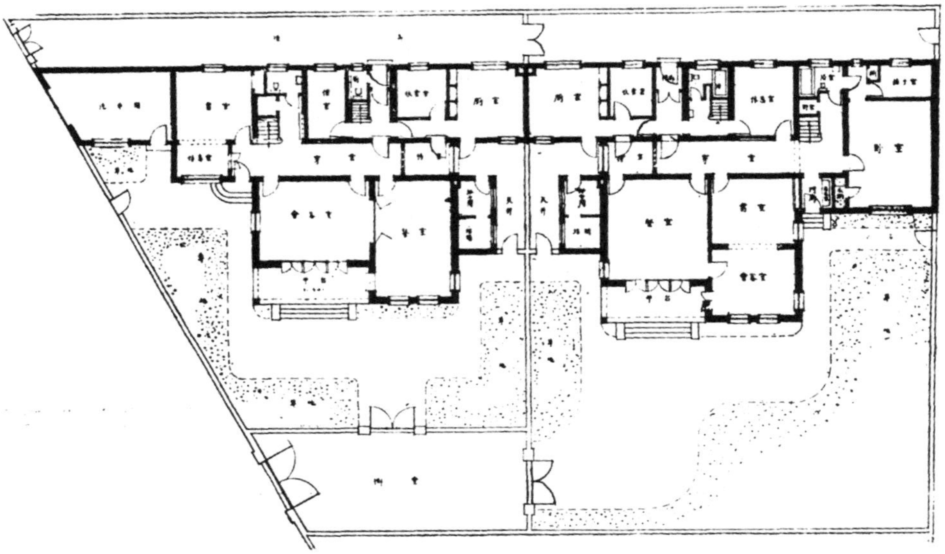

底層平面圖

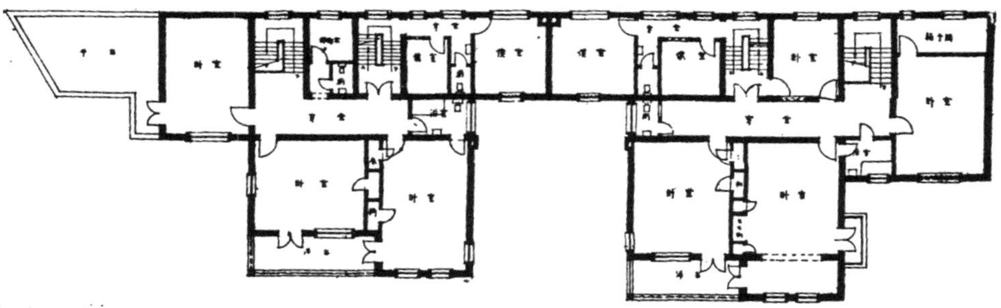

一層平面圖

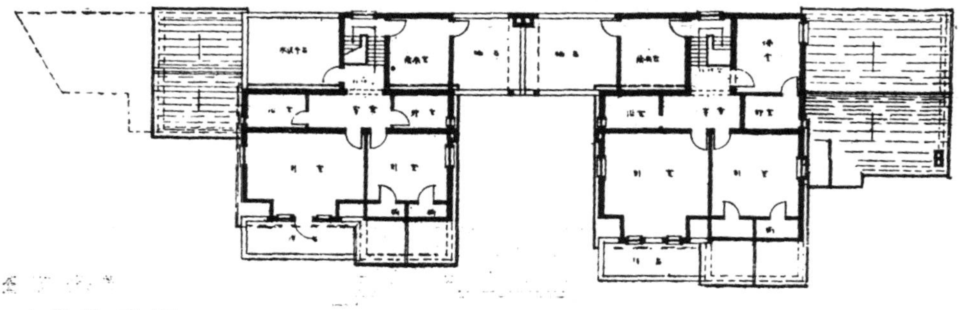

二層平面圖

杭州湖濱路住宅

丙式

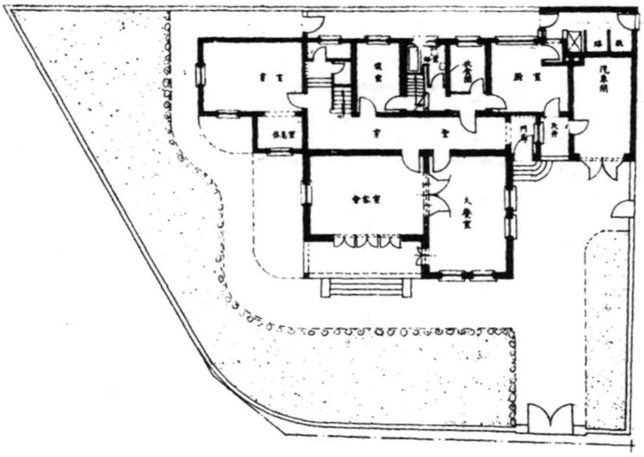

底層平面圖

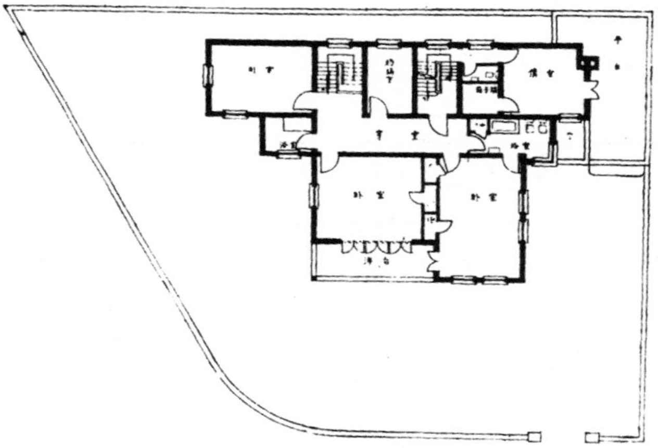

一層平面圖

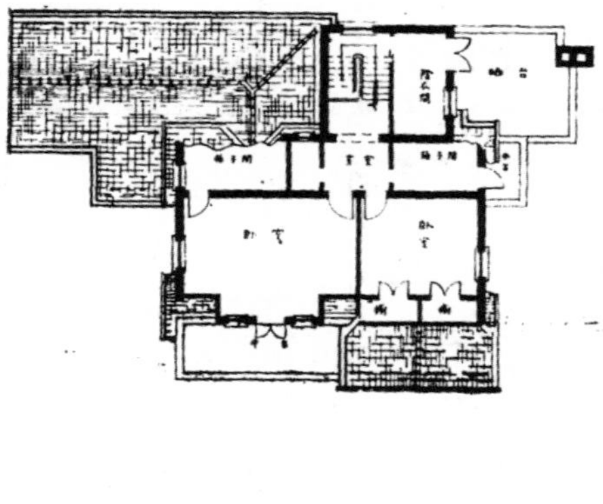

二層平面圖

甲式

杭州湖濱路住宅

正面立視圖

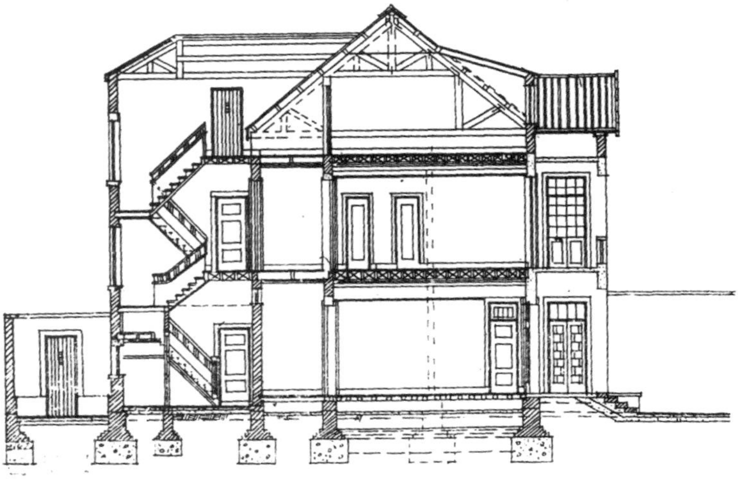

剖視圖

杭州湖濱路住宅

乙式

正面立視圖

剖視圖

丙式

杭州湖濱路住宅

立視圖

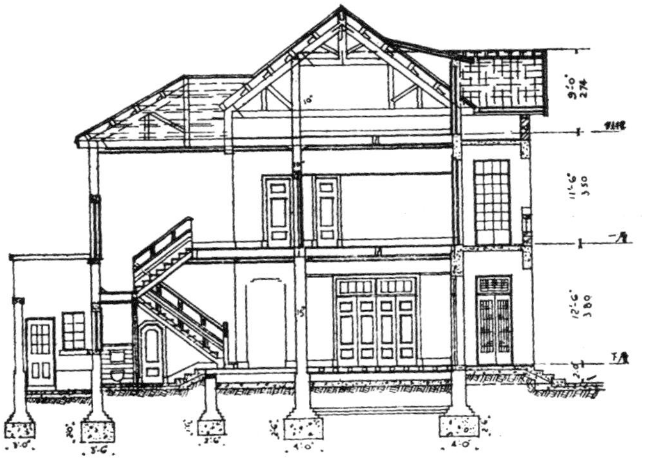

剖視圖

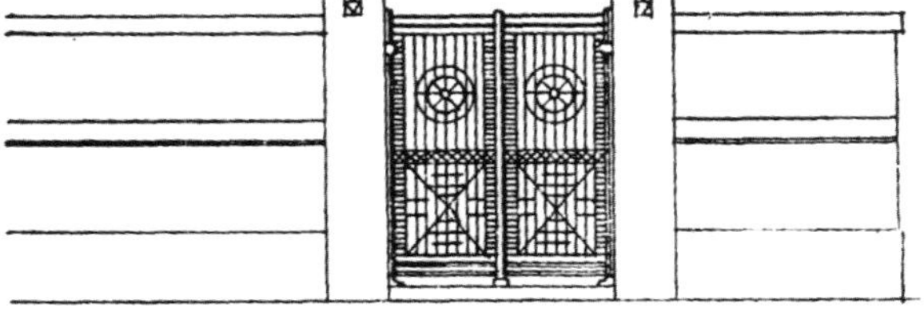

門的立視圖

大世界外景

大世界游藝場寶塔說明

李 英 年

黃楚九在世時，各種事業，均喜舉辦，著名者醫院如龍門路之楚九醫院，西藏路之急救時疫醫院，及同德醫院等，藥房如中法，中西及百靈機製藥廠等，影戲院，香煙公司，旅館業等幾乎無所不營。

其他投資事業更不勝枚舉，大至銀行，小至理髮所與茶室。

游藝場事業爲其最有興趣之一種，凡其所屬之建築設計，除漢口路湖北路轉角之中法藥房外，已在民國以前均經參與一部工作，可認爲全國最大的個人業主，惜其晚年受經濟恐慌，不能盡展所長，否則其所成就者或更有可觀也。

大世界建築經過亦已二次，初期全係木料平屋，卽附儷于(游藝)園內之乾坤大劇場，亦爲磚木所成，其後絡續改造，至成現狀，每次建築，限期迫促，限價低微，記得「齊天舞台」(現稱共舞台)造時，爲時不到五個月，所費不滿六萬元，有八十五尺跨度之大樑數根，以時間與經濟限止，不能利用鋼架，全係鋼骨混凝土督成爲全國最長之水泥大樑。

寶塔之建造，係用以鎮壓風水者，其後黃楚九失敗，所屬各業相繼關門，大世界以預爲易主得仍舊營業，或謂係寶塔功效者，固屬無稽之談，無非風水家借此造謠，招攬生意不足信也。

給一位先生的公開信

李英年

先生:

承你幾次的光頤,要我們解決你正在建築的房屋上幾樁事情,同時還要我解答幾個有關係的問題,當然,我是樂于効命的,因爲關于那一類的問題,社會上有不少人來問過我,雖然,我祇以格於時間不能一一的解答,但是,我早想有機會時覡誠均作一總答復,並且對於此種問題,其他建築師的所遇到的,當然也不在少數或許,有的人要問而無處可問的,恐怕還是多着哩!因此我把答復你的話都公開在這裏:

第一點,你同關于地方政府的建築規程的疑問,我可以作下列的解答:

這一種的規程,都是單行條例,牠的嚴肅性,當然不及立法院公佈的刑法和民法那樣嚴格,但是,站在業主的立場上說,那必須聽從建築師遵守條例設計,像尊重國家法律一樣才對!因爲我們知道那些條例都是爲建築安全,和建築康健而設立的,對于業主方面是有百利而無一弊。假使,你根據科學的眼光去評量刑法或民法與建築條例的價值,那末你很顯明的可以找出牠們絕對性的百分率,後者要超過前者許多,換一句話說,全部刑法或民法中沒有一條能夠包涵絕對性百分之一百的,因爲這些法律,都有時間性和地方性的,並且可受政治影響而全部推翻的,顯明的例子,如一件案子經過三審,可以有三個不同的判詞,法官援引的條文也各個不同。但是話又得說囘來,倘使你要我依你的意思去設計製成圖樣,呈請營造,那是不可能的事,雖然,你是答應給我相當的報酬,同時,你尤其情愿,給他人以相當報酬的,祇要能夠辦到,可是,這一點我祇有感謝你的誠意,自認「敬謝不敏」,絕對的表示不希望你「另請高明」還要勸你不用癡心妄想,不要上他人的當!假使你尚不信的話,你儘可詢問別建築師,大概也會同樣地囘答你的,因爲人世間最高眞理的出發點,不是維持社會秩序的法律條文,也不是幫助法律之窮的道德觀念,更不是宗教思想,而是唯一獨尊的『純萃』科學。無論那一個建築師和工務局的主管人員,都是受過科學洗禮的,至少限度也經過「實驗」科學訓練的,所以他們認識事理的清楚,誰也不會否認的事,況且評判事件的結論,大概都是一致,不像社會事業那樣可以有自由反覆的可能。不說別的,祇要看看這幾天的報紙,就可知道法官和律師那幾起事件所發表的話,你很容易分別出來,他們與我們的立場,出發點是絕對不同的，所以有幾條條例，卽使有些不合事理，你也得交給你所信託的建築師去辦，你自己可不用參加！

第二點你的疑問是：一件建築，可否同時委託兩個以上建築師參預。並且要我解決你那正在建造的房子上許多鎖屑的事件，和估計一個確實造價，同時還要幫助你監督工程等：現在我將牠一一的解答如下：

要是我不負責任的話，我只要用『可以』兩個字來答復你，就完了，但是，我却不肯，貿然輕諾，那末爲什麽緣故呢？這實在並不是我因爲已經曉得你所遇到的那末一回事，更不是偸懶想故意推却了你的委託。譬如說，一個病人到他認識的醫師那裏去治病，經過那位醫師珍斷後，介紹到另外一個醫師那裏去就診，明白事理的人以爲前面的那位醫師，人格偉大，職業高尚，不明白的以爲他本領不夠。你想這兩種人那一種對呢？我知道你一定明白我的意思，卽是說這兩種人的觀念都不對的，我的意思是：無論誰，一個人的知識學問是有限止的，也就是俗語所說的『尺有所短，寸有所長』那句話了。因此前面那個醫師的態度是一種當然的結果，不是爲佑名吊譽。同時也不是失面子的事，至于人格道德，尤其是談不到。我們建築師執行的業務，更加廣泛，更加煩瑣，因此，需要的學識技術，也無日不在求新的知識和新的發展，所以每個建築師，內裏都由多人合作的，假如一有專門問題發生後還是要求教于他人的，或者簡直是分一部份給另外一個專家去辦。一個對於建築營造可稱專家的建築師，尙且有解決不了的事去請教其他專家。你到我這裏今天來問，明天來問，這樣不厭其煩來相詢，無非是想我解決你的一切疑問。可是，事實上，並不是我偸懶，似乎辦不了吧！

說到這裏，我不得不揭穿你的內心苦衷了，我試問你是不是懷疑爲你畫圖的那位先生了麽？你說：你是爲了手續費關係所以請了那位先生畫圖的。費用多少你到底合算不合算，說來話長，所以我想等有機會時再說。那末你來問我的動機，不是爲了求知慾，不是爲了解決事件，根本是爲了你現在不信任那位先生是不是？你不說『是』也不說『不是』但是，你的默認是遮掩不了的。

先生！這裏要請你原諒我！嚴格的說你這種態度是絕對不應該存在的！第一，你不應該糊裏糊塗隨便託人，第二，你旣然委託他，應該信任他，像明白的病人信託他的醫師一樣！所以這些事情，你應該交給他去辦，假使有些他方你以爲不合的，可以提出來讓他自己去修正，這不是我有意幫他的忙，好在你曉得，你那位先生不但我不認識，連他的名字我也不曾聽見過。現在我想你一定明白我們建築師的立場，而不會不滿意我的回答！雖然我不曾同你到你的工場上去看過一次。但是你還是要問我怎樣才可以同我合作？那倒很簡單的，不過先決問題還是在是否困難到必需第三者參加，其次那位先生是不是『中國建築師學會會員』你的回答有一個「否」字，那末我當然不能合作。假如你的回答全是『是』字，最後最重要的還得得到那位先生的同意，否則我要尊重我們的職業道德，我只有請你先生原諒恕我不便從命！

先生！你的問題太多了，現在我祇能就此截住吧！

非對稱性框架應力之實用解法

日本北海道帝國大學教授　工學博士　鷹部屋福平原著

趙　國　華　譯　補

曩在"建築月刊"三卷三期上曾介紹關於具對稱性框架用撓角分配之解法。玆再就非對稱性框架(乃指載重之非對稱性或框架構造之非對稱性者而言)用撓角撓度分配法介紹於下。其他關於受水平載重之框架應力解法下次再講。

第一節　　節點移動時之撓角分配法之理論

框架構造物之具對稱性者(乃指載重及構造兩者而言)柱,梁僅起撓度,不起撓角。載重或構造成非對稱性者,各節點因之移動,此時梁柱皆生撓度又起撓角。

就第一圖所示之框架中之AB材加以考究。設受載重之後,AB材之位置移至A′B′。如是用撓角撓度法(Slope deflection method)表明該材兩端之彎冪式如次:

$$M_{ab}=-C_{ab}+\triangle M_{ab}. \qquad (1)$$

$$M_{ba}=+C_{ba}+\triangle M_{ba}. \qquad (2)$$

但　$\triangle M_{ab}=K_{ab}(2\phi_a+\phi_b+\mu_{ab})$.

$\triangle M_{ba}=K_{ab}(2\phi_b+\phi_a+\mu_{ab})$.

而　$K_{ab}=\dfrac{I_{ab}}{l_{ab}}$,　$\phi_a=2E\theta_a$, $\phi_b=2E\theta_b$, $\mu_{ab}=-6E\dfrac{d}{l_{ab}}$

C_{ab}=AB材視作固定梁時A端所起之彎冪值。

C_{ba}=AB材視作固定梁時B端所起之彎冪值。

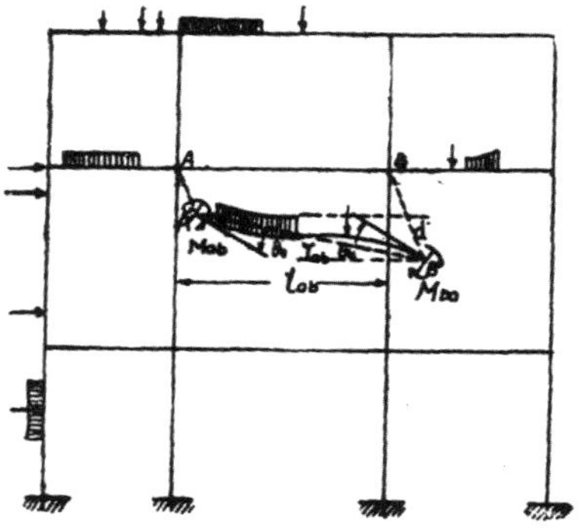

第一圖

以上(1)(2)兩式乃為習過撓角撓度法者所習知,故證明從略。實地上如有一端A為鉸(Hinge)構造時,則

$$M_{ab}=0.$$

由(1)式得　$C_{ab}=K_{ab}(2\phi_a+\phi_b+\mu_{ab})$.

或　$\phi_a=-\dfrac{\phi_b}{2}-\dfrac{\mu_{ab}}{2}+\dfrac{C_{ab}}{2K_{ab}}$.

代入(2)式兩整理之得

$$M_{ba}=\frac{1}{2}K_{ab}(3\phi_b+\mu_{ab})+H_{ba}. \qquad (3)$$

但 $$H_{ba}=C\ a+\frac{C_{ab}}{2}.$$

同樣設一端B爲鉸構造，則由 $M_{ba}=0$.

得 $$M_{ab}=\frac{K_{ab}}{2}(3\phi_a+\mu_{ab})-H_{ab}.$$

但 $$H_{ab}=C_{ab}+\frac{C_{ba}}{2}. \qquad (4).$$

以上各式中所示之ϕ及μ各值與通常所用之撓角及撓度之意義略異，在便利上即將ϕ稱曰撓角，μ呼曰撓度。

本篇先就次列之三種情形加以說明然後設例以明其應用之方法。

（1）固定端框架之理論。

（2）固定柱框架之理論。

（3）有鉸框架之理論。

第二節　固定端框架之理論

無撓度之固定端框架之解法已於前文中說明之矣。今就固定端起移動時，所生之影響及其解法，分成五種情形加以說明。

第一種情形。固定端框梁中之一固定端之移動量爲已知者。

如第二圖所示。材端a依端針同方向移動其量爲已知者。設Ra材所起之撓度爲μa作爲已知數。如是得

$$M_{ra}=-C_{ra}+K_a(2\phi_r+\mu_a) \qquad (\text{或作}\mu_{ar})$$

$$M_{rb}=-C_{rb}+K_b.2\phi_r.$$

$$M_{rc}=-C_{rc}+K_c.2\phi_r.$$

$$M_{rd}=-C_{rd}+K_d.\ \phi_r.$$

$$M_{re}=-C_{re}+K_e.2\phi_r.$$

因同一節點交會各材端之彎冪總和爲0得

$$\Sigma M_{ra\sim re}=o=-\Sigma C_{ra\sim re}+\phi_r\Sigma 2K_{a\sim e}+K_a\mu_a.$$

$$\phi_r=\frac{\Sigma C_{ra\sim re}-\mu_a K_a}{\Sigma K_{aue}}$$

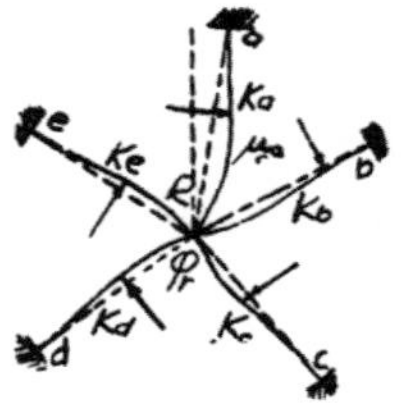

第二圖

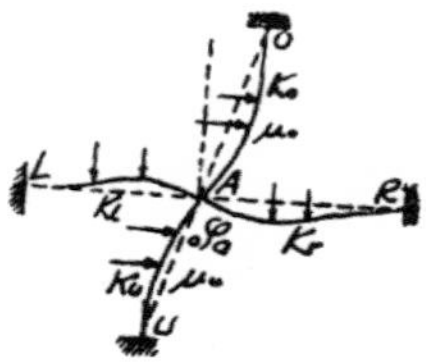

第三圖

置 $$\Sigma 2K_{a\sim e}=\rho r$$

$$\Sigma C_{ra\sim \gamma e}=Pr$$

則得 $$\phi_r=\frac{Pr}{\rho r}-\mu_o\frac{K_a}{\rho r}. \qquad (5)$$

實際情形，柱與梁互相連結而成框架，故柱起之撓度，不僅限於基礎沉陷所致。如第三圖所示，由二重移動時撓度所起之影響式爲次。

$$\phi_a=\frac{P_a}{\rho_a}-(\mu_o\gamma_o+\mu_u\gamma_u) \qquad (6)$$

但 $$\gamma_o=\frac{K_o}{\rho_o},\qquad \gamma_u=\frac{K_u}{\rho_a}.$$

故凡已知μo，μu時 則（６）式之右邊各數皆爲已知，如是。ϕa值卽可求得。

第二種情形。 固定端框架內柱之下端爲鉸構造而柱之撓度爲已知者。

如第四圖所示。柱Au之下端爲鉸構造，設柱 Ao，Au 之撓度爲 μo，μu 皆爲已知者。倣（６）式之求法，可得

$$\phi'a = \frac{P'a}{\rho'a} - (\mu o + \gamma'o \ \frac{1}{2} \ \mu u \ \gamma'u). \qquad (7)$$

但

$$\gamma'o = \frac{Ko}{\rho a}, \qquad \gamma'u = \frac{Ku}{\rho a}.$$

$$\rho'a = Car - Cal + Cao - Haw.$$

右　左　上　下（鉸）

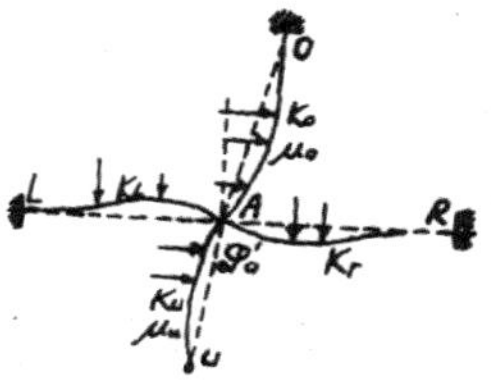

第四圖

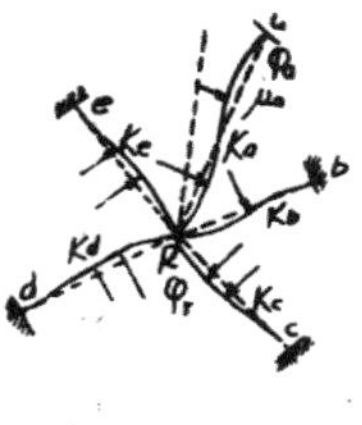

第五圖

第三種情形。 固定端框架之一固定端爲移動且已知其撓度撓角之量。

如第五圖所示。Ra 材之撓度爲 μa，撓角爲 ϕa，倣（５）式之求法，可得

$$\phi r = \frac{Pr}{\rho r} - (\phi a + \mu a)\frac{Ka}{\rho a}. \qquad (8)$$

今

$Pr = Cra + Crb + \cdots\cdots + Cre =$ 載重項。

$\rho r = 2(Ka + Kb + \cdots + Ke$ ＝集於節點R各材之K和之二倍。

又（８）式力學上具有次列各項之意義。

（１） 發生撓角之材已知其量爲（＋）ϕa時，對於中央節點之撓角ϕr所起之影響爲負，依$Ka/\rho a$之比例分配傳達之。

（２） 發生撓度之材已知其量爲μa，對於中央節點之撓角ϕr所起之影響，依$\frac{Ka}{\rho a}$之比例並及其符號而分配傳達之。

（３） ϕa 與μa 可同樣引用。例如已知 $\phi a = 1$，$\mu a = 0$，或 $\phi a = 0$，$\mu a = 1$ 對于中央節點撓角 ϕr 所受之影響，完全相同。 又設 $\phi a = 2$，$\mu a = 0$，與已知 $\phi a = 0$，$\mu a = 2$ 對于撓角 ϕr 所起之影響全同。且與已知 $\phi a = 1$，$\mu a = 1$時之結果亦完全相同。

第四種情形。 固定端框架中固定端之撓角及柱之撓度爲已知時。

如第六圖所示。材端 O，R，U，L 之撓角 ϕo，ϕr ϕu，ϕe與柱 AO，AU 之撓度μo，μu 皆爲已知時，與以前同樣方法求得對於中央節點之撓角 ϕr 所起之影響爲

$$\phi a = \frac{Pa}{\rho a} - \left\{ (\phi o + \mu o)\ \gamma o + \phi r \ \gamma r + (\phi u + \mu u)\ \gamma u + \phi e.\ \gamma e \right\} \qquad (9)$$

但上式中　$Pa = (Car - Cal) + (Cao - Cau)$

右　左　上　下

$\rho a = 2(Ko + Kr + Ku + Ke)$

上　右　下　左

$$\gamma o = \frac{Ko}{\rho a},\ \gamma r = \frac{Kr}{\rho a},\ \gamma u = \frac{Ku}{\rho a},\ \gamma e = \frac{Ke}{\rho a}.$$

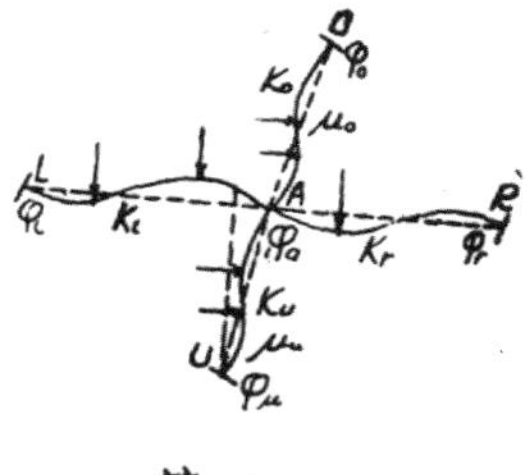

第六圖

第五種情形。 固定端框架中梁之一端爲鉸構造 其他各材端之撓角及柱之撓度爲已知時。

如第七圖所示，設材端L爲階構造，其他各材，材端之撓度 $\phi o, \phi r, \phi u$ 皆爲已知，柱之撓度設爲 $\mu o, \mu u$。如是中央節點A之撓角 ϕr 有起之影響式如下。

$$\phi a' = \frac{Pa'}{\rho a,} - \left\{ (\phi a + \mu o)\gamma o' + \phi r\,\gamma r' + (\phi a + \mu u)\gamma u' \right\} \qquad (10)$$

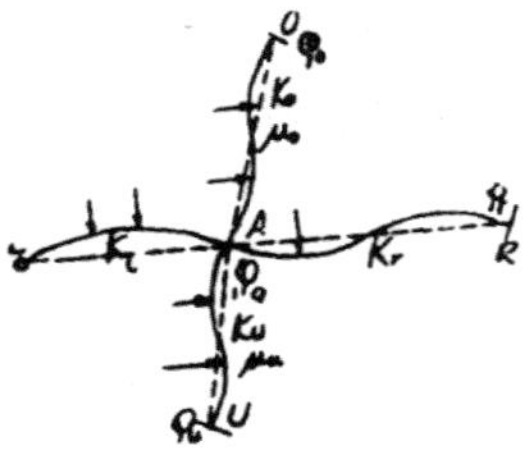
第七圖

但 $Pa' = (Car - Hal) + (Cao - Cau)$
右 左(階) 上 下

$$\rho a' = 2(Ko + Kr + Ku + Ke) - \frac{1}{2}Ke.$$

$$\gamma o' = \frac{Ko}{\rho a'},\quad \gamma r' = \frac{Kr}{\rho a'},\quad \gamma u' = \frac{Ku}{\rho a'}.$$

(9)，(10)兩式中所示之 γ, γ' 各値雖稱曰撓角之分配率，但不論撓度，撓角皆可依 比例分配傳達之。

第三節　固定柱框架之理論

固定柱框架之理論，可應用於具非對稱性載重框架之解析。

如第八圖所示之矩形集合框架負載任何垂直載重，設於A, B, C, D及a, b, c, d等點起撓角，又在各節點起水平移動。結果Aa, Bb, Cc Dd各柱起等值之撓度。

今離開實際之變形，假想另一變形狀態之框架加以研究。設柱之撓角爲零，恰爲兩端固定柱之作用，僅起撓度。此種特殊之框架稱曰固定柱框架。

依Aa柱之平衡條件得

$$M_{aA} + M_{Aa} + X_A h = 0$$

或 $$X_A = -\frac{I}{h}(M_{aA} + M_{Aa}.) \qquad (a)$$

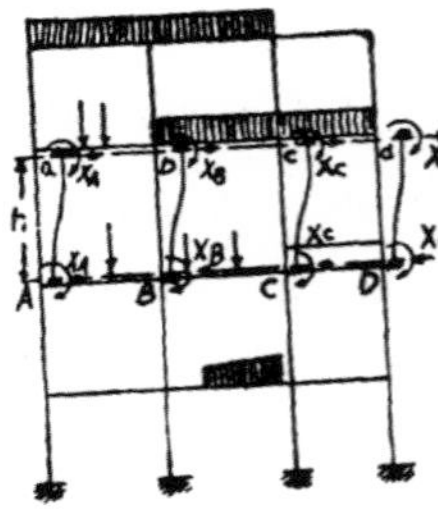
第八圖

同樣得 $$X_B = -\frac{I}{h}(M_{bB} + M_{Bb}.) \qquad (b)$$

$$X_C = -\frac{1}{h}(M_{cC} + M_{Cc}.) \qquad (c)$$

$$X_D = -\frac{\circ}{n}(M_{dD} + M_{Dd}) \qquad (d)$$

但 $X_A + X_B + X_C + X_D = 0.$

用(a)，(b)，(c)，(d)各式入上式得

$$\sum_{\substack{r=a\\R=A}}^{\substack{r=d\\R=D}} (M_{rR} + M_{Rr}) = 0. \qquad (e)$$

又由(1)式得 $M_{aA} + M_{Aa} = K_a(\circ\mu) + K_a(\circ\mu) = 2K_a\circ\mu$

$M_{bB} + M_{Bb} = 2K_b.\circ\mu.$

$M_{cC} + M_{Cc} = 2K_c.\circ\mu.$

$M_{dD} + M_{Dd} = 2K_d.\circ\mu$

將以上各値代入(e)式得

$$2{}_0\mu(K_a+K_b+K_c+K_d)=0.$$

但 $\quad 2(K_a+K_b+K_c+K_d)\neq 0.$

故必 $\quad {}_0\mu=0. \qquad\qquad (11)$

是卽，凡垂直載重對於固定柱框架所起之撓度爲零。因此凡受垂直載重之框架各材所起之撓度，全由於各節點上之撓角所誘致之。

固定柱框架應力之計算，亦可分成三種情形說明之。

第一種情形。 頁垂直載重之固定柱框架之固定端之撓角爲已知時。

於第九圖中設柱端 A, B, C, D 及 a, b, c, d 各點已知之撓角爲 ${}_0\phi_A$, ${}_0\phi_B$, ${}_0\phi_C$, ${}_0\phi_D$, ${}_0\phi_a$, ${}_0\phi_b$, ${}_0\phi_c$, ${}_0\phi_d$. 則該層所生之撓度 μ 可由(e)式求得之。卽在(e)式中置

$$M_{aA}+M_{Aa}=K_a(2{}_0\phi_a+{}_0\phi_A+{}_1\mu)+K_a(2{}_0\phi_A+{}_0\phi_a+{}_1\mu)=K_a\left\{3({}_0\phi_a+{}_0\phi_A)-2{}_1\mu\right\}$$

$$M_{bB}+M_{Bb}=K_b\left\{3({}_0\phi_b+{}_0\phi_B)+2{}_1\mu\right\}$$

…………………………………………

…………………………………………

代入(e)式而整理之得 $\quad {}_1\mu=-\left\{({}_0\phi_a+{}_0\phi_A)t_a+({}_0\phi_b+{}_0\phi_B)t_b+({}_0\phi_c+{}_0\phi_C)t_c+({}_0\phi_d+{}_0\phi_D)t_d\right\} \qquad (12)$

但 $\quad t_a=\dfrac{3K_a}{2(K_a+K_b+K_c+K_d)},$

$\quad t_b=\dfrac{3K_b}{2(K_a+K_b+K_c+K_d)},$

…………………………………………

…………………………………………

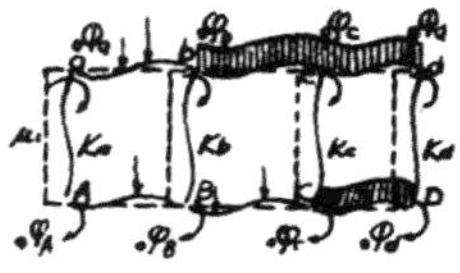

第九圖

由以上所得之結果，可以推出下列諸推論。

存 ${}_0\phi_a$ 與 ${}_0\phi_A$ 值，其餘 ${}_0\phi_b$, ${}_0\phi_B$, ${}_0\phi_c$, ${}_0\phi_C$, ${}_0\phi_d$, ${}_0\phi_D$ 皆置之爲零，(卽成爲固定狀態)卽得

$${}_1\mu=-({}_0\phi_a+{}_0\phi_A)t_a. \qquad\qquad (13)$$

由(13)式可知，凡節點 a, A 之撓角爲已知時，則上述假想框架之撓度，可由(13)中算出者計可分成 (a)已知 ${}_0\phi_a=1$, ${}_0\phi_A=1$. (b)已知 ${}_0\phi_a=2$, ${}_0\phi_A=0$, 及 (c)已知 ${}_0\phi_a=0$, ${}_0\phi_A=2$ 等種種情形，皆可使撓度 ${}_1\mu$ 值起無窮之等值。

此種已知量 ${}_0\phi_a$, ${}_0\phi_A$ 乃爲 ${}_1\mu$ 之原量，${}_0\phi_a$ 之分配量爲 ${}_0\phi_A$ 之 t_a 倍，${}_0\phi_a$ 之分配量亦爲 ${}_0\phi_a$ 之 t_a 倍，而在(12)式中之係數 t 稱曰撓度分配率。

再由各層之撓度 ${}_1\mu$ 及各節點之 ${}_0\phi$ 用(9)式求得 ϕ，但(9)式中 P_a 之水平載重項在八，九兩圖中所示之框架並不存在。

固定端框架之 ${}_0\phi_a$ 之求法，可用 $\quad {}_0\phi_a=\dfrac{P_a}{\rho_a}$ 式得之。同樣求 ${}_0\phi_A$, ${}_0\phi_a$ 等値，再由(12)式求出 ${}_1\mu$ 值。

各節點之 ${}_1\phi$ 決定後，將 ${}_1\phi$ 之已知各量再代入(12)式以求各層之 ${}_2\phi$，此時(12)式中之 ${}_0\phi$ 改成 ${}_1\phi$，逐次用該法在圖上分別定出未知量 ϕ, μ 諸值。每次計算時，未知數僅只一個，故計算極爲簡單。 (完未)

(一)

談建築及其他美術

費成武

建築是一種美術,它和人類的生活最親密,可是在欣賞和了解上却最淡薄,因爲一般人對於它僅有一種實用的需要而已。建築是抽象的絕對的形式(Absolute form),不同於繪畫和彫型所給我們具體的自然的形式(Natural from)。自然界像是我們的家我們的故鄉,所以一切自然的景物於我們像是生前就相識的,繪畫和彫型以大自然爲對象,取材於自然的景物,來寫人類的生活和思想,充分表現時代和民族的精神,因爲它們是自然的形式的結構,所以人都容易了解,但是眞能了解繪畫和彫型的,他們同樣地能了解建築,因爲一切美術有同樣的本質。

(二)

我們現在把藝術先立一個清楚的觀念,根據 Max Dessoir 的分類,能給我們一個相當準確的認識。

綜合空時	空　　間	時　　間	
戲劇, 歌劇, 舞蹈 ………	彫型(立體,中實,觸覺) 繪畫(平面,視覺)	擬容藝術 Mimic 詩歌　(視,聽)	模倣的,有固定聯想。
	建築(立體,中空或中實,運動感覺)	音樂　(聽覺的)	創造的無固定聯想
	造形藝術	聲音藝術	

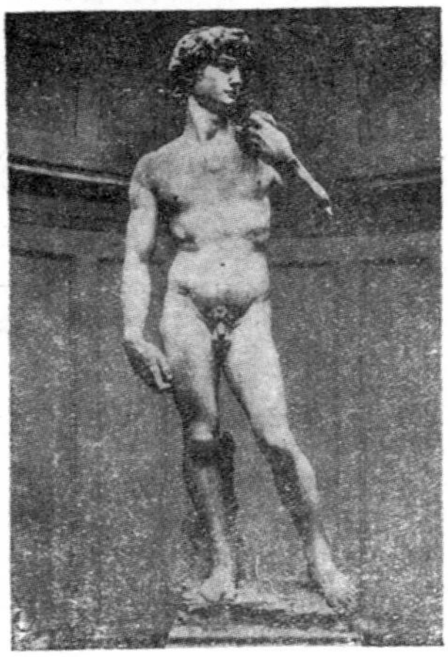
(三)

彫型、繪畫、建築和圖案等造形藝術,我們稱爲美術(fine art)。建築是空間的形式美,是主觀的創造,沒有固定的聯想(Undefinite association),它以科學的理論和技術爲基礎和工具,由建築師主觀地自由發展其美麗的理想而實現之。工程的學識和技術是有限的,可以學習到的,可是其美的理想和才能是天賦的,和一切美術家同樣地要具有天才,天才可以說是智慧和個性的開展。我們看美術史上一切的美術有許多風格(Style);如 Gothic, Renaissance, Baroc, 以及Rococo等,其風格的創立,總是首在建築,因爲建築最顯明表示時代的意義和民族的精神,不僅如此,而且表現一種不能言傳的人生對於宇宙的基本的態度。沒有一個民族沒有特殊的文化和宗教,在歷史上我們看到宗教建築佔有極重要的地位，宗教是人生態度的具體表現，宗教建築的形式非常明顯地表現其態度，成爲人生的象徵。雖然抽象的形式上的一線一面，在那光暗之間，充分流露人生的情緒，以上是立足於精神觀點來闡明建築形式的意義；從唯物觀上我們看到建築的重要，它體合各時代物質生活要求，同時環境材料都可以表示時代人種貧富和種種的情形，建築物是物質文明的軀殼，若是一個都市，人都滅亡了，衹遺留殘缺的建築物，我們可以知道這社會當時各方面的生活。

至於了解或欣賞建築，我們可以注意幾點：

(一)建築物和自然的環境　這是建築家先顧念到的重大問題，在水邊，在深山，在叢林，在廣漠的平原，須有合適的形式，纔會相互增加本身的美，並且有時特別顯示那所要表現的力量和精神。

一片莽野的山水，含有紛擾的情緒，建築了一個數學理性的建築物時，立刻把全部山水的靈魂表現出來，有一種理性的情意，有一種思想和義意，並且一種熱烈的要求，就是當我們剛踏上那境界就向我們傾訴它的情懷，說出微妙的音韻。

(二)地土的關係　建築和地質的研究有極重要的關係，在怎樣的情形之下，建築一定要體合而創造怎樣的一種形式，方始不致失了它的堅固和永久性。金字塔在一片浩闊的沙漠裏，說出那嚴靜剛堅而和諧的情調，鎮定在那沙土上不用愁慮它的基礎。

(三)材料給與建築的幫助　從材料可以識辨時代，材料幫助建築上許多的改進。以前木和磚石是建築的主要材料，後來發明了水泥和鋼骨的應用，就創造了許多高層的新型建築物，解決了許多以前人幻想而不能實現的困難，現代建築上副用的材料更多，幫助建築上的實用和美觀。

(四)圖樣　圖樣是建築師具體的計劃，是建築的特殊的技巧。在空無所有中，先有了一個具體的理想，可是實現的初步全是抽象的幾何形體的構合。建築有兩方面重要的問題，就是內空間和外空間的實用和美觀。所以圖樣的基本是平面圖(plane)和立視圖(Elevation)，剖視圖(section)和細部圖(detail)是一種演澤和補充，使圖樣更週詳。全部圖樣就是一座抽象的建築物，用物質的材料依照那計劃進行，就把理想全部實現了，這建築物就成爲一件美術品。

至於空間的感覺，我們舉兩個較淺近明白的例，就是狹長的空間給我們一個前進不可停留的感覺；廣闊的空間給我們一個安息停留的感覺。建築家的奇妙的本領就是運用空間，除了空間就是光和色彩的運用。　(未完)

(一) Yeni Valideh 的回教寺，建於十七世紀。

(二) La Vènus des Mèdici

(三) Michealangelo 的 David

LETTERING

ACB DEG
FXH·LIM
NOP RQS
TZY K·V

LETTERING

The

ROMAN LETTER

A B C D E F
G H I J K
L M N O P
Q R S T V
W X & Y Z

中國建築

THE CHINESE ARCHITECT

OFFICE:

ROOM NO. 405, THE SHANGHAI BANK BUILDING,
NINGPO ROAD, SHANGHAI.

中國建築第二十七期

出版　中國建築師學會

編輯　中國建築雜誌社

發行人　楊錫鏐

地址　上海寧波路上海銀行大樓四百零五號

電話　一二二四七號

印刷者　美華書館
上海愛而近路二七八號
電話四二七二六號

中華民國二十五年十月出版

中國建築定價

零售	每冊大洋七角	
預定	半年	六冊大洋四元
預定	全年	十二冊大洋七元
郵費	國外每冊加一角六分 國內預定者不加郵費	

（定閱雜誌）

茲定閱貴會出版之中國建築自第………卷第………期起至第………卷第………期止計大洋………元………角………分按數匯上請將

貴雜誌按期寄下爲荷此致

中國建築雜誌發行部

…………………………啓…………年…………月…………日

地址……………………………………………………………

（更改地址）

逕啓者前於…………年…………月…………日在

貴社訂閱中國建築一份執有………字第………號定單原寄……………………………………………………………收現因地址遷移請即改寄……………………………………………………………收爲荷此致

中國建築雜誌發行部

…………………………啓…………年…………月…………日

（查詢雜誌）

逕啓者前於…………年…………月…………日在

貴社訂閱中國建築一份執有………字第………號定單寄……………………………………………………………收查第………卷第………期尚未收到祈即查復爲荷此致

中國建築雜誌發行部

…………………………啓…………年…………月…………日

廣告索引

全球建築師
對於現代大廈
均用現代金屬

如圖爲上海國際大飯店牆壁上之中英飾字。經建築師鄔達克證明。均係用鋁合金所製。

圖示意大利羅馬城中美麗之鋁製大門

上圖中英飾字所用之鋁。加工化合然後採用。以期穩得最大之服務與觸目。於此有極重要者。即務須選用適度之鋁合金是也。本公司研究部在同業中爲最大。甚願隨時供獻一臂之助焉。

鋁之韌性

鋁可範鑄。可捲起。可壓鑄。可抽細。或製爲種種形式。適應種種創造的設計之需要。數量多寡。均可供應。一切金屬製造藝術之形式。無不畢具。鋁鑄物與鋁製物品之成績與聯合成績。有種種之多。鋁者現代化之金屬。並能表現近代藝術化之趨勢。鋁之爲物。於韌性與美觀之外。並有絕不坼裂之優點。因其開展之時。可以回復其原來之廣袤而毫不扭歪。因此得免翹曲與分裂之弊。其特有之抵抗火時與銹蝕之品質。各處均可充分認識之矣。

鋁之其他用途

內部用

一 欄杆 坐椅 花沿條 門 桌 電器附件 陪上方眼格 升降 機門及飾件 扶手 銘刻 嵌似 電燈附件 窗 柱 旋梯柱 豎柱 吊飾物 暖氣管

外部用途

噴水器 籬柵 旗杆脚 大門 繫舟樁 拱側 市招 屋頂蓋索 造像 窗框

鋁能表示現代設計之秀雅與氣勢

歡迎垂詢詳情

鋁業有限公司

上海北京路二號

上海郵政信箱一四三五號

（二）

ALUMINIUM UNION LIMITED

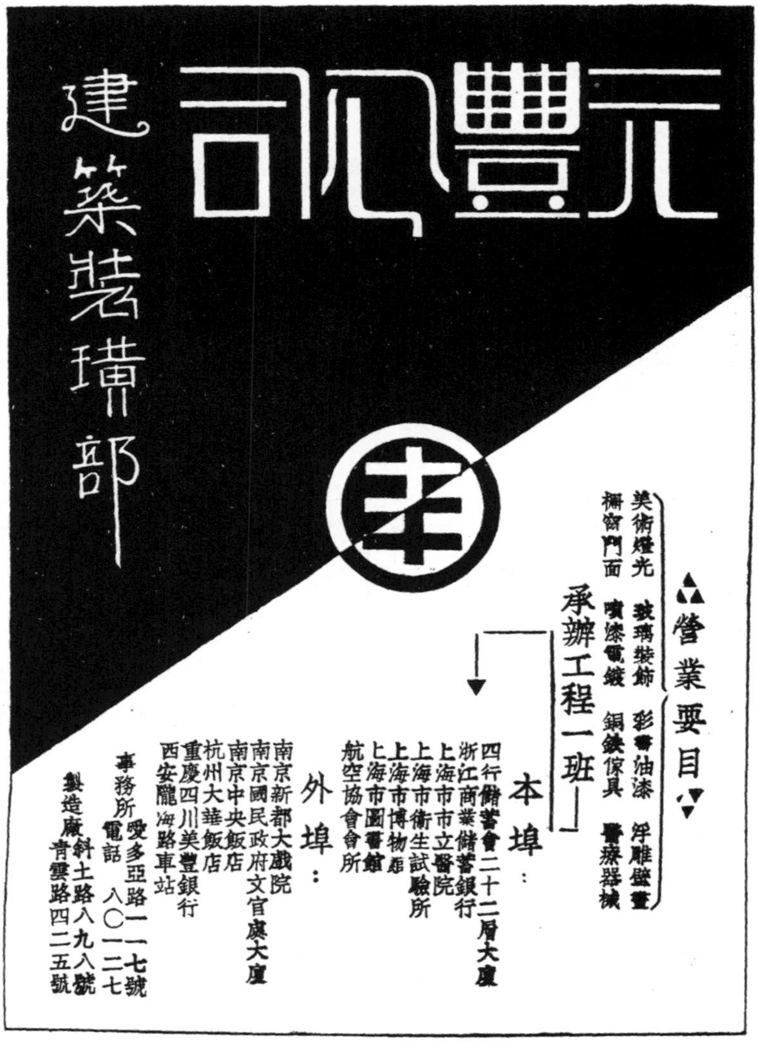
元豐公司
建築裝璜部
營業要目
美術燈光 玻璃裝飾 彩畫油漆 浮雕壁畫
櫥窗門面 噴漆電鍍 銅鐵傢具 醫療器械
承辦工程一班
本埠：
四行儲蓄會二十二層大廈
浙江商業儲蓄銀行
上海市市立醫院
上海市衛生試驗所
上海市博物館
上海市圖書館
航空協會會所
外埠：
南京新都大戲院
南京國民政府文官處大廈
南京中央飯店
杭州大華飯店
重慶四川美豐銀行
西安隴海路車站
事務所 愛多亞路一一七號
電話 八〇一二七
製造廠 斜土路八九八號
青雲路四二五號

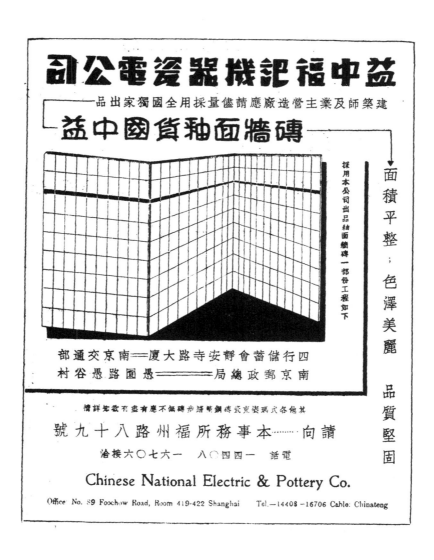

毛全泰木器股份有限公司

上海四川路六〇〇號

承辦中西式優等木器室內裝飾

設計精巧　工作超越

如蒙委辦設計估價無不竭忱歡迎

電話　一二一〇〇

SLOANE·BLABON

司隆百拉彭

印花油毛氈毯

此為美國名廠之出品。今歸秀登第公司獨家行銷。中國經理則為敝行。特設一部。專門為客計劃估價及鋪設。備有大宗現貨。花樣顏色。種類甚多。尺寸大小不一。司隆百拉彭印花油毛氈毯。質細堅久。終年光潔。既省費。又美觀。室內鋪用。遠勝毛織地毯。

美商　美和洋行

上海江西路二六一號

建築的需要品

建築章程　每份二角 會員減半 —— 說明業主承造人及建築師應遵守的條律

工程合同保單　每份二角 會員減半 —— 業主與承造人訂約時用

甲種拷貝紙施工說明書　每本八角 會員六角 —— 抄寫後備曬圖之用

乙種道林紙施工說明書　每本八角 會員六角 —— 抄寫用

中國建築學會出版部

上海寧波路四十號上海銀行大樓四〇五號

大華水電公司

實業部註冊

總行上海
靜安寺路一一九四號
電話三五五七六
上海市公用局註冊

分行南京
中山路三六九號
電話三一九一一
首都建設委員會電廠註冊
南京市府水廠管理處註冊

專辦
電光電熱電力電機
衛生暖汽冷汽消防
工程設計精密選料
優良工作堅固服務
認真取價低廉

華明工程公司

精製幷設計各種美術燈盞藝術玻璃及承包電氣等工程

上海法租界望志路一二六號
電話八三七六五

華泰洋行 Walter Dunn & Co.

569 Szechuen Road
Near Y. M. C. A. Tel. 10805

本行經售中國及英國海軍部海圖歐美各廠測量儀器繪圖材料及紙張等如透明臘紙臘布圖畫紙藍晒紙方格計算紙算尺丁字尺英制及米突制各種尺等價格特別低廉而貨色高人一等如蒙惠顧無任歡迎

電話購貨 一〇八〇五

上海四川路五六九號青年會南首

上海市建築協會出版

建築月刊

建築月刊刱於民國二十一年十一月按月出版一册。內容計有各種建築學理與技術之譯著，建築物之圖樣與攝影，以及經濟住宅等「建築史」及「營造學」兩大長篇，按機續刊登。發行以來，風行海內外。

定價：零售每册九角，特刊一元。定閱全年五元。

郵費：本埠全年二角四分，外埠及日本六角。

聯樑算式

建築工程師 胡宏堯著

本書採用於新發明之克勞氏力率分配法，按可能範圍內之荷重組合，一一列成簡式。任何種複雜及困難之問題無不可按式推算，即素乏基本學理之技術人員，亦不難於短　內，明瞭全書演算之法。所需推算時間，不及克勞氏原法十分之一。

布面精裝一厚册

實售國幣五元（寄費二角）

英華·華英 合解建築辭典

建築辭典初稿，曾在建築月刊連續登載兩年。現應讀者要求，刊印單行本；幾經整理，並增補遺漏，續訂下編，全書分華英及英華兩部，以便檢查。此書之成，實為國內唯一之建築工程名詞營造術語大辭彙，凡建築師，工程師，營造人員，土木專科學校教授及學生，公路建設人員，地產商等，均宜手置一册。

▲實售國幣拾元

（酌加郵費）

發售處　上海南京路大陸商場六二〇號

All Modern Homes

Demand Modern Inviting

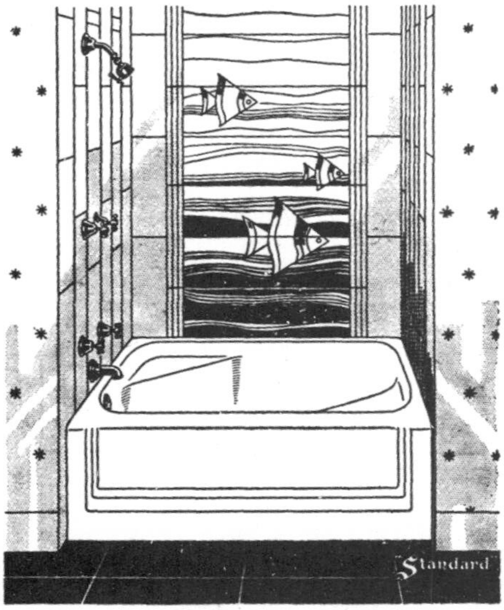

Bathrooms

Time to Remodle

Your obsolete & unsightly bathrooms with

MODERN, SANITARY & BEAUTIFUL

"Standard" PLUMBING FIXTURES

Sole Agent in China

ANDERSEN MEYER & CO., LTD.

SHANGHAI & OUTPORTS

上海鋼窗公司
SHANGHAI
STEEL WINDOW CO.
MANUFACTURERS OF STEEL AND BRONZE WINDOWS, DOORS, FENESTRA SASHES, STRUCTURAL STEELS, METAL HARDWARES, ENGINEERS AND CONTRACTORS.
專製鋼窗鋼門銅窗銅門廠窗及五金工程
設計及承造屋架橋樑等鋼鐵工程
事務所 上海江西路四〇六號 電話 一八二六〇
工廠 上海閘北中山路一三四五號
OFFICE: NO. 406 KIANGSI ROAD. SHANGHAI.
TEL. 18260.
FACTORY. NO. 1345 CHUNG-SAN ROAD. SHANGHAI.

中華民國廿五年十二月七日 收到

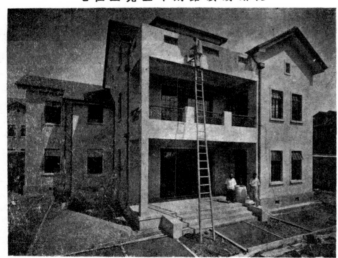

中國近代建築史料匯編（第一輯）

中國建築

第二十八期

中國建築

第二十八期

中國建築師學會出版

THE CHINESE ARCHITECT

承辦衛生暖氣冷氣消防等一切工程

本行最近承辦工程之一

設計裝置精密週到如蒙委託竭忱服務

新申衛生工程行

NEW SHANGHAI HEATING & PLUMBING CO.

事務所　江西路四〇六號　電話一七一七〇八號

周林記營造廠

CHOW LIN KEE

BUILDING CONSTRUCTION

SHANGHAI

本廠承建各項建築工程

經濟 堅固 迅速

如荷賜顧 竭誠服務 定能滿意

上海滬西億定盤路

諸安浜甲三十號

華新磚瓦公司

總事務所 上海牛莊路六九二號　電話 九四七三五號

分辦事處 南京國府路一五七號　製造廠 浙江嘉善干窰

出品

花素白水泥地磚

各色白水泥踢脚線磚

不吸水份 不易磨擦 不褪顏色

磚面最光潔 花紋最清晰 質料最優美

靑紅色大小平瓦

靑色中國廟宇式筒瓦

靑紅色西班牙式筒瓦

地質堅實 色澤鮮明 價格公道

備有樣本樣品價單承索即奉倘有特別新樣見委本公司均可承製

歡迎外埠經理

HWA SING BRICK & TILE Co.

General Office: 692 Newchwang Road, Shanghai. Tel. 94735

Branch Office: 157 Kuo Fu Road, Nanking. Factory: Kashan, Chekiang.

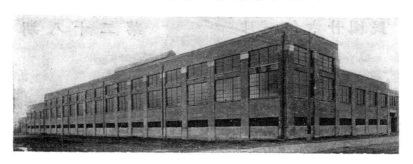

中國建築

民國廿六年一月　　第二十八期

目　次

THE CHINESE ARCHITECT

卷首語

本期材料係由建築師奚福泉所供給，其中圖案均爲結構最佳之作品；如應徵第一之國立戲劇音樂院，及歐亞航空公司飛機棚廠，設計新穎，工程精美；餘如銀行同鄉會及學校，亦各有傑出之處，讀者自可心領神會，固無待贅言。就中愚園路之住宅，以蕞爾之地，佈置裕如，梅園別墅，房屋式樣，錯落相間，各有相當園地，此最足以引人興趣者也。荷蒙奚君供給此項名貴圖案，有益後學，豈止本社感謝光榮篇幅而已哉。

上海浦東同鄉會

設計時之鋼筆立視圖

2

上海浦東同鄉會

完工後之攝影

上海浦東同鄉會

浦東同鄉會大廈工程略述

奚　福　泉

地形與正面圖——本工程基地位於愛多亞路成都路相交之點，馬路傾斜特甚，欲求避免此項困難，不使有損美觀，故在正中部份闢一六角形之主要入口，同時在一層以上建造六角形之牆面凡五處，顯示全部建築對於地形所限制而產生此特殊之體式，宏偉軒敞不復覺沿路界線爲一斜角也。

內部佈置及設備——內部可統分爲三部份：

一、 會所部份：會所自用各室均置最上層，與出租部份隔離，更利用屋面平台，臨高矚遠，足供會衆遊息之用。

二、 出租部份：由第三層至五層均作出租辦公室；下層沿路爲店面，其平頂均裝有安全水頭，各室均開有適宜之窗牖，故光線極爲充足。

三、 假座部份：下層大廳及二層樓座均有冷氣設備，全部堂室更有暖氣及消防設備。

結構及造價——全部用鋼筋混凝土作架，空心磚砌牆，以人造石爲外牆面，其餘構造均取簡雅。總計造價僅合國幣三十六萬元，地上建築物爲八十七萬一千二百立方尺，平均每立方尺止合四角二分半，承包者爲新昇記營造廠。

上海浦東同鄉會

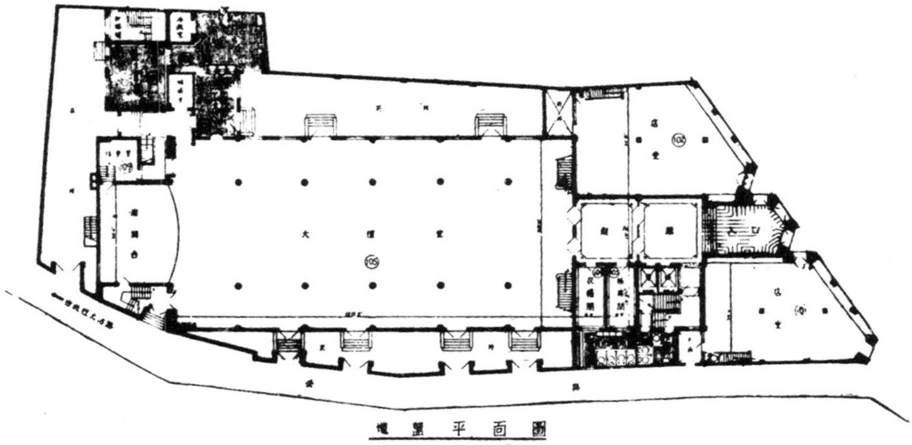

地盤平面圖

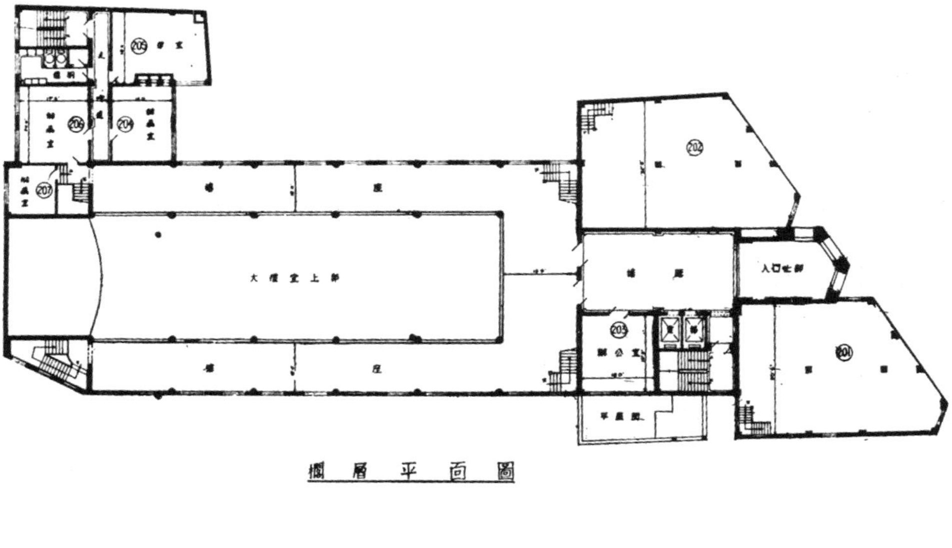

樓層平面圖

上海浦東同鄉會

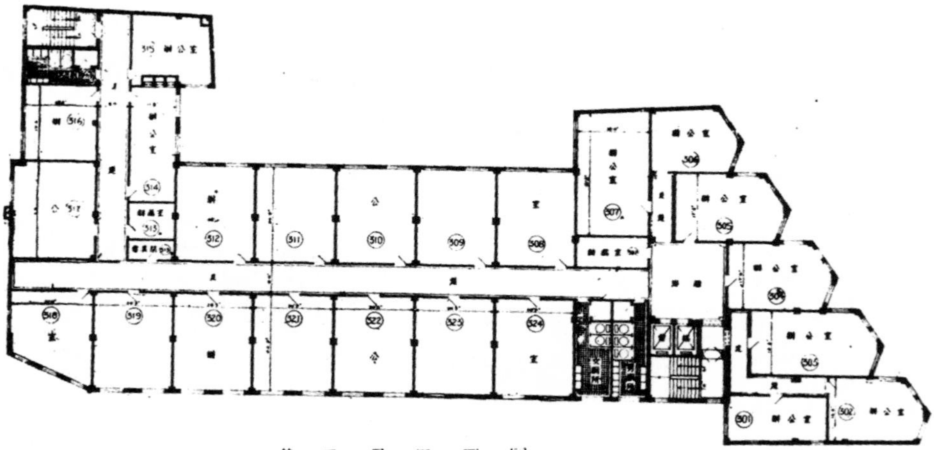

第二層平面圖

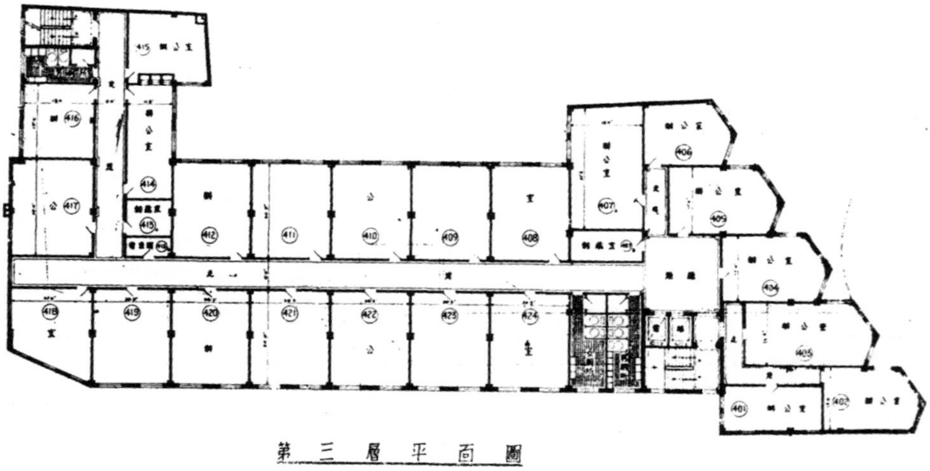

第三層平面圖

上海浦東同鄉會

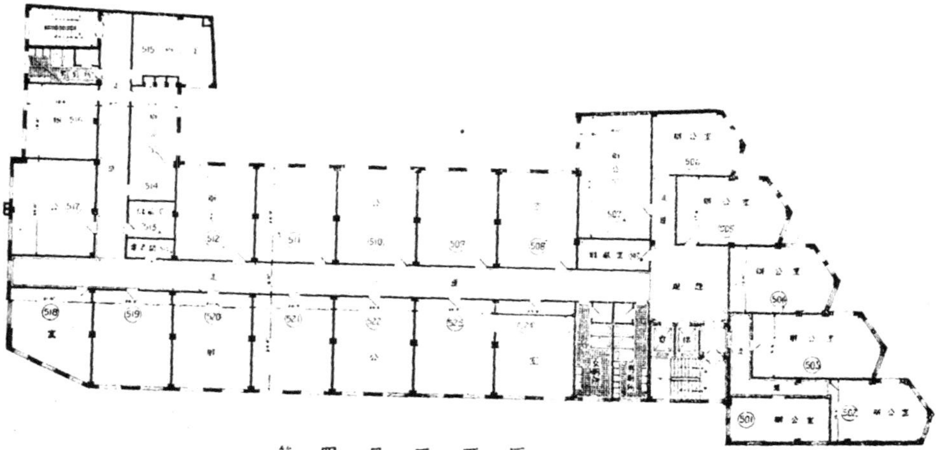

第四層平面圖

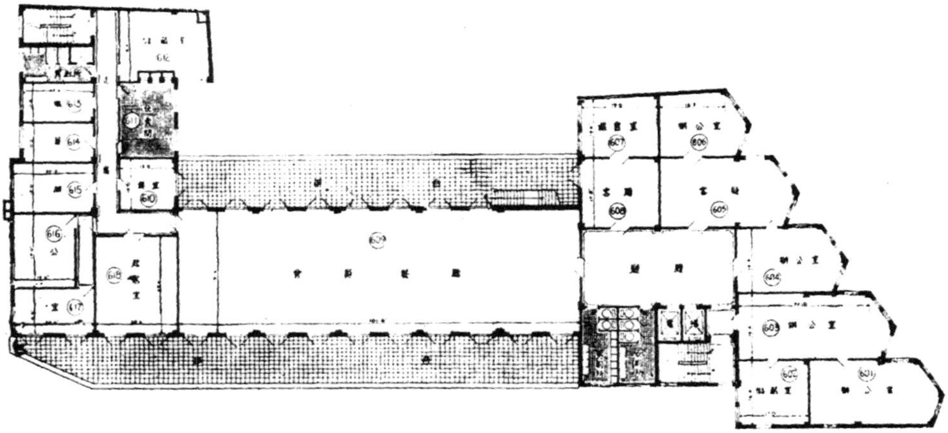

第五層平面圖

上海浦東同鄉會

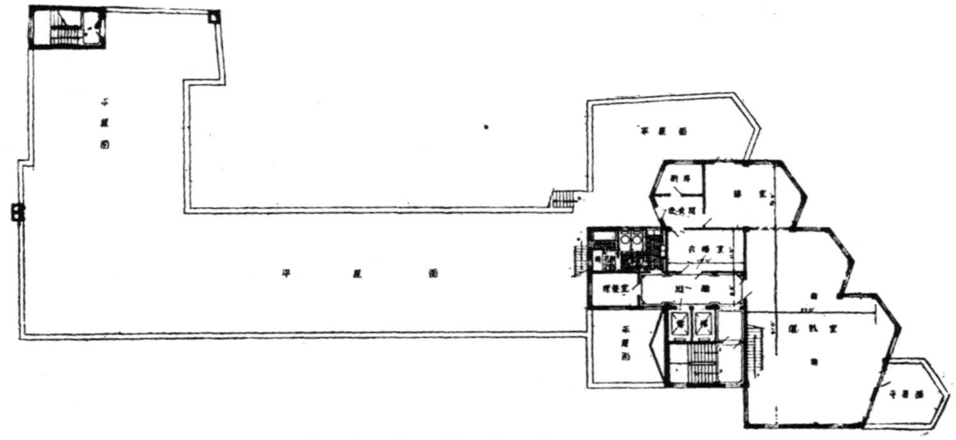

第六層平面圖

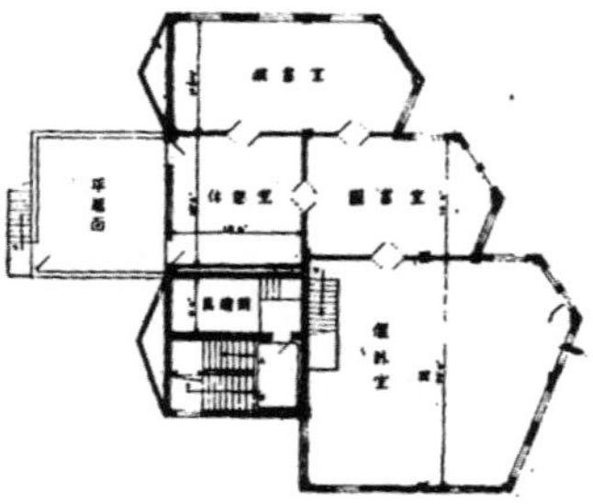

第七層平面圖

南京中國國貨銀行

落成後之攝影

南京中國國貨銀行

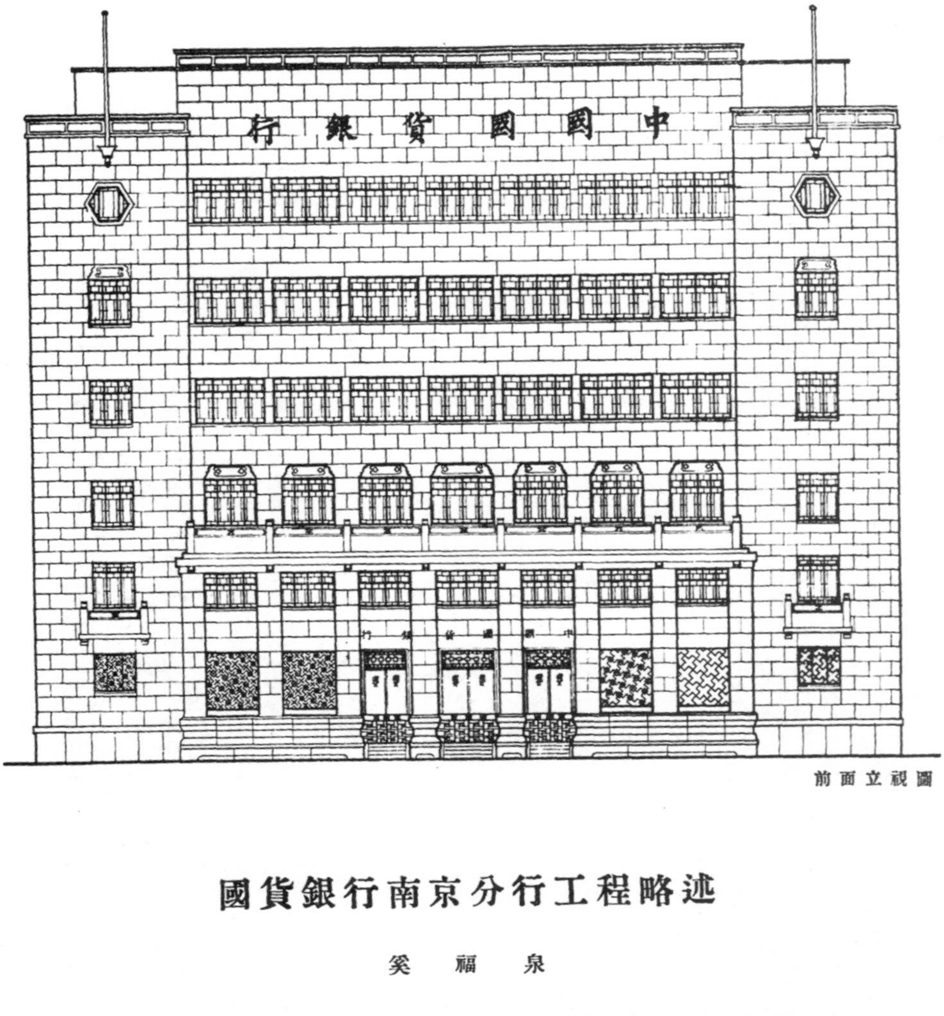

前面立視圖

國貨銀行南京分行工程略述

奚福泉

國貨銀行南京分行位於南京中山路新街口東北角，高凡六層，用鋼筋混凝土構造。除銀行自用下層及閣層外，以上各層均作出租辦公室，另有扶梯及邊門出入。沿中山路牆面均用人造石，銀行正門處建有方大石柱，高達二層，上接挑台石欄，銀行內部護壁及地面均做嵌銅條磨石子，平頂均做彩畫綜合現代建築之趨勢而仍不失中國原來之風味。全部造價包括暖氣水電工程及升降機，共計國幣十八萬元。承包者，成泰營造廠。

南京中國國貨銀行

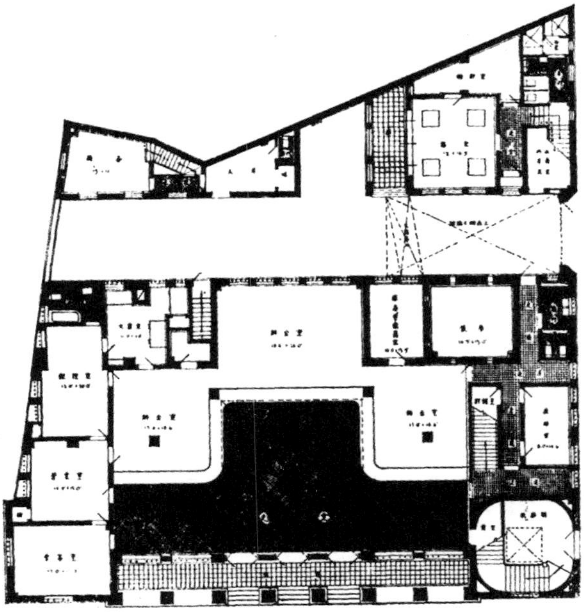

底層平面圖

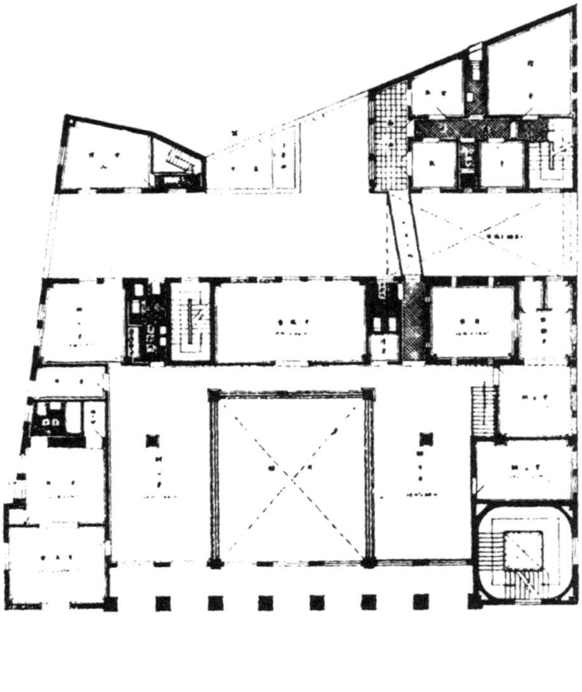

欄層平面圖

南京中國國貨銀行

二層至五層平面圖

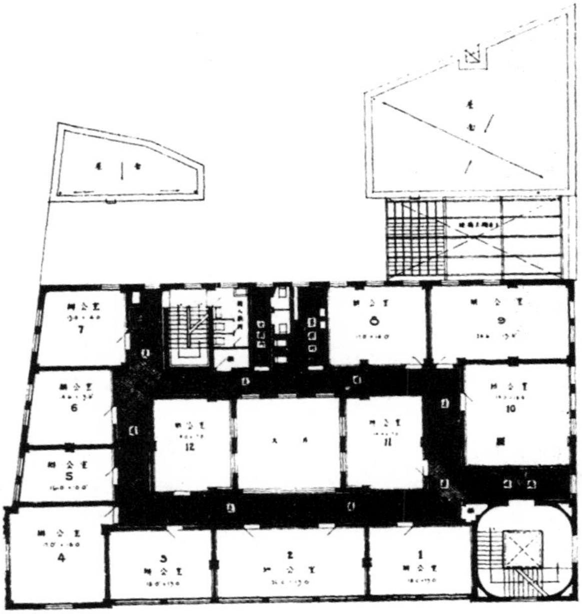

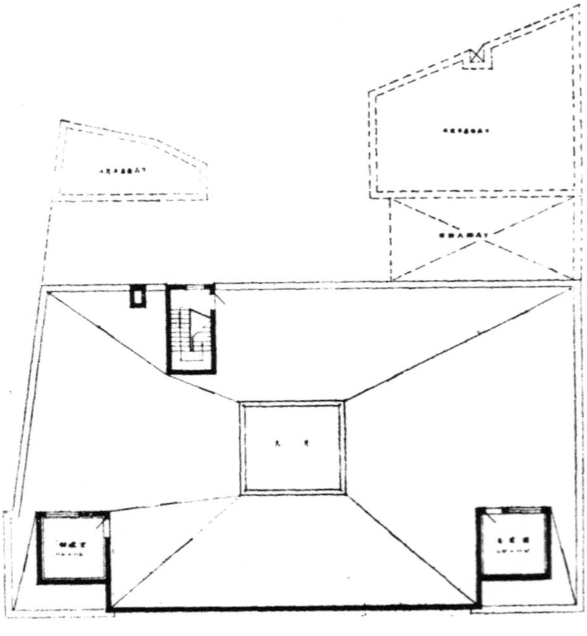

屋頂平面圖

國立戲劇音樂院應徵圖案

國立戲劇音樂院應徵圖案

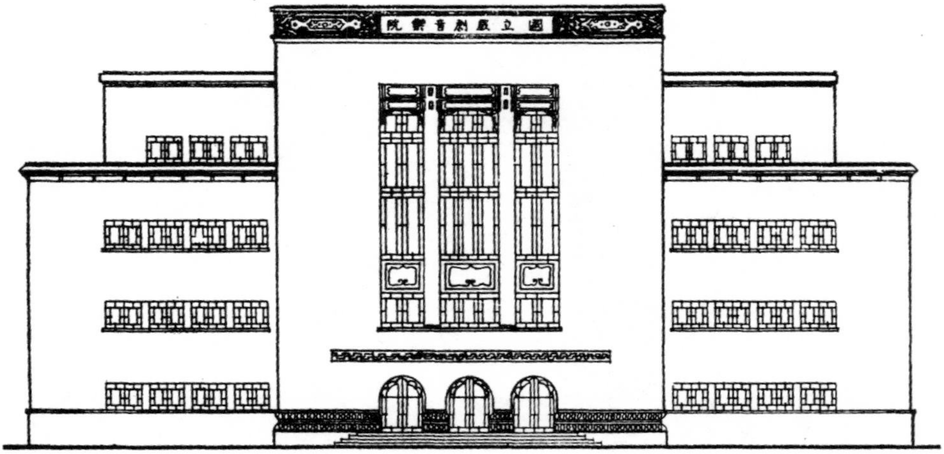

前面立視圖

國立戲劇音樂院應徵圖案

奚　福　泉

國立戲劇音樂院及美術陳列館籌備委員會徵求建築院館工程圖案，經二十四年八月會議評定，以拙製列爲首選，關頌聲趙深兩先生屈居二三，分別各酬獎金，並議決選用拙製圖式，興工建築，原估造價爲四十萬元，嗣因工程擴大，聞所費達七十萬。現已工竣，巍然聳峙，朝夕與京市人士相見。營造期間監督管理各事，委員會另行委人主持，泉與關趙二君，均未與聞也。

國立戲劇音樂院應徵圖案

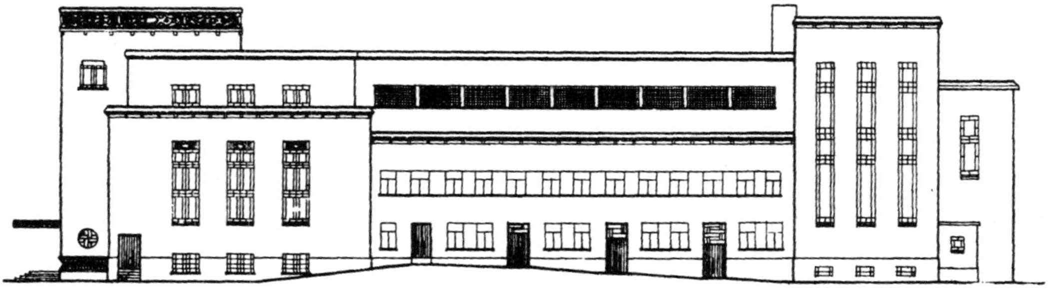

側面立視圖

後面立視圖

國立戲劇音樂院應徵圖案

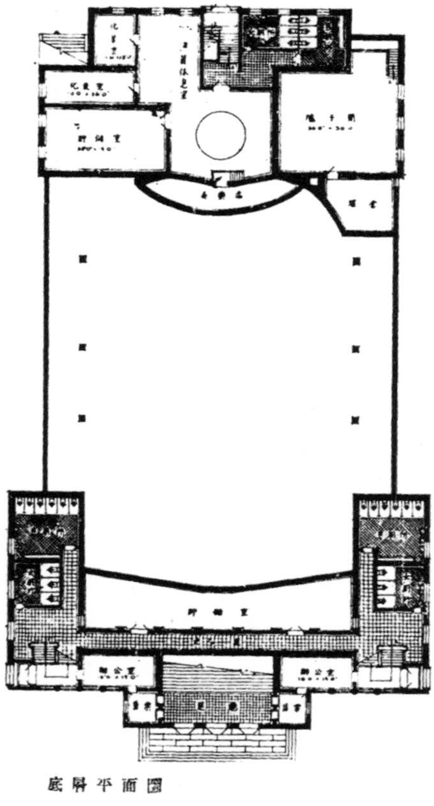

底層平面圖

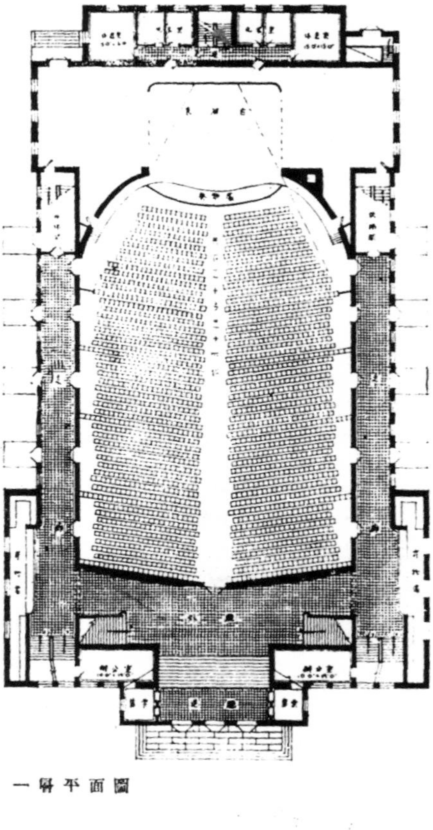

一層平面圖

國立戲劇音樂院應徵圖案

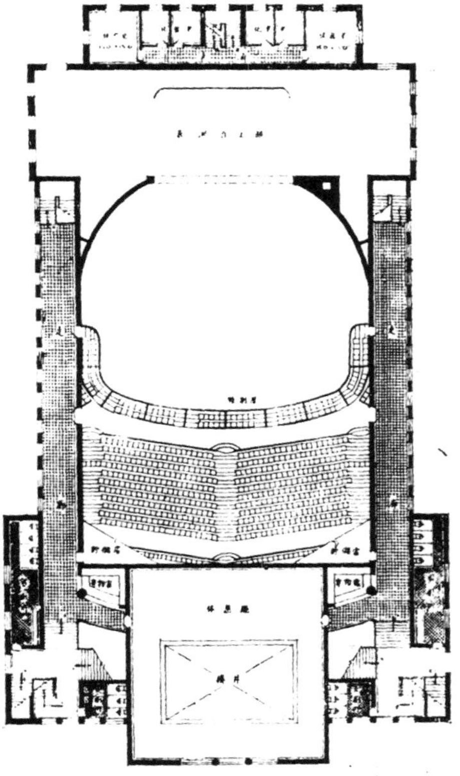

二層平面圖

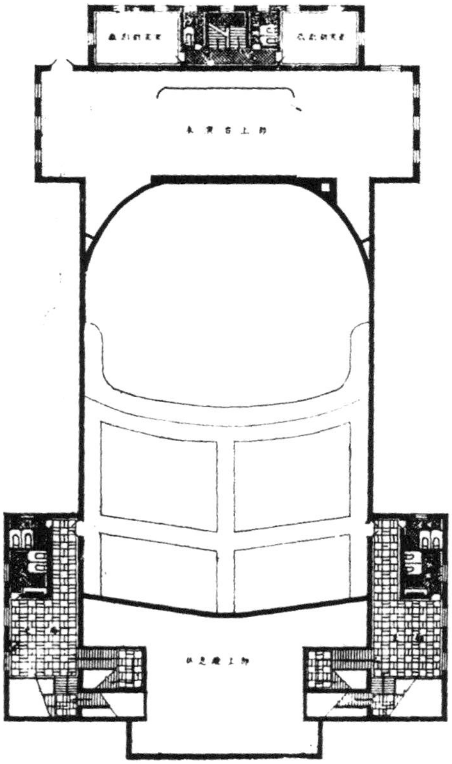

三層平面圖

國立戲劇音樂院應徵圖案

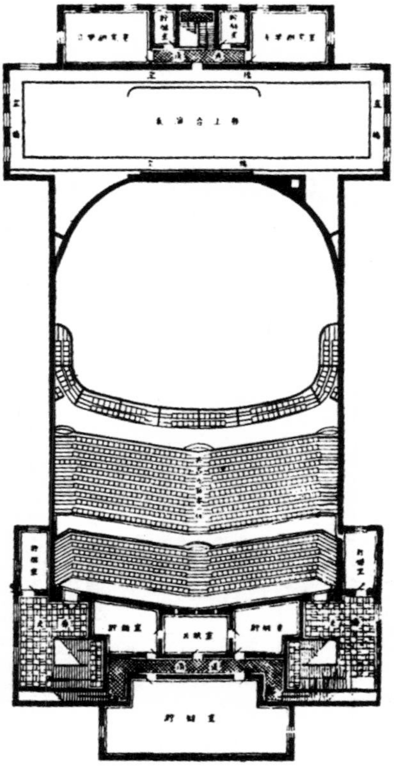

四層平面圖

上海歐亞航空公司

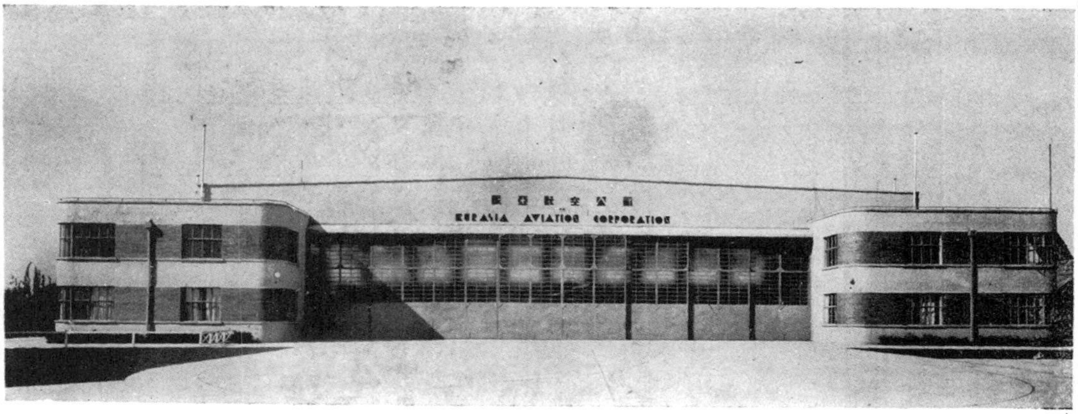

前面外景

歐亞航空公司龍華飛機棚廠工程略述

奚福泉

歐亞航空公司建築龍華飛機棚廠徵選圖案，經採擇製，旋於二十四年十一月舉行奠基禮，開工建造，迄翌年六月落成。

該棚寬五十公尺，深三十二公尺，可容大小飛機七架，右旁及後部附有工場及倉棧，左旁為辦公各室。飛機出入之門口高可七・五公尺，寬可三十五公尺，設有堅固而輕靈之鐵扯門六樘；棚內開有多量之玻璃窗，務使容納充分之光線，全部樑柱均用鋼骨混凝土構造，棚上用鋼鐵屋架及柏油油毛毡屋面。內部水電暖氣均備。造價總數尚不足十四萬元也。該項工程係由沈生記營造廠承包。

側面外景

上海歐亞航空公司

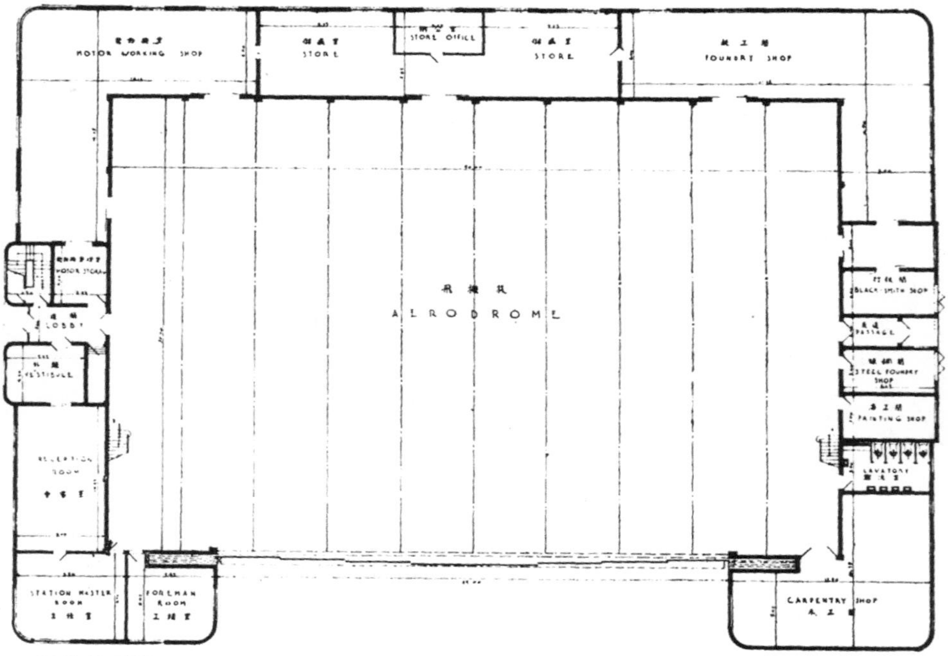

底層平面圖

前面立視圖

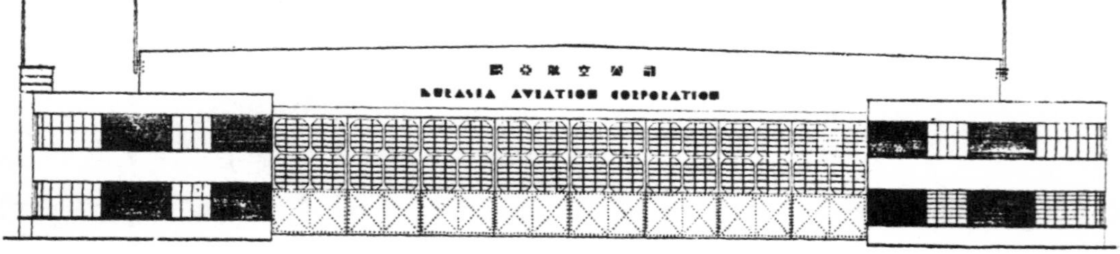

上海歐亞航空公司

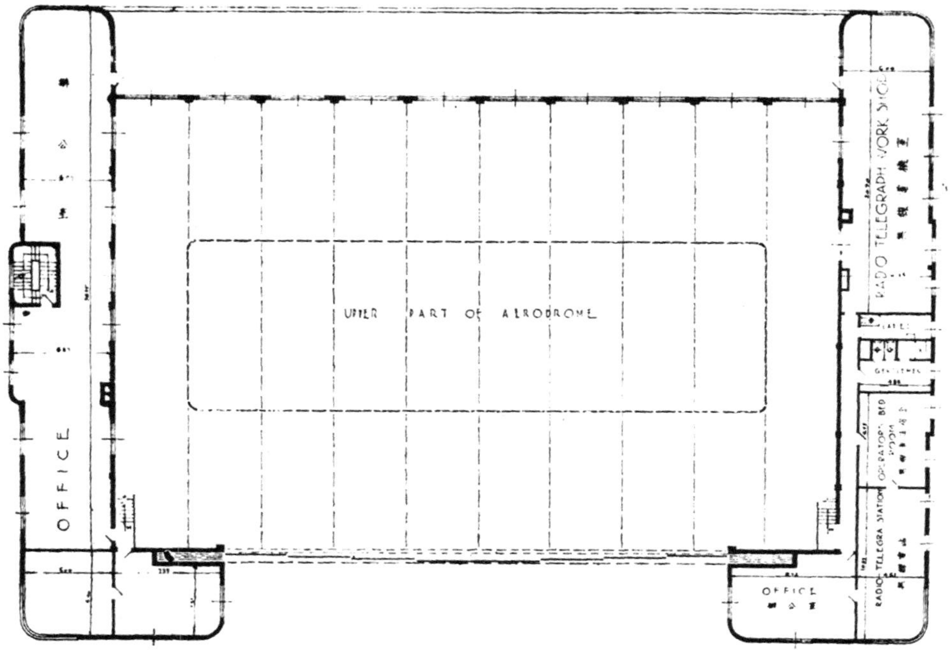

上層平面圖

縱剖面圖

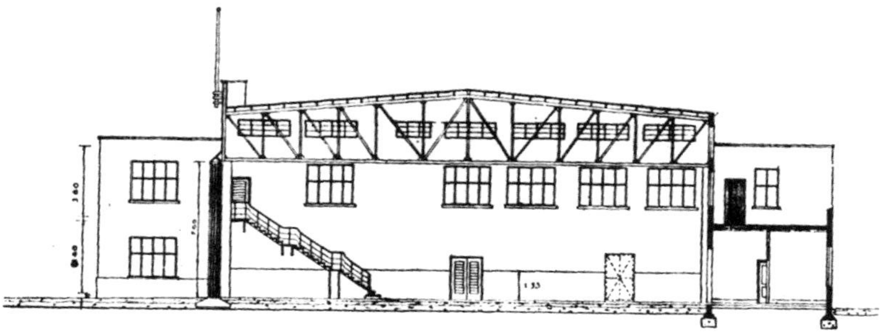

南京歐亞航空公司

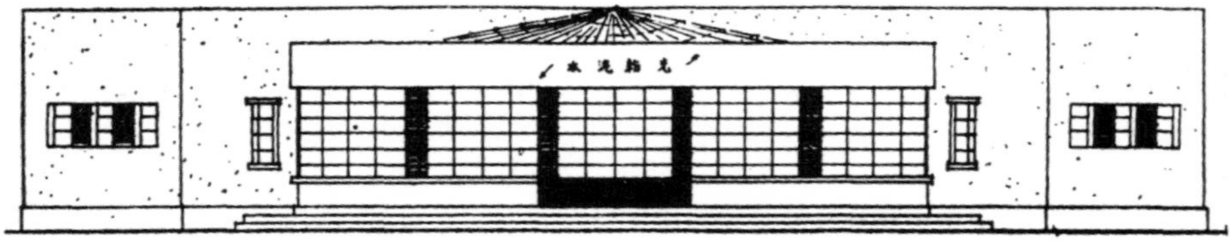

正面立視圖

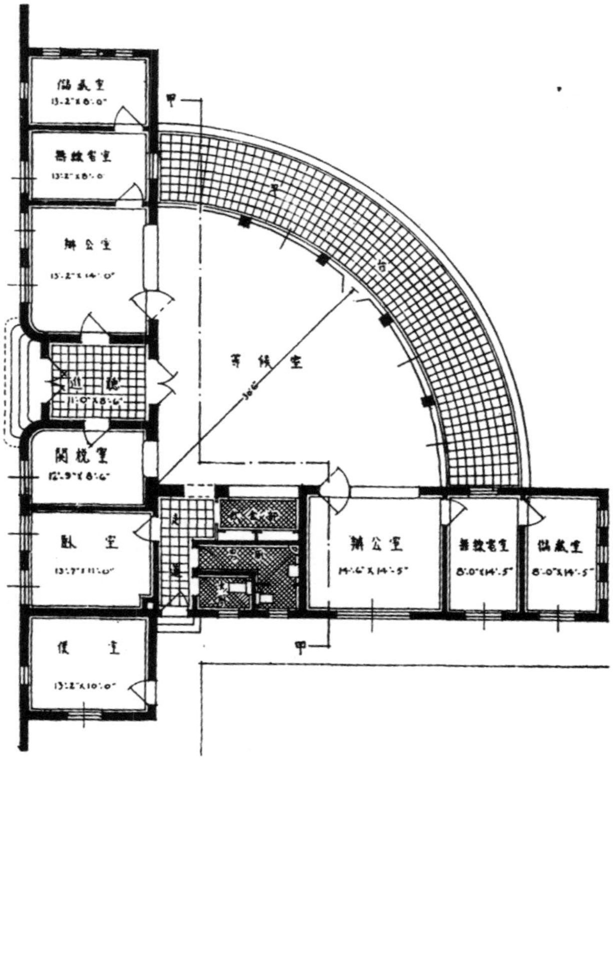

底層平面圖

南京歐亞航空公司

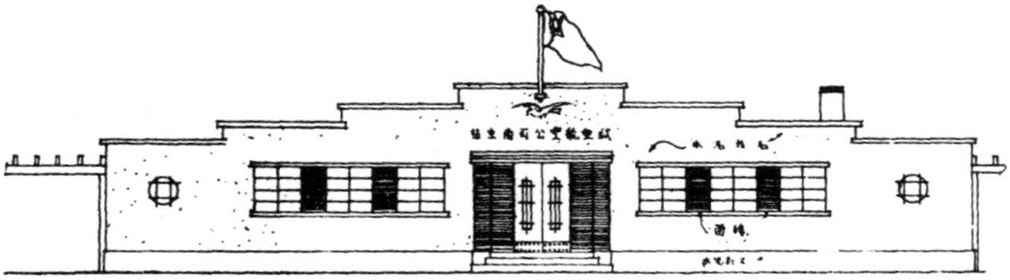

沿路立視圖

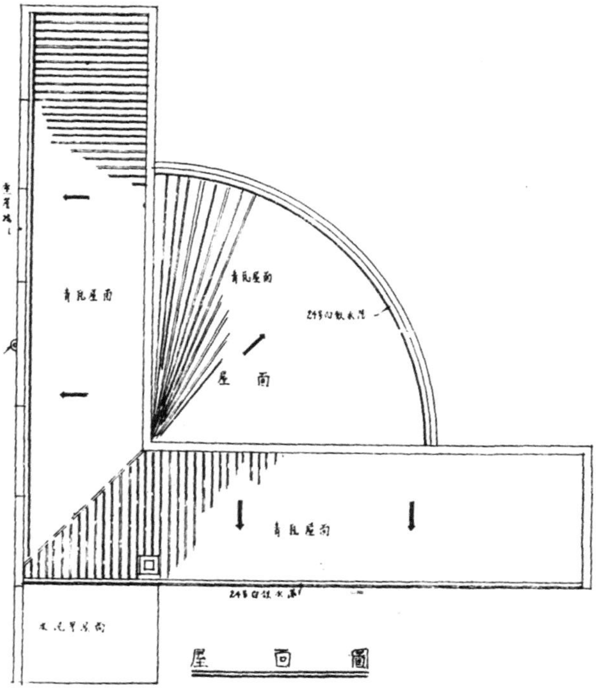

屋面圖

南京歐亞航空公司

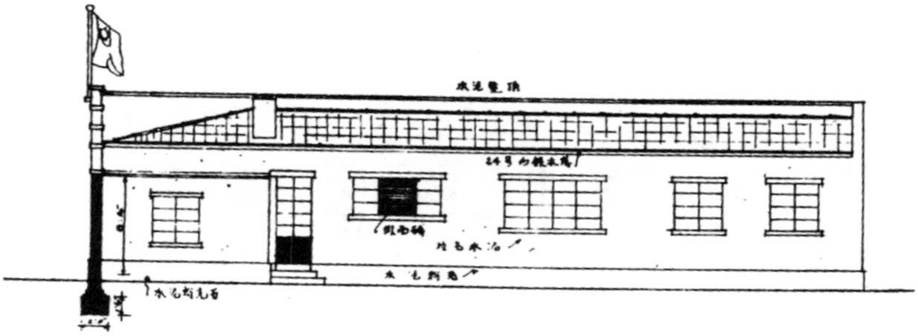

側面立視圖（一）

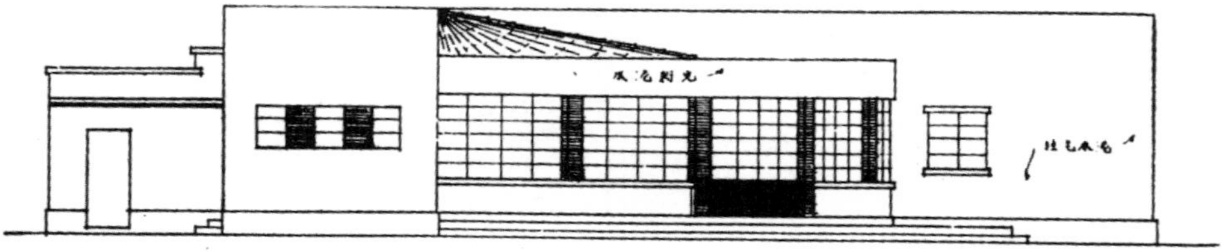

側面立視圖（二）

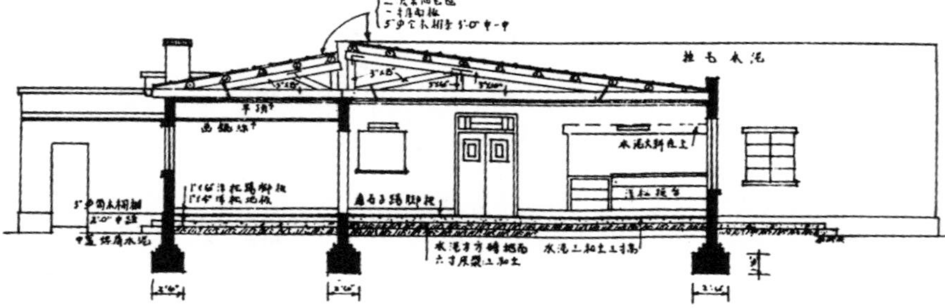

剖　視　圖

上海正始中學

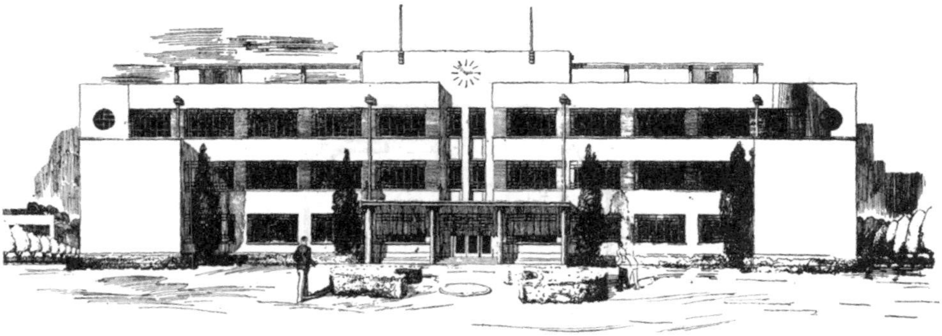

前面立視圖

正始中學建造新校舍工程略述

奚福泉

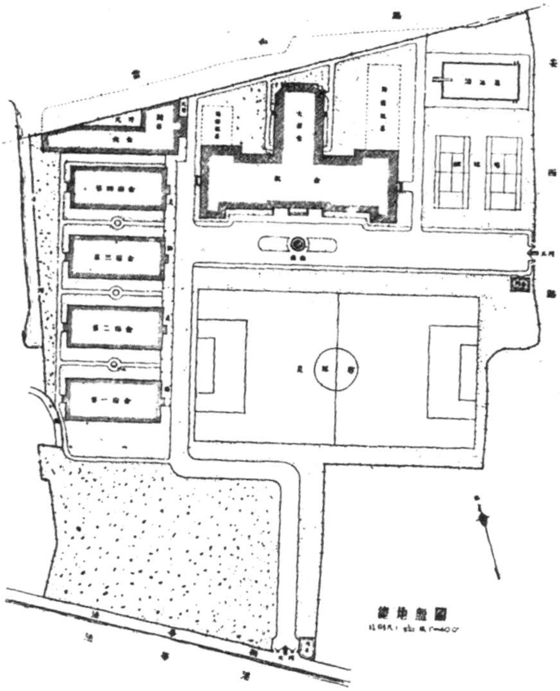

總地盤圖

正始中學建築新校舍於滬西法華鎮法華寺原址，佔地約四十畝，中部建三層樓校舍一座；西部建二層樓宿舍四座；可容學生一千兩百人，及飯廳一座；東部闢一游泳池，前部爲足球場，各建築物結構及設備力求現代化。房屋造價計需二十七萬元，由李順記營造廠承造，約於翌年春末可以落成。

上海正始中學

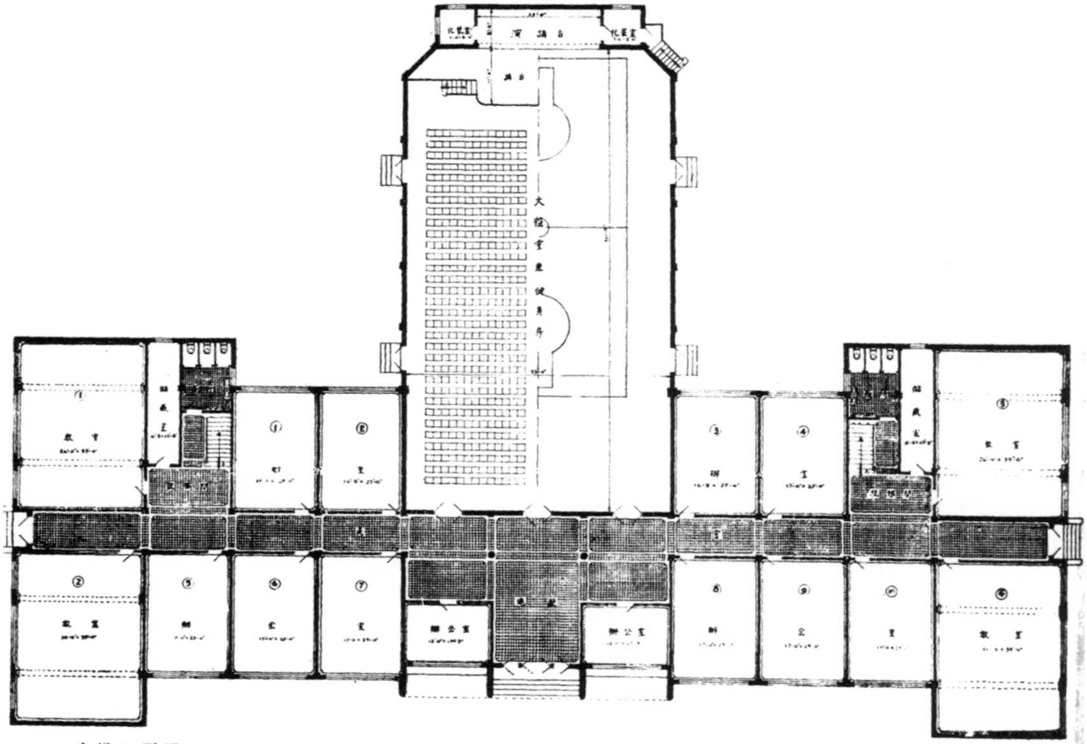

底層平面圖

上海正始中學

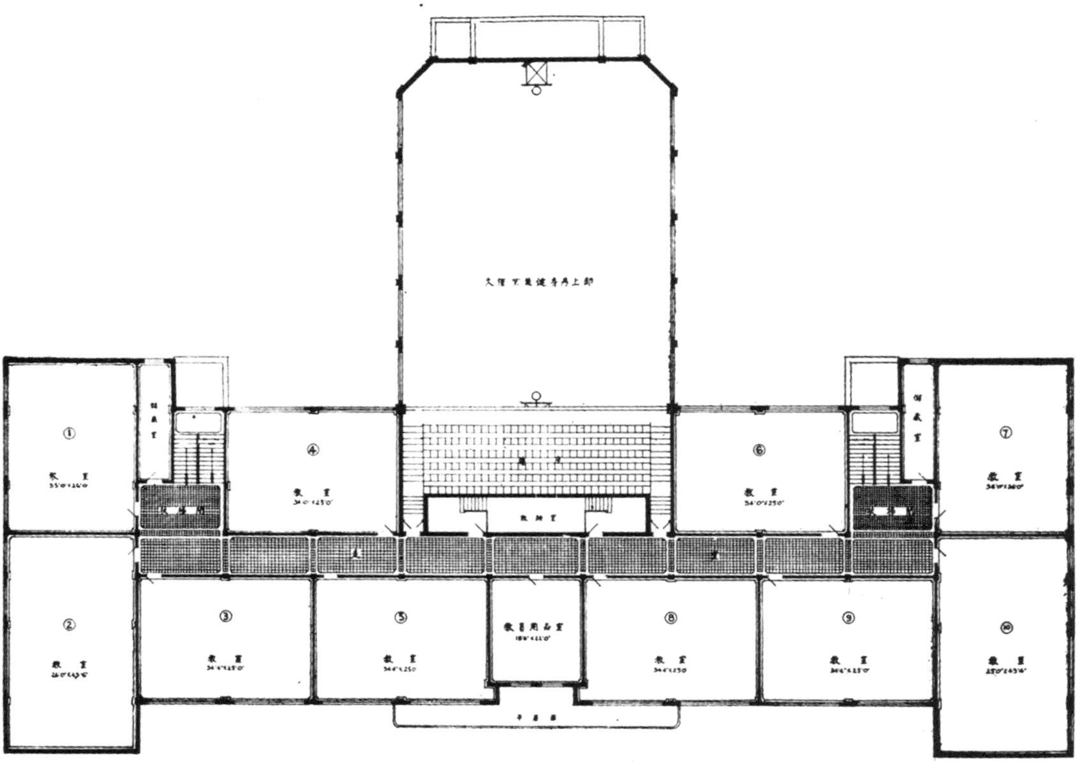

一層平面圖

上海時報館

舊觀

新形

時報館修改略述

時報館原爲繡雲天舊蹟，後改神仙世界，已歷二十餘年，當時因崇樓傑閣，極一時之勝。今則建築作風日變，已屬不合時宜。

茲設計改造，對於不須要之陽台，均已拆除，前部高塔改用黃底紅字，清晰明瞭，光彩奪目，煥然一新，非復舊時面目矣。改造費僅七千八百元。

住宅類小言

編 者

以上我們已經有許多偉宏的建築物；以下我們還有精美的住宅，想讀者一定有更多的興味，因爲住宅和我們有更親密的關係，原始人類開始第一件事就是爲自己打算一個安身之所，一直到現在，有建築師能爲我們打算了旣舒適又美觀的住宅。也正因爲我們日常生活的經驗，使我們對於住宅設計更容易了解，且引起我們自己的住宅的理想，而具有很大的興味來研究。

我們預備下期編一個住宅專號，精選各建築師得意之作，約有二十餘所，這是一個可爲預告的好消息。

白賽仲路住宅

地　點　上海法租界白賽仲路。

設　備　水電，衛生，暖氣等俱全。

承造者　李順記營造廠。

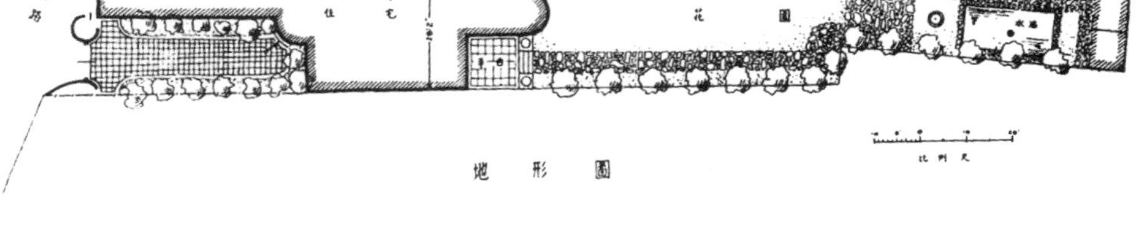

地 形 圖

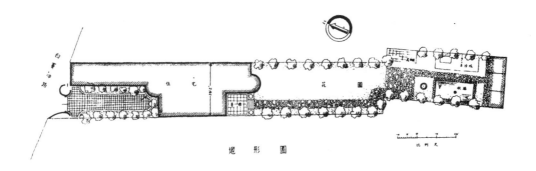

上海白賽仲路住宅

底層平面圖

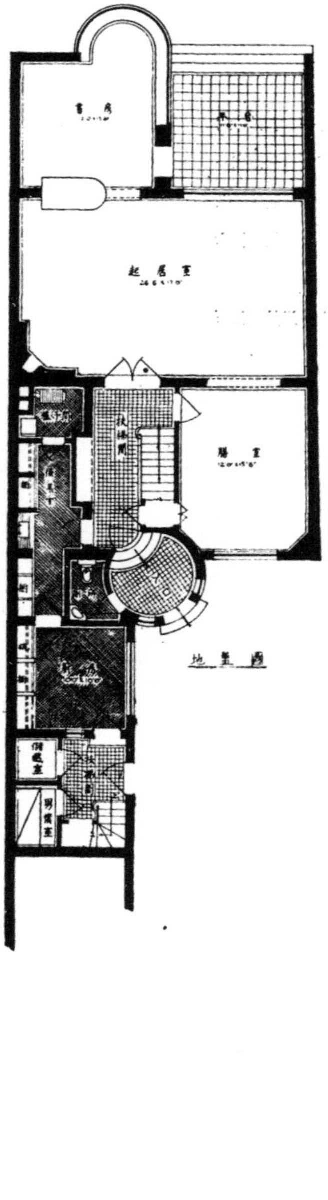

一層平面圖

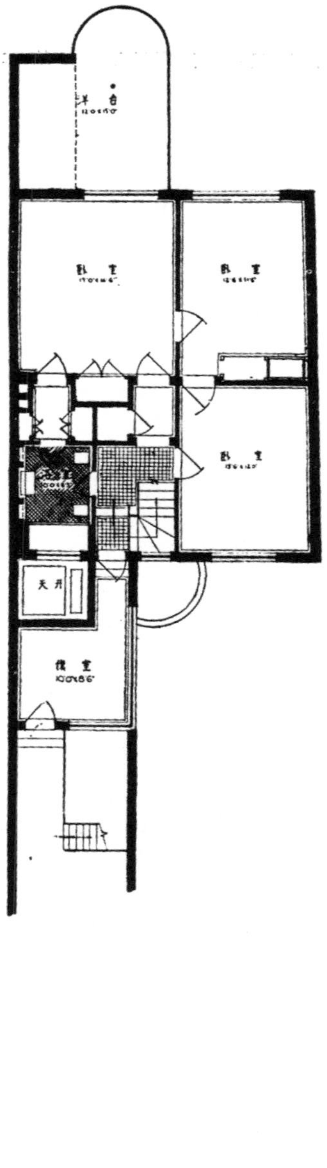

二層平面圖

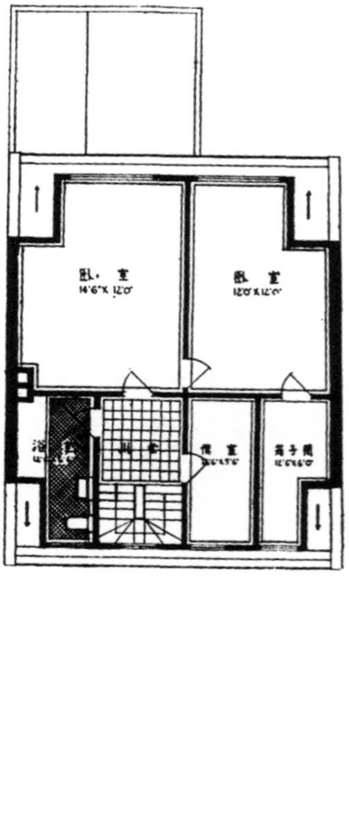

上海白賽仲路住宅

大門

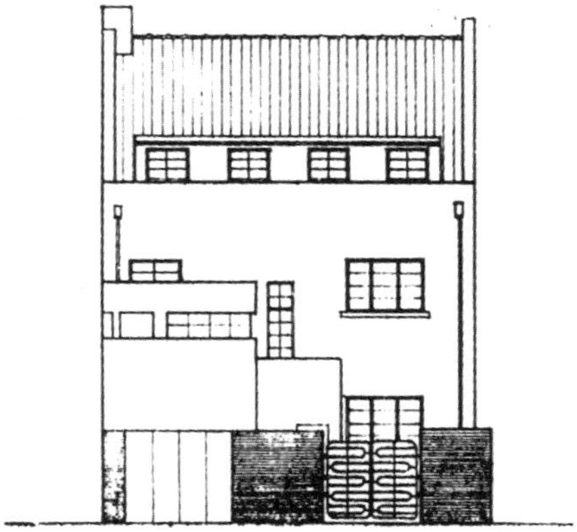

北面立視圖

上海白賽仲路住宅

會客室之一隅

上海白賽仲路住宅

兒童室

上海白賽仲路住宅

餐室

上海白賽仲路住宅

會客室

上海白賽仲路住宅

太陽室

上海白賽仲路住宅

平台

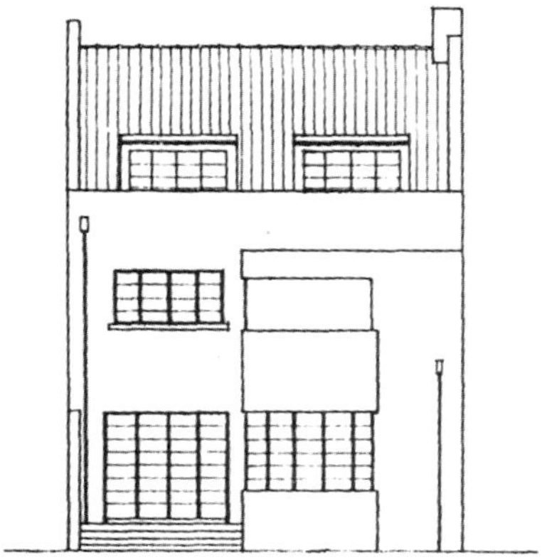

南面立視圖

愚園路住宅 (一)

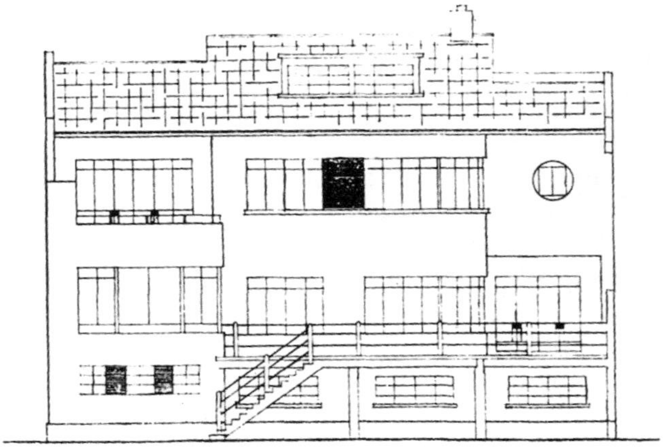

向南立視圖

地點	上海愚園路。
設備	水電，衛生，暖氣等俱全。
承造者	周芝記營造廠。
造價	一萬六千一百元。

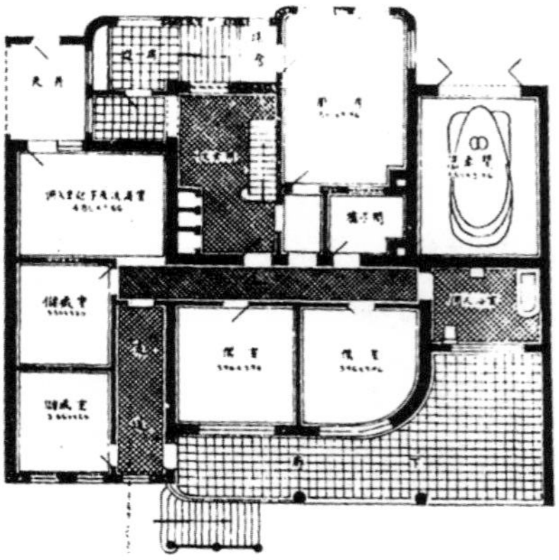

底層平面圖

愚園路住宅

奚福泉

愚園路住宅兩所，基地不廣，倘照普通設計方法，廚房雜屋置之後部，則房屋面積將去其大半，餘地無幾矣。若將各室儘量縮小，則又失之逼狹，不合業主原意，茲將一應雜屋如廚房僕室汽車間儲藏室等，均置於下層，可省去若干地位，俾使全部房屋向後推移，花園仍得寬曠措置裕如也。兩宅大小微有區別：甲宅(一)造價國幣一萬六千一百元；乙宅(二)造價國幣一萬四千六百元。由周芝記營造廠承包。

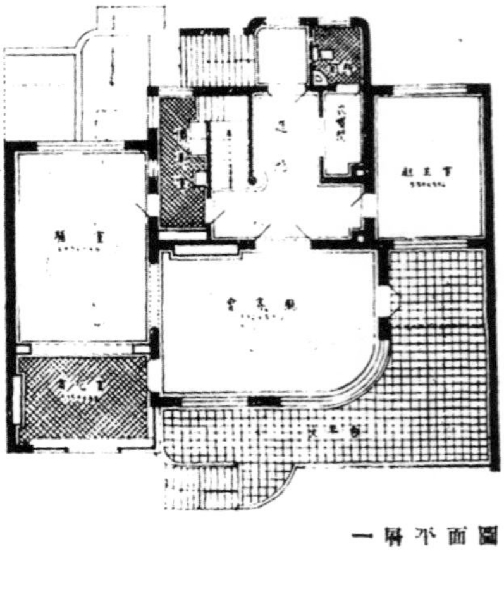

一層平面圖

愚園路住宅 (一)

向北立視圖

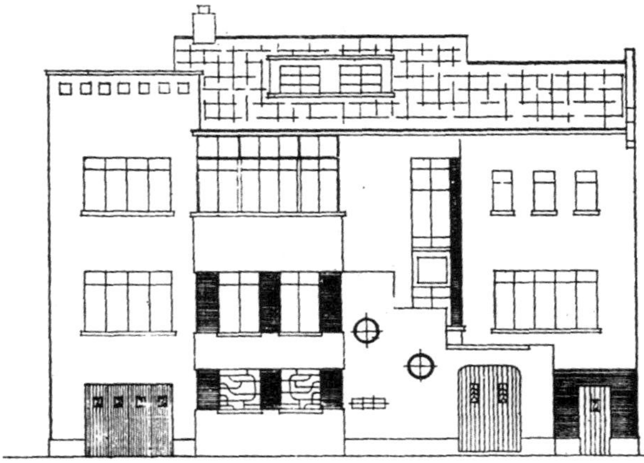

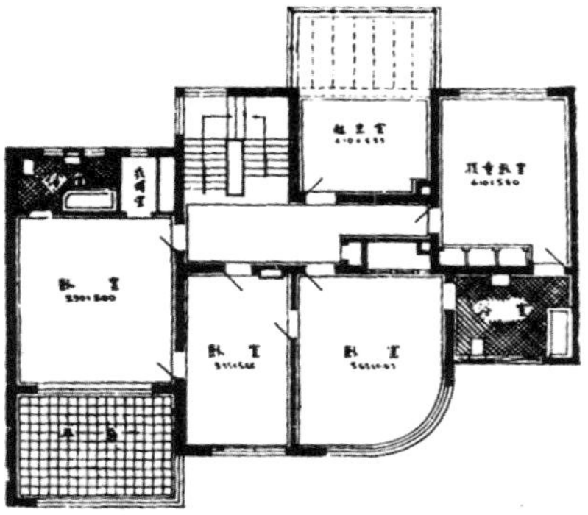

二層平面圖

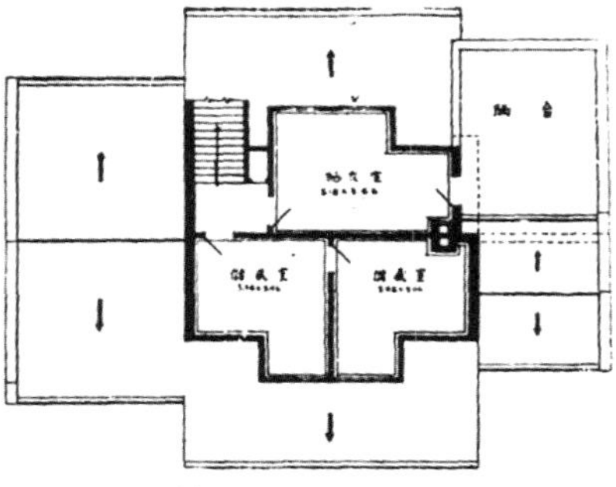

氣樓平面圖

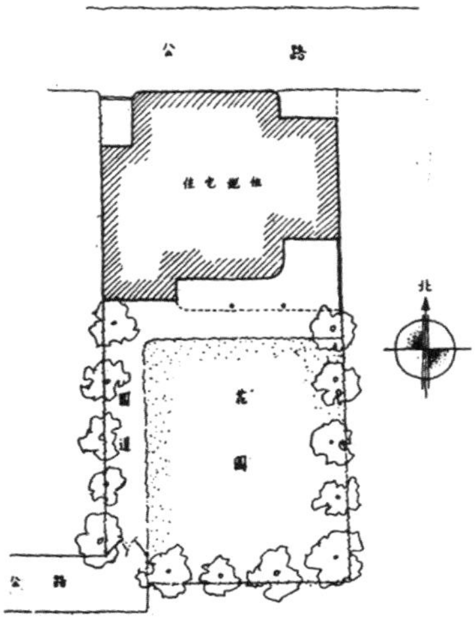

地盤圖

愚園路住宅　（二）

向南立視圖

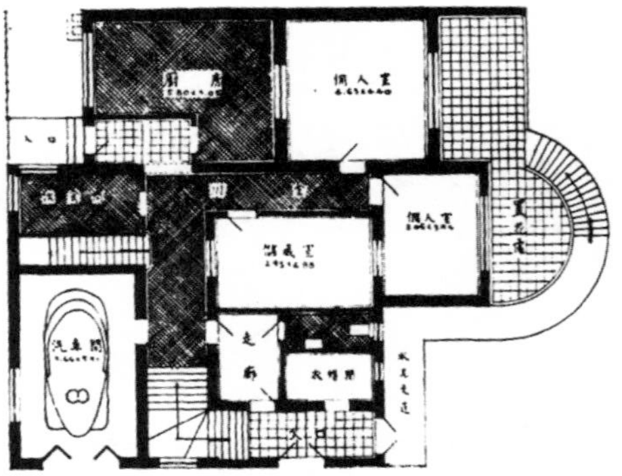

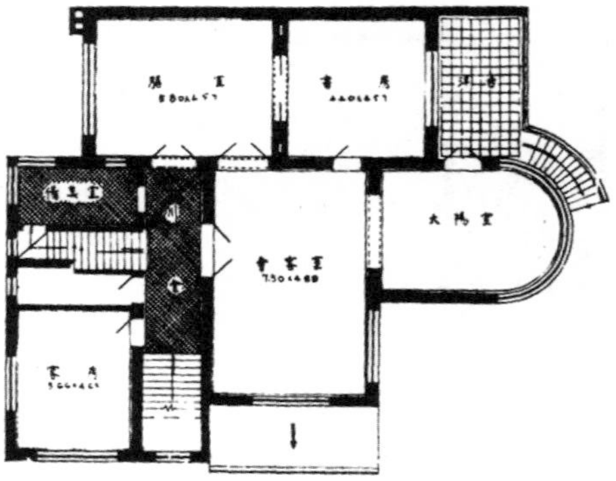

地點　上海愚園路。
設備　水電，衛生，暖氣等俱全。
承造者　周芝記營造廠。
造價　一萬四千六百元。

向北立視圖

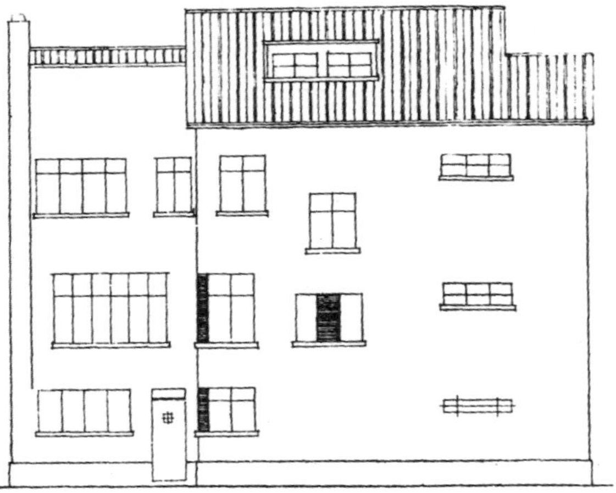

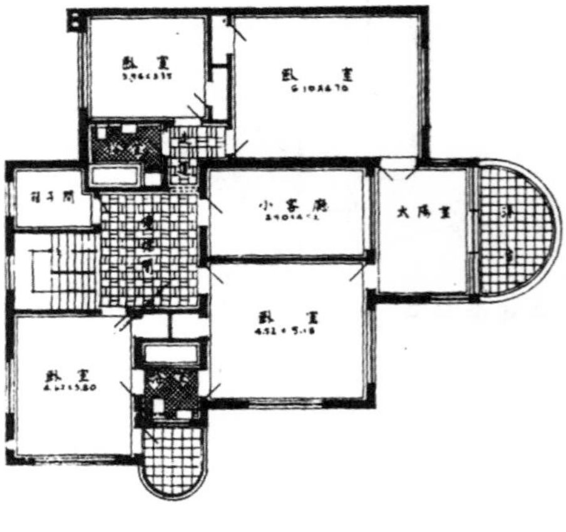

愚園路住宅 (二)

底層平面圖

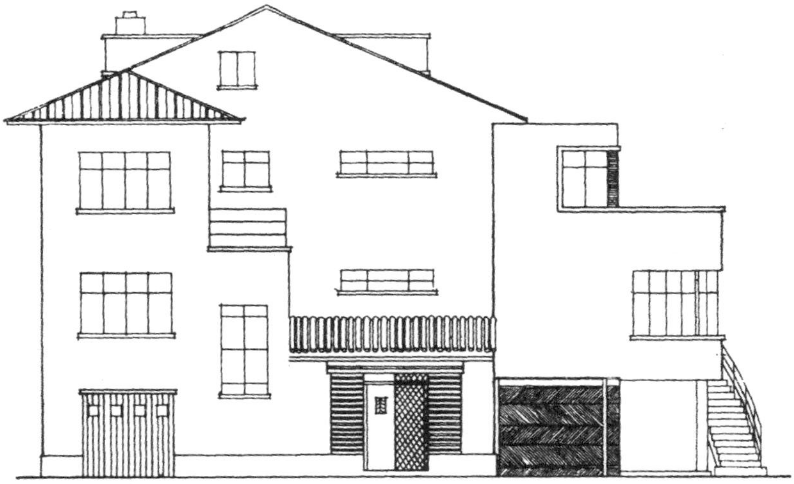

向西立視圖

一層平面圖

二層平面圖

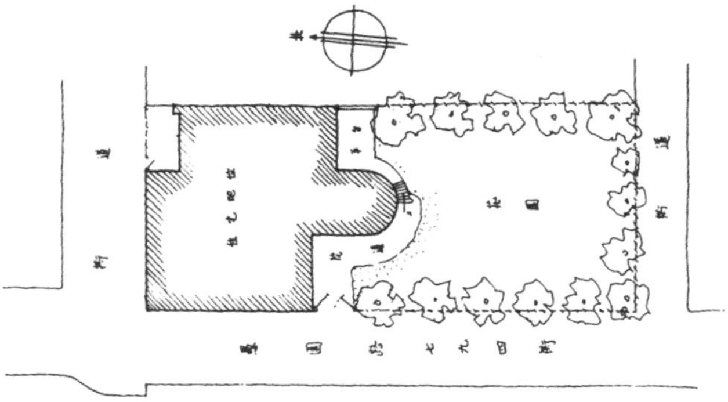

地盤圖

安和寺路住宅

正面立視圖

底層平面圖

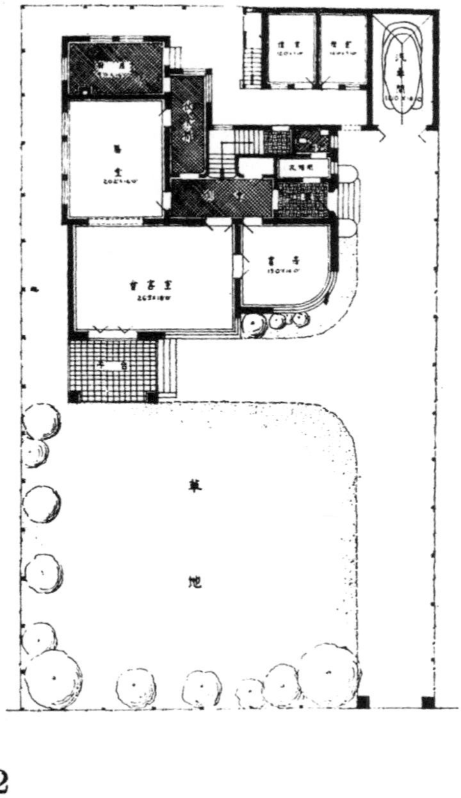

一層平面圖

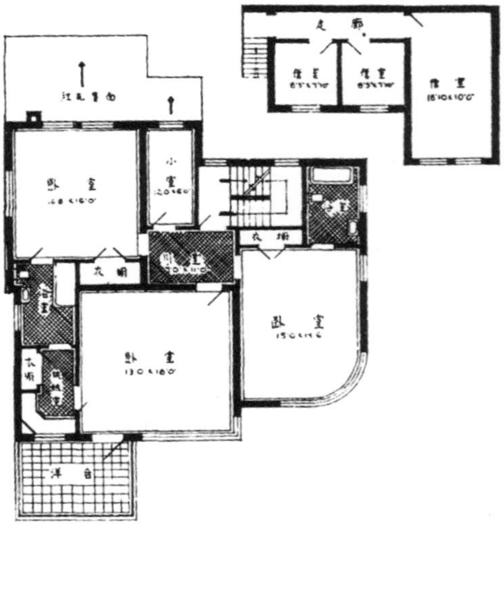

安和寺路住宅

地點	上海安和寺路。
設備	水電，衛生，暖氣俱全。
承造者	李順記營造廠。
造價	一萬六千二百五十元。

側面立視圖

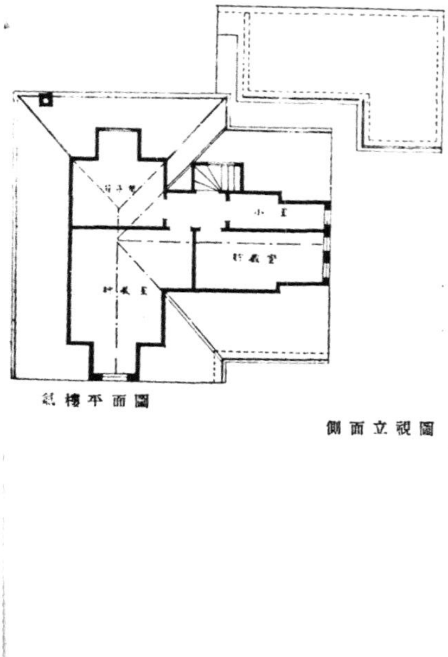

頂樓平面圖

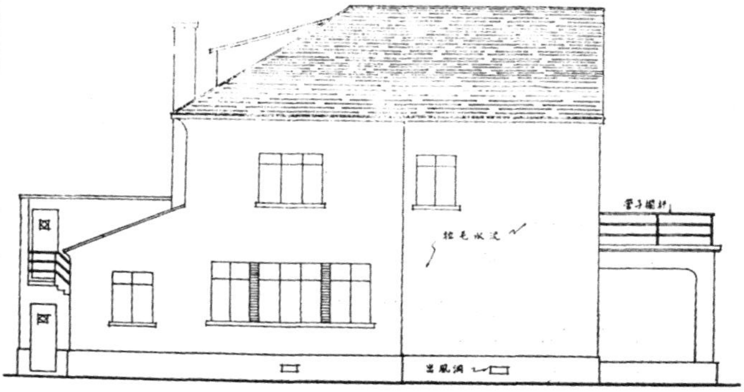

側面立視圖

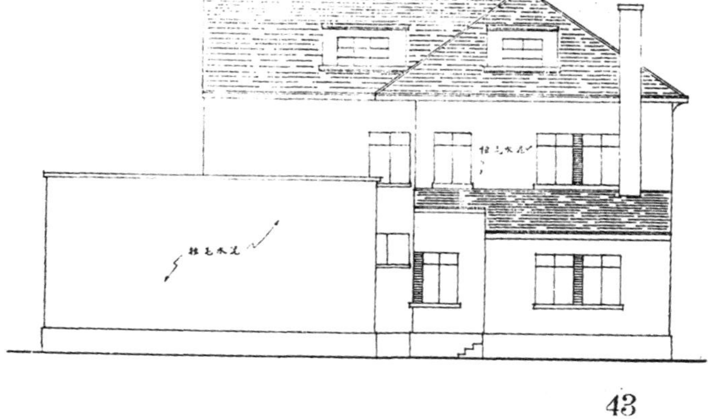

後面立視圖

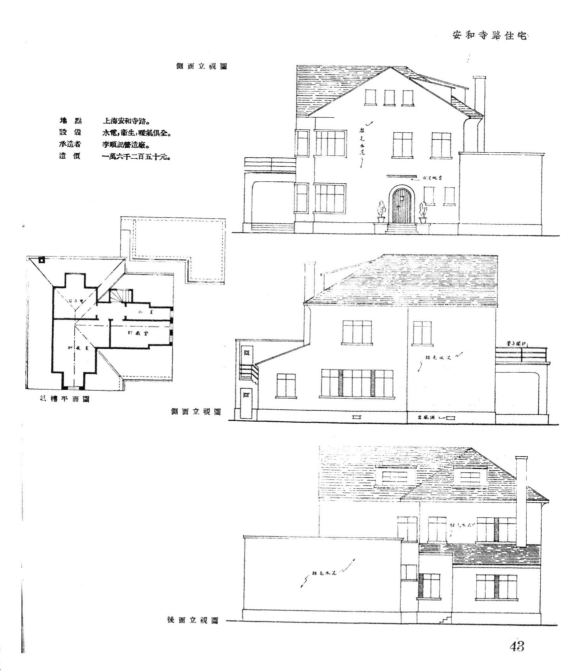

安和寺路梅園別墅

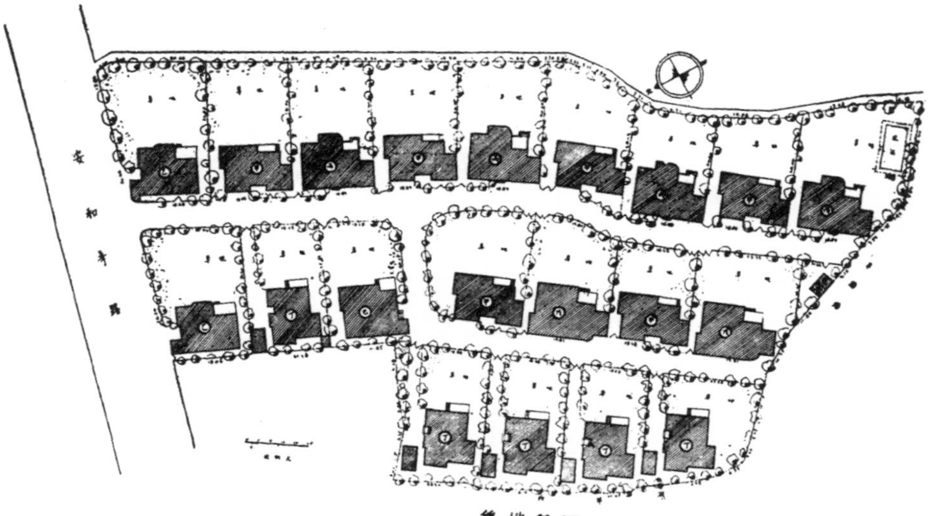

總地盤圖

梅園別墅設計之經過

奚　福　泉

（一）

滬上房屋，雖與日俱增，除自建住宅而外，求其有園林之勝者，殊不多見，非業主計不出此，尤非設計者見不及此，地價日高，非如是投資者更無以獲此微渺之利益矣。滬西安和寺路，地位清曠，宜於宅居，業主闢地二十餘畝，以設計見委，綬爲籌劃，成一新村，各有相當園地，實居安適，不殊自建墅宅也。

（二）

梅園別墅，面積甚廣，就其地勢，分爲二十宅。每宅佔地畝餘，並就每宅地位之大小，分別建築大小不同之住屋，俾房間分配，花園佈置，各得其宜，一應正屋，均向東南，俾適合冬暖夏涼之義。

（三）

房屋式樣，共分六種，大部錯落相間，以求調和視線避免呆滯，每所住宅，各備書房會客室膳室一間，臥室三間，浴室二間，其餘箱子間儲藏室廚房備菜室僕室汽車間，無不俱備，惟佈置各異，以便租賃者，各擇其所好也。

（四）

各宅內水電暖氣衛生設備，無不俱全。土木工程由李順記造營廠承包，造價平均每宅合國幣八千元。故業主能以低廉租價，供給社會之需要也。

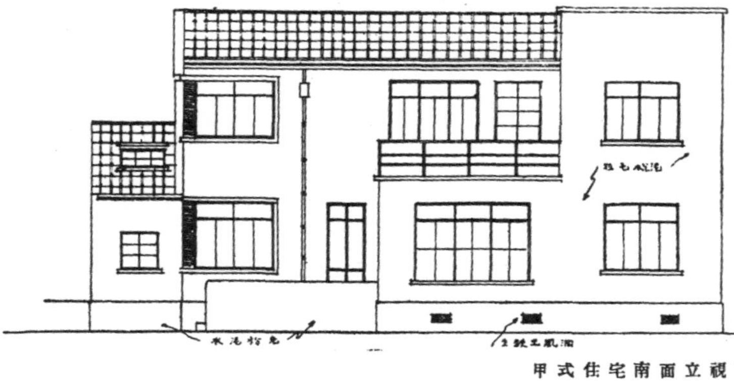

甲式住宅南面立視圖

梅園別墅住宅　甲式

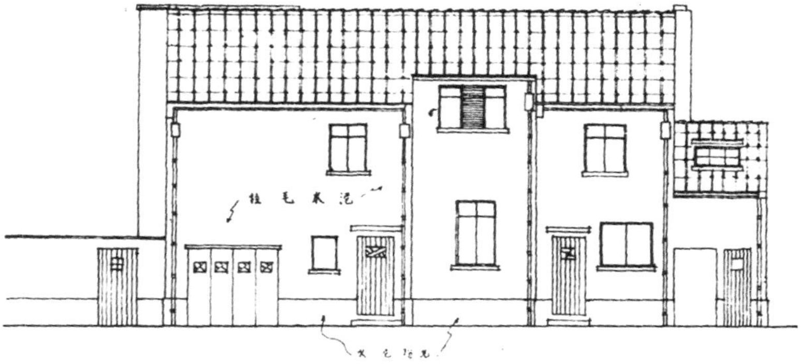

向北立視圖

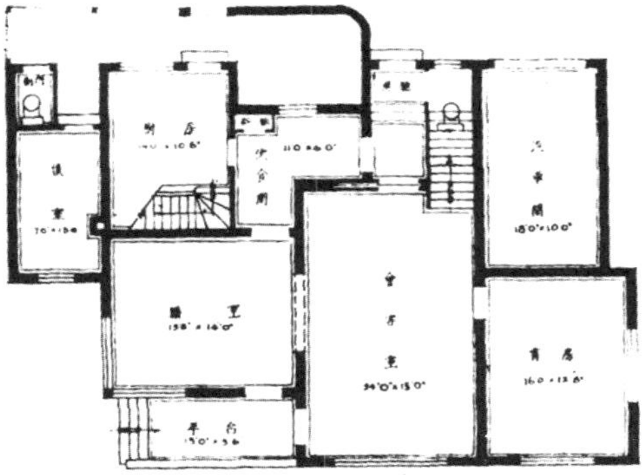

底層平面圖

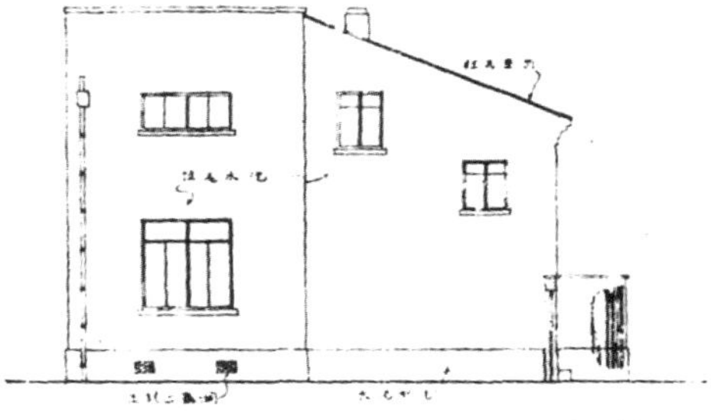

向東立視圖

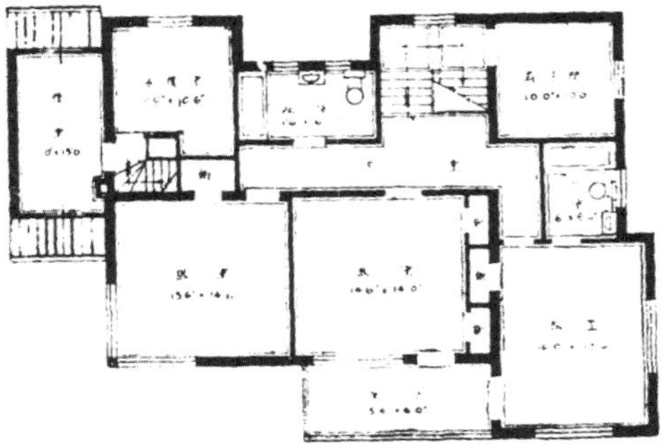

一層平面圖

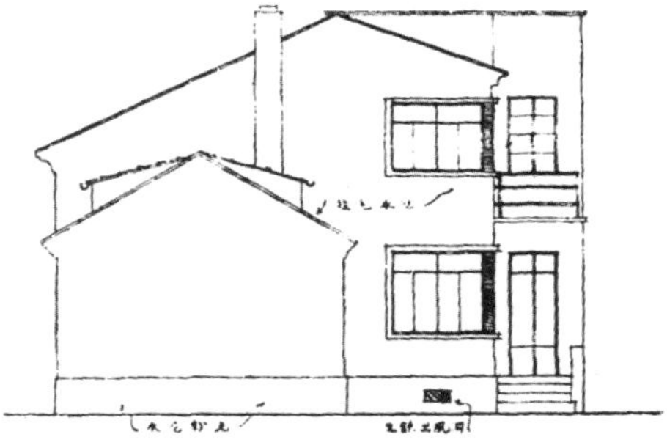

向西立視圖

梅園別墅住宅　乙式

向南立視圖

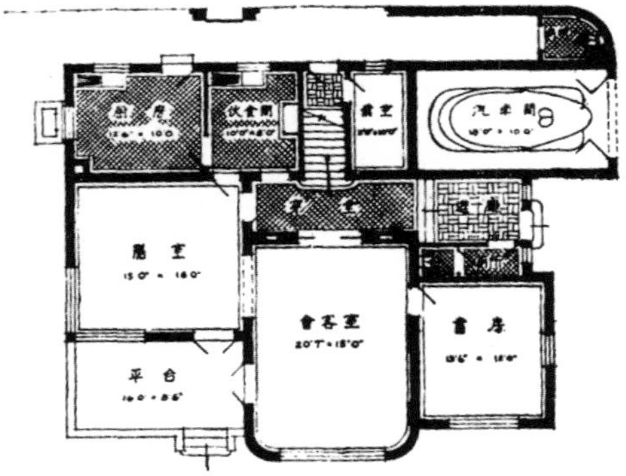

底層平面圖

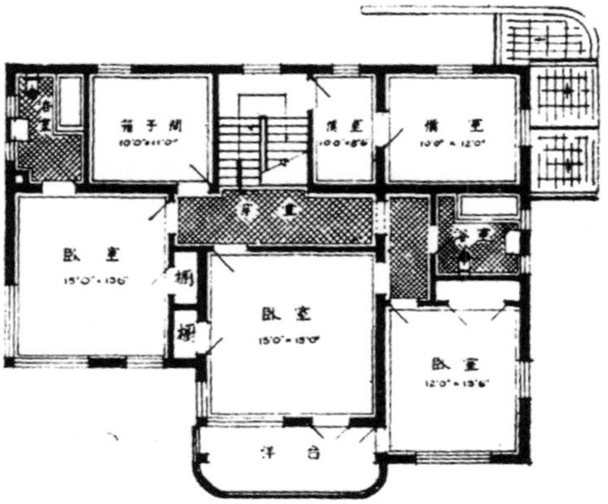

一層平面圖

梅園別墅住宅 乙式

北向立視圖

東向立視圖

西向立視圖

梅園別墅住宅　丙式

向南立視圖

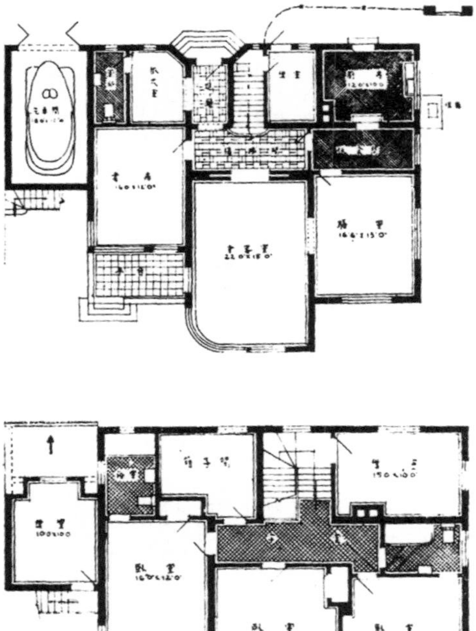

底層平面圖

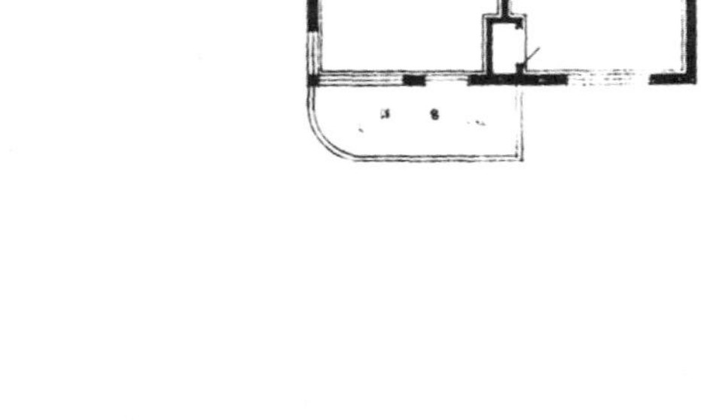

一層平面圖

梅園別墅住宅　丙式

向北立視圖

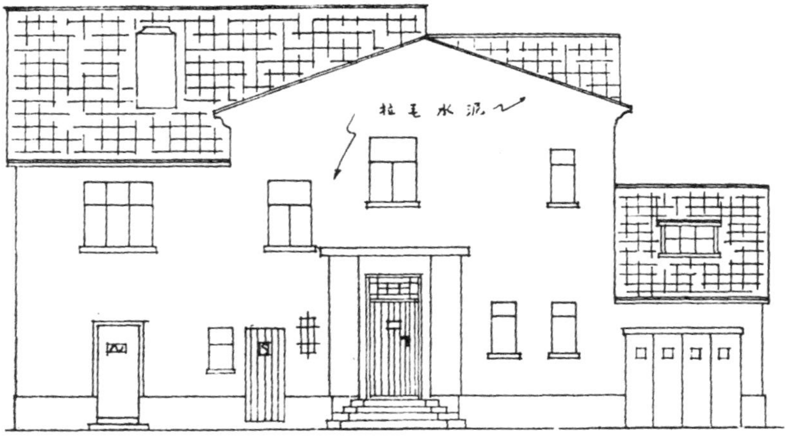

向東立視圖

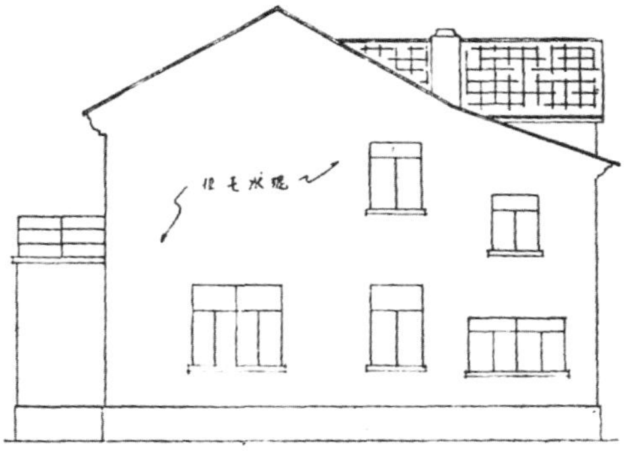

向西立視圖

梅園別墅住宅　丁式

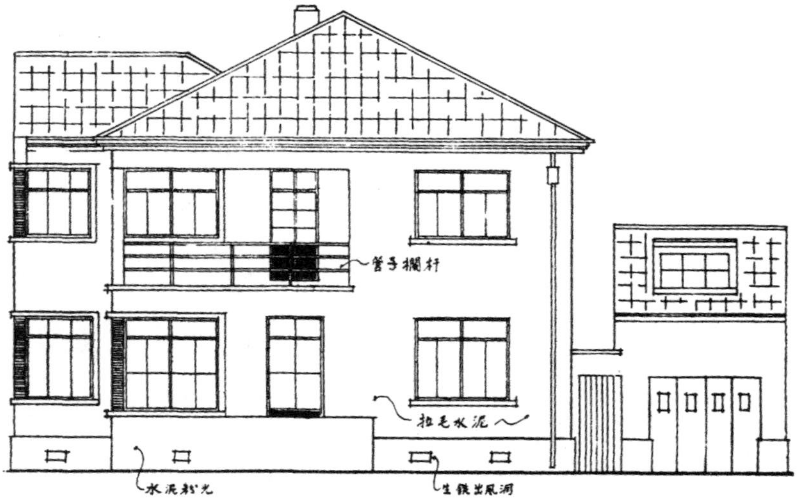

向南立視圖

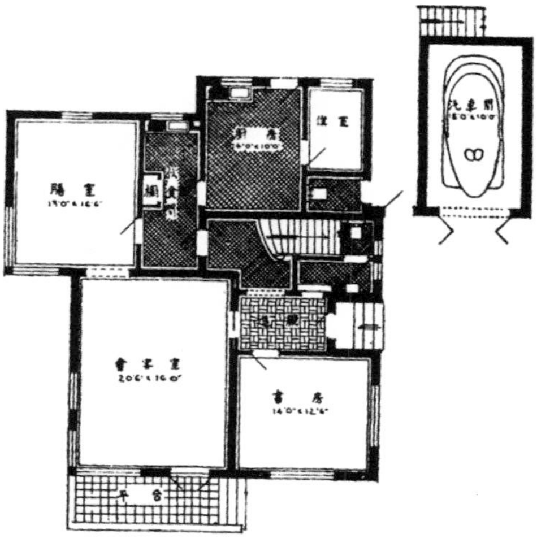

底層平面圖

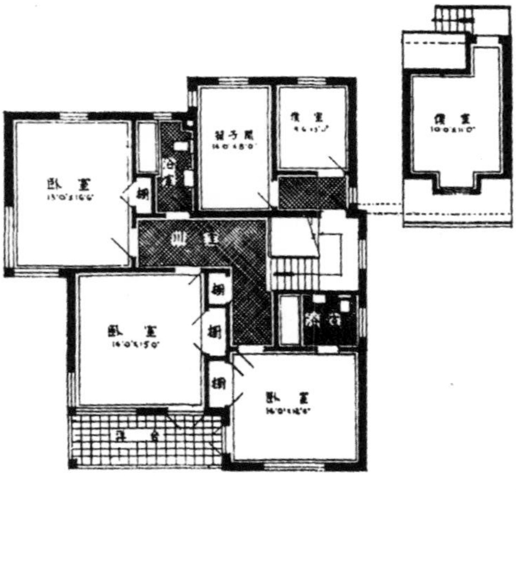

一層平面圖

梅園別墅住宅 丁式

北向立視圖

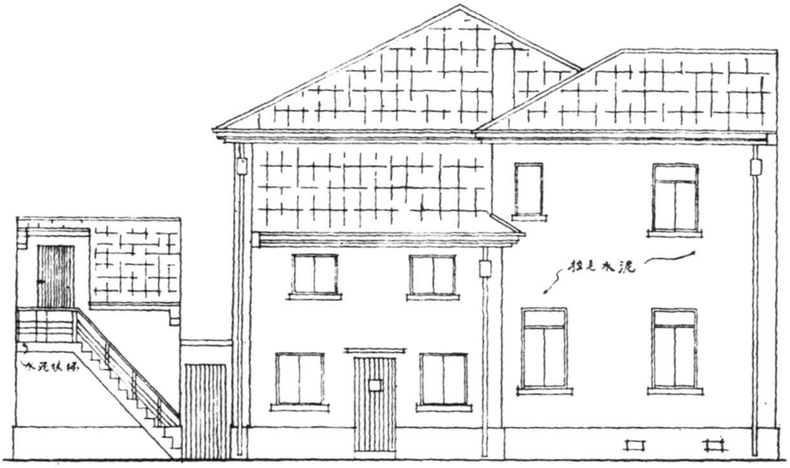

東向立視圖

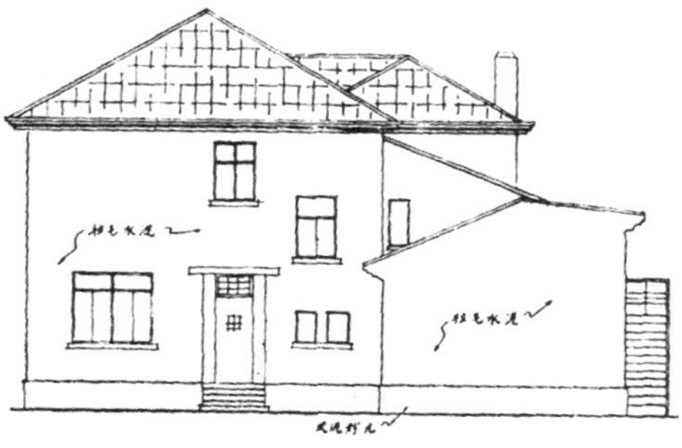

西向立視圖

梅園別墅住宅　戊式

向南立視圖

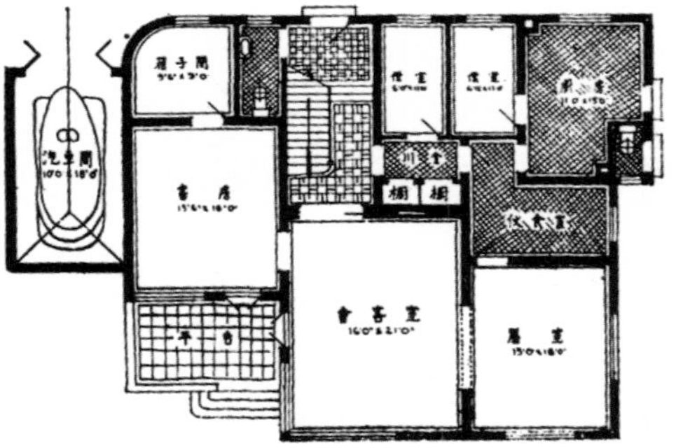

底層平面圖

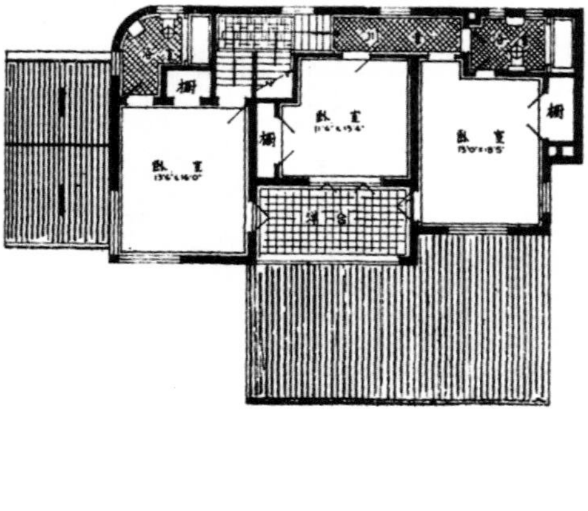

一層平面圖

梅園別墅住宅　戊式

北向立視圖

東向立視圖

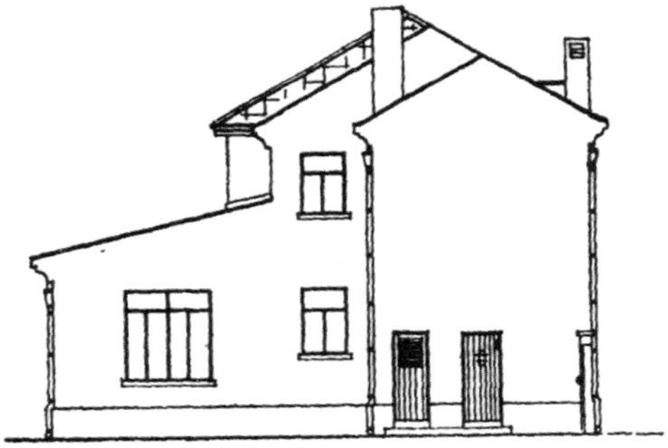

西向立視圖

梅園別墅住宅　己式

向南立視圖

底層平面圖

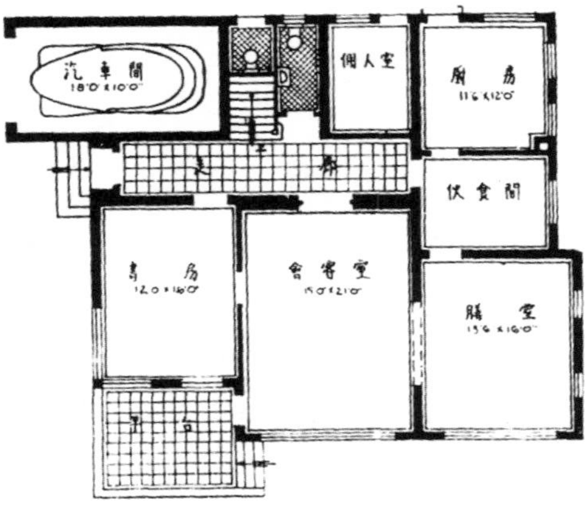

一層平面圖

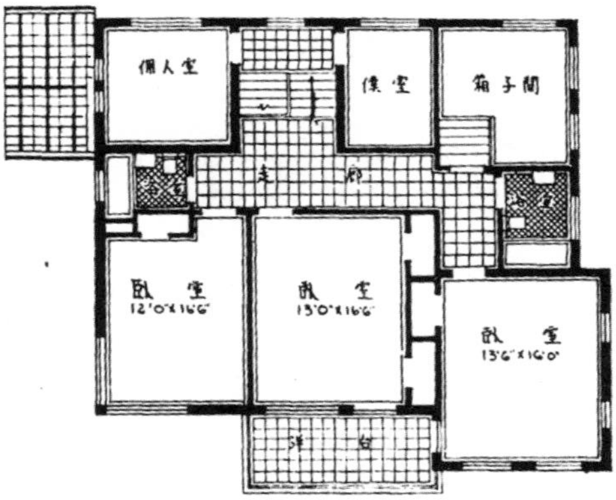

梅園別墅住宅　己式

向北立視圖

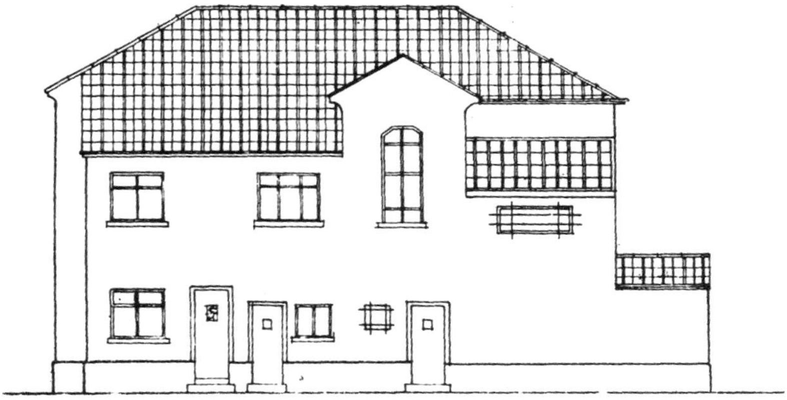

向東立視圖

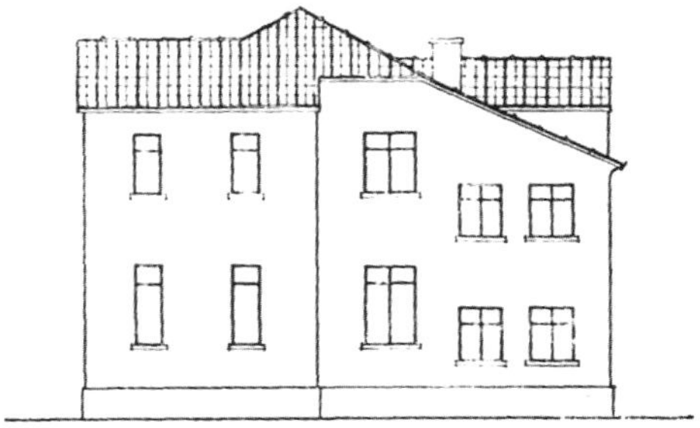

向四立視圖

非對稱性框架應力之實用解法

（續第廿七期）

日本・鷹部屋福平原著　　趙國華譯補

第二種情形。　負垂直載重之固定柱框架之柱端爲鉸構造時

如第十圖所示之固定柱框架之柱 Aa, Dd 之下端爲鉸構造。

則　$M_{Aa}=K_a(2\phi_A+{}_o\mu')=0.$

或　$\phi_A=-\frac{1}{2}{}_o\mu'.$

同樣得　$\phi_D=-\frac{1}{2}{}_o\mu'.$

如是　$M_{aA}=K_a(\phi_A+{}_o\mu')=K_a.\frac{{}_o\mu'}{2}.$

$M_{bB}+M_{Bb}=2K_b.{}_o\mu'.$

$M_{cC}+M_{Cc}=2K_c,{}_o\mu'.$

$M_{dD}=K_d(\phi_D+{}_o\mu')=K_d,\frac{{}_o\mu'}{2}.$

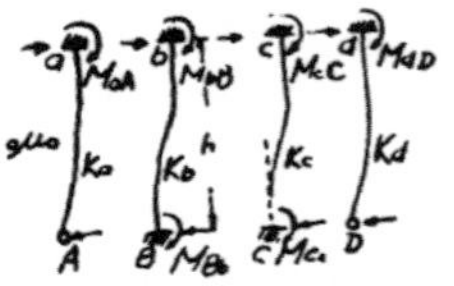

第十圖

又在(e)式置　$M_{Aa}=M_{Dd}=o.$　並將以上各式代入之得，

$$\left[\frac{K_a}{2}+2(K_b+K_c)+\frac{K_d}{2}\right]{}_o\mu'=o.$$

但　$\frac{1}{2}(K_a+K_d)+2(K_b+K_c)\neq o.$

故必　${}_o\mu'=o.$　　(14)

(14)式之意義。卽任何下端有鉸之固定柱，受垂直載重時，不起撓度。

第三種情形。　負垂直載重之固定柱框架之柱端爲鉸構造上端各節點之撓角爲已知時。

如第十一圖有示，設柱 Aa, Dd 之下端爲鉸構造，上端之撓角 $\phi_a,\phi_b,\phi_c,\phi_d$ 爲已知時則由

$M_{Aa}=K_a(2\phi_A+\phi_a+\mu')=o.$

得　$\phi_A=-\frac{1}{2}(\phi_a+{}_1\mu')$

同樣得　$\phi_D=-\frac{1}{2}(\phi_d+{}_1\mu')$

第十一圖

如是由　$M_{aA}=K_a(2\phi_a+\phi_A+{}_1\mu')=K_a(2\phi_a-\frac{\phi_A}{2}+\frac{{}_1\mu'}{2})$

$M_{bB}+M_{Bb}=K_b(3\phi_b+2{}_1\mu')$

$M_{cC}+M_{Cc}=K_c(3\phi_c+2{}_1\mu')$

$M_{dD}+M_{Dd}=K_d(3\phi_d+2{}_1\mu')$

又在(e)式置　$M_{Aa}=M_{Dd}=o.$　並將以上各式代入之得

$${}_1\mu'==\left\{\phi_a\bar{t}_a^{1}+\phi_b\bar{t}_b^{1}+\phi_c\bar{t}_c^{1}+\phi_d\bar{t}_d^{1}\right\}\quad(1)$$

但　$$\bar{t}_a^{1}=\frac{\frac{3K_a}{2}}{\frac{K_a}{2}+2K_b+2K_c+\frac{K_d}{2}}$$

$$\bar{t}b_1=\frac{3Kb}{\frac{Ka}{2}+2Kb+2Kc\frac{Kd}{2}}$$

$$\bar{t}c^{1}=\frac{3Kc}{\frac{Ka}{2}+2Kb+_{2}Kc+\frac{Kd}{2}}$$

$$\bar{t}d^{1}=\frac{1.5\ Kc}{\frac{Ka}{2}+2Kb+2Kc+\frac{Kd}{2}}$$

如第(11)圖中固定端B與C皆爲鉸構造時，則得

$$_1\mu'=-\left\{\phi a\ t'a+\phi b\ t'b+\phi c\ t'c+\phi d\ t'd\right\} \qquad (16)$$

但
$$t'a=\frac{3\ Ka}{Ka+Kb+Kc+Kd},\qquad t'c=\frac{3\ Kc}{Ka+Kb+Kc+Kd}$$

$$t'b=\frac{3\ Kb}{Ka+Kb+Kc+Kd},\qquad t'd=\frac{3\ Kd}{Ka+Kb+Hc+Kd}$$

將(16)式與(12)式相較則得

$$t'a=2ta,\qquad t'b=2tb,\qquad t'c=2tc,\qquad t'd=2\dot{t}d,$$

第四節　例題詳解

求第十二圖所示之非對稱性二層二孔框架各節點之彎冪。

此種框架依(11)式僅起撓角不生撓度，故可先將撓度假定爲零，定出各節點之撓角 $.\phi$ 在求撓角之先，必需將P及ρ值算出，然後代入(9)式(內中有水平載重各項除去不算)卽得。就本例中所有柱及梁之二次冪各除其相當之長度得K值，分別記入第十二圖中。以下計算稱曰準備計算。

(1)準備計算。　先就知之K值計算各節點之ρ值。

$\rho_A=2(0.8+0.8+0.9)=5.0^{cm^3}.$

$\rho_B=2(0.9+0.7+1.0+0.8)=6.8^{cm^3}.$

$\rho_C=2(0.9+1.0+0.7)=5.2^{cm^3}.$

$\rho_D=2(0.9+0.8)=3.4^{cm^3}.$

$\rho_E=2(0.8+0.9+0.9)=5.2^{cm^3}.$

$\rho_F=2(0.9+0\ 8)=3.4^{cm^3}.$

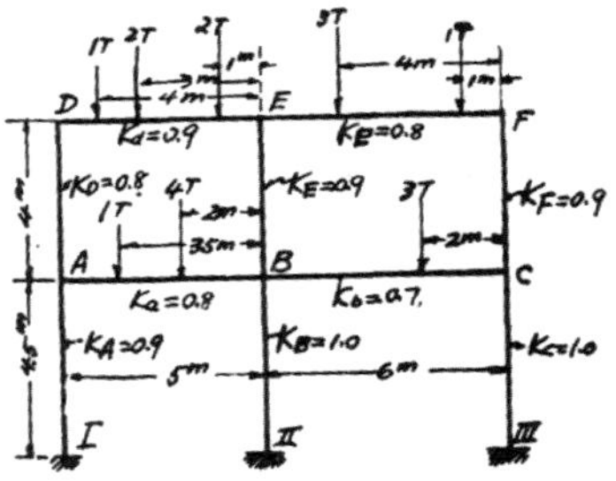

第十二圖

又各節點之載重項P值依　　　　$P=C_{AR}-C_{AL}$式得

$$P_A=C_{AB}=\frac{1}{l^2}\Sigma Pab^2=\frac{1}{5^2}(1\times1.5\times3.5^2+4\times3\times2^2)=2.655t.m=265.5\ tcm.$$

$$P_B=C_{BC}-C_{BA}=\frac{1}{6^2}(3\times4\times2^2)-\frac{1}{5^2}(1\times1.5^2\times3.5^2+4\times3^2\times2)=-186.2t.cm.$$

$$P_C=-C_{CB}=-\frac{1}{6^2}\times3\times4^2\times2=-266.7tcm.$$

$$P_D=C_{DE}=\frac{1}{5^2}(1\times1\times4^2+2\times2\times3^2+2\times4\times1^2)=240.tcm$$

$$P_E=C_{EF}-C_{ED}=280.6-240=40.6tcm$$

$$P_F=-C_{FE}=-202.8tcm$$

應用以上各值代入　$.\phi=\frac{P}{\rho}$式得 $.\phi$，以下計算乘法皆用計算尺。

$$.\phi_A=\frac{P_A}{\rho_A}=\frac{265.5}{5.0}=53.1\quad(t/cm^2)\qquad .\phi_B=\frac{P_B}{\rho_B}=\frac{-186.2}{6.8}=-27.4$$

$$ _0\phi_C=\frac{P_C}{\rho_C}=\frac{-266.7}{5.2}=-51.3 \quad (t/cm^2) \qquad _0\phi_D=\frac{P_D}{\rho_D}=\frac{240}{3.4}=70.6 $$

$$ _0\phi_E=\frac{P_E}{\rho_E}=\frac{40.6}{5.2}=7.8 \qquad _0\phi_F=\frac{P_F}{\rho_F}=\frac{-202.8}{3.4}=-59.7 $$

其次求(12)式中之各t值，以備決定μ之用。

$$ t_A=\frac{3K_A}{2(K_A+K_B+K_C)}=\frac{3\times 0\,9}{2(0.9+1.0+1.0)}=0.466. $$

$$ t_B=\frac{3K_B}{2(K_A+K_B+K_C)}=\frac{3.0}{5\,8}=0.517 $$

$$ t_C=\frac{3K_C}{2(K_A+K_B+K_C)}=\frac{3.0}{5.8}=0.517. $$

$$ t_D=\frac{3K_D}{2(K_D+K_E+K_F)}=\frac{3\times 0\,8}{2(0.8+0.9+0.9)}=\frac{2.4}{5.2}=0.462 $$

$$ t_E=\frac{3K_E}{2(K_D+K_E+K_F)}=\frac{2.7}{5.2}=0.519 $$

$$ t_F=\frac{3K_F}{2(K_D+K_E+K_F)}=\frac{2.7}{5.2}=0.519 $$

又將γ各值定出，作爲求φ之用。

於節點 A 上 $\gamma_{AL}=\frac{K_D}{\rho_A}=\frac{0.8}{5.0}=0.16$, $\gamma_{AB}=\frac{K_a}{\rho_A}=\frac{0.8}{5.0}=0.16$, $\gamma_{AI}=\frac{K_A}{\rho_A}=\frac{0.9}{5.0}=0.18$

於節點 B 上 $\gamma_{BE}=\frac{K_E}{\rho_B}=\frac{0.9}{6.8}=0.132$, $\gamma_{BC}=\frac{K_b}{\rho_B}=\frac{0.7}{6.8}=0.103$, $\gamma_{BII}=\frac{K_B}{\rho_B}=\frac{1.0}{6.8}=0.147$

$\gamma_{BA}=\frac{K_a}{\rho_B}=\frac{0.8}{6.8}=0.118.$

於節點 C 上 $\gamma_{CF}=\frac{K_F}{\rho_C}=\frac{0.9}{5.2}=0.173$,γ $\gamma_{CIII}=\frac{K_C}{\rho_C}=\frac{1.0}{5.2}=0.193$, $\gamma_{CD}=\frac{K_b}{\rho_C}=\frac{0.7}{5.2}=0.135.$

節於點 D 上 $\gamma_{DE}=\frac{K_d}{P_D}=\frac{0.9}{3.4}=0.265$, $\gamma_{DA}=\frac{K_D}{P_D}=\frac{0.8}{3.4}=0.235$

於節點 E 上 $\gamma_{EF}=\frac{K_e}{P_E}=\frac{0.8}{5.2}=0.154$, $\gamma_{EB}=\frac{K_E}{P_E}=\frac{0.9}{5.2}=0.173$ $\gamma_{ED}=\frac{K_d}{P_E}=\frac{0.9}{5.2}=0.173$

於節點 F 上 $\gamma_{FC}=\frac{K_F}{P_F}=\frac{0.9}{3.4}=0.265$, $\gamma_{FE}=\frac{K_e}{P_F}=\frac{0.8}{3.4}=0.235.$

將以上算得之 $_0\phi$, t, γ 各值在相當各節點及相當各部材之旁逐一分別記上

如第十三圖所示。將 t 值寫在右手橫列之方格內，γ 值寫在平列之方格內，並沿各材之方向記上。$_0\phi$ 值用稍粗之數字寫在方格之內。準備計算佈置完畢後，即可開始正式計算。

先用第(12)式求出 $_1\mu$，即

$$ _1\mu_1=-\left\{(_0\phi+{_0\phi_A})t_D+(_0\phi_E+{_0\phi_B})t_E+(_0\phi_F+{_0\phi_C})\ t_F\right\} $$

$$ =-\left\{(70.6+53.1)\times 0.462+(7.8-27.4)\times 0.519+(-5.97-51.3)\times 0.519\right\}=57.1+10.2+57.6=10.7 \ (a) $$

$$ _1\mu_2=-\left\{{_0\phi_A}\,t_A+{_0\phi_B}\,t_B+{_0\phi_C}\,t_C\right\}=-\left\{53.1\times 0.466+(-2.74)\times 0.517+(-5.13)\times 0\,517\right\} $$

$$ =-24.8+14.2+26.6=16.0 \qquad (b) $$

此種計算，實際即將各層各柱上下兩端之 $_0\phi$ 和與該柱之撓度分配率t乘之，併及其符號而求其和。此種計算，結果即在框架圖上之右側橫列位置上分別記上，就(a),(b)兩式計算之結果與第十三圖上之數值互相對照，即可明瞭其記入之方法。

今${}_1\mu_1$ ${}_1\mu_2$皆爲已知，卽可分別求出ϕ值。

例在節點A上之

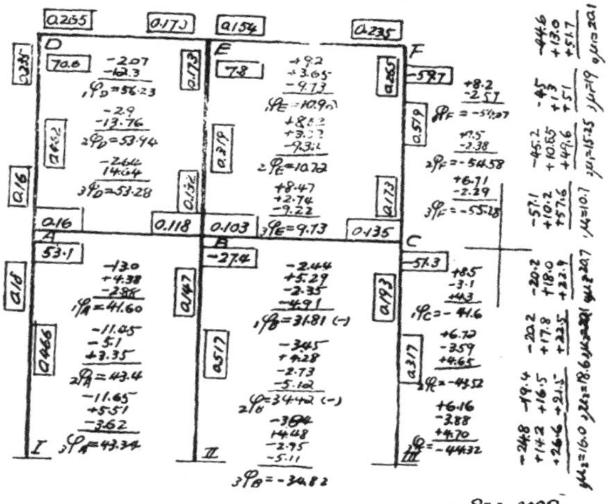

第十三圖

$$ {}_1\phi_A=\frac{P_A}{\rho_A}-\left\{({}_0\phi_D+{}_1\mu_1)\gamma_{AD}+{}_0\phi_B\gamma_{AB}+{}_1\mu_2\gamma_{AI}\right\}=53.1-\left\{+(70.6+10.7)\times0.16+(-2.74)\times0.16+(16.0)\times0.18\right\}=53.1-13.0+4.38-2.88=41.6 $$

節點B上之

$$ {}_1\phi_B=\frac{P_B}{\rho_B}-\left\{({}_0\phi_E+{}_1\mu_1)\gamma_{BE}+{}_0\phi_C\gamma_{BC}+{}_1\mu_2\gamma_{BII}+\phi_A\gamma_{BA}\right\}=-27.4-\left\{(7.8+10.7)\times0.132+(-51.3)\times0.103+(16.0)\times0.147+(41.6)\times0.118\right\}=-27.4-2.44+5.29-2.35-4.91=-31.81 $$

節點C上之

$$ {}_1\phi_C=\frac{P_C}{\rho_C}-\left\{({}_0\phi_F+{}_1\mu_1)\gamma_{CF}+{}_1\mu_2\gamma_{CIII}+{}_1\phi_B\gamma_{CB}\right\}=-51.3-\left\{(-59.7+10.7)0.173+16.0\times1.93+(31.81)\times0.135\right\}=-51.3+8.5-3.1+4.3=-41.6. $$

以下同樣的

節點D上之 ${}_1\phi_D=70.6-2.07-12.3=56.23.$

節點E上之 ${}_1\phi_E=7.8+9.2+3.65-9.73=10.92.$

節點F上之 ${}_1\phi_F=-59.7+8.2-2.57=-54.07.$

以上乘法計算皆用計算尺。將各種${}_1\phi$值分別在圖上記出。

再用以上之方法${}_0\phi$改用${}_1\phi$，進而求${}_2\mu$。其計算之步驟如下。

求上層之${}_2\mu$時，將各柱之上下${}_1\phi$值相加乘t值並及其符號而求其和。

依(13)圖所示

$_2\phi_1\ _2\mu_1=-\left\{(56.23+41.6)\times0.462+(10.92-31.81)0.519+(-54.07-41.6)0.519\right\}=-45.2+10.85+49.6=15.25.$

$_2\mu_2=-\left\{(41.6)0.466+(-31.81)0.517+(-41.6)0.517\right\}=-19.4+16.5+21.5=18.6.$

其次求 $_2\phi$ 值，與求 $_1\phi$ 時同樣計算之。

節點A上之 $_2\phi_A=53.1-\left\{(56.23+15.25)0.16+(-31.81)0.16+(18.6)0.18\right\}=53.1-11.45+5.1-3.35=43.4$

節點B上之 $_2\phi_B=-27.4-\left\{(10.92+15.25)0.132+(-41.6)0.103+(18.6)0.147+(43.4)0.118\right\}=-34.42.$

節點C上之 $_2\phi_C=-51.3-\left\{(-54.07+15.25)0.173+(18.6)0.193+(-34.42)0.135\right\}=-43.52$

節點D上之 $_2\phi_D=70.6-\left\{(10.92)0.265+(43.4+15.25)0.235\right\}=53.94.$

節點E上之 $_2\phi_E=7.8-\left\{(-54.07)0.154+(-34.42+15.25)0.173+(53.94)0.173\right\}=10.12.$

節點F上之 $_2\phi_F=-59.7-\left\{(-43.52+15.25)0.265+(10.12)0.235\right\}=-54.58$

再求上層之 $_3\mu_1$ 值爲

$_3\mu_1=-\left\{(53.94+43.4)0.462+(10.12-34.42)0.519+(-54.58-43.52)0.519\right\}=19$

下層之 $_3\mu_2$ 值爲

$_3\mu_2=-\left\{(43.4)0.466+(-34.42)0.517+(-43.52)0.517\right\}=20.1$

又决定各節點之 $_3\phi$ 值可在圖上計算之如第十三圖所示。

卽 $_3\phi_A=43.34,\quad {_3\phi_B}=-34.82,\quad {_3\phi_C}=-44.32,\quad {_3\phi_D}=53.28,\quad {_3\phi_E}=9.73,\quad {_3\phi_F}=-55.28$

再度計算 $_4\mu$ 值爲

$_4\mu_1=-\left\{(53.28+43.34)0.462+(9.84-34.82)0.519+(-55.28-44.32)0.519\right\}=20.1$

$_4\mu_2=-\left\{-(43.34\times0.466+(-34.82)0.517+(-44.32)0.517\right\}=20.7$

經以上種種之計算結果，ϕ,μ 各值如次。

$\phi_A=43.3,\quad \phi_B=-34.8,\quad \phi_C=-44.3,\quad \phi_D=53.3,\quad \phi_E=9.7,\quad \phi_F=-55.3,\quad \mu_1=20.1$

$\mu_2=20.7.$

利用以上各種 ϕ,μ 等值可求得各節點之彎冪。

$M_{AD}=K_D\left\{2\phi_A+\phi_D+\mu_1\right\}=0.8\left\{2\times43.3+53.4+40.6\right\}\doteqdot1.28\ t,m=$

$M_{AB}=K_a\left\{2\phi_A+\phi_B\right\}-C_{AB}=0.8\left\{2\times43.3-34.8\right\}-265.5-2.24\ t.m.$

$M_{AI}=K_A\left\{2\phi_A+\mu_2\right\}=0.9\left\{2\times43.3+21.2\right\}=0.97t.m.$

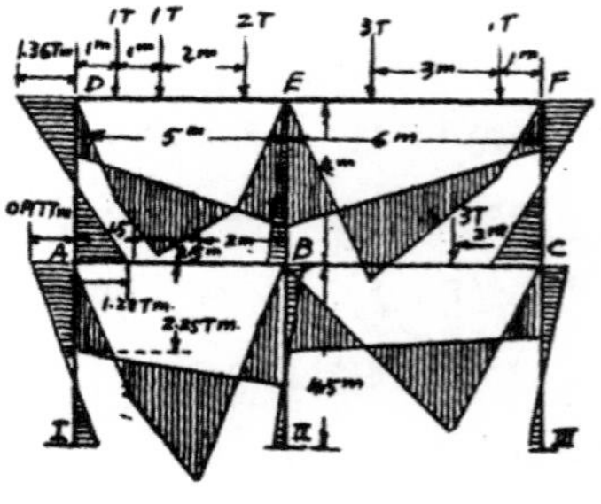

第十四圖

其他各節點之彎冪計算值如第十四圖所示。　　(完)

談建築及其他美術

(續)

費 成 武

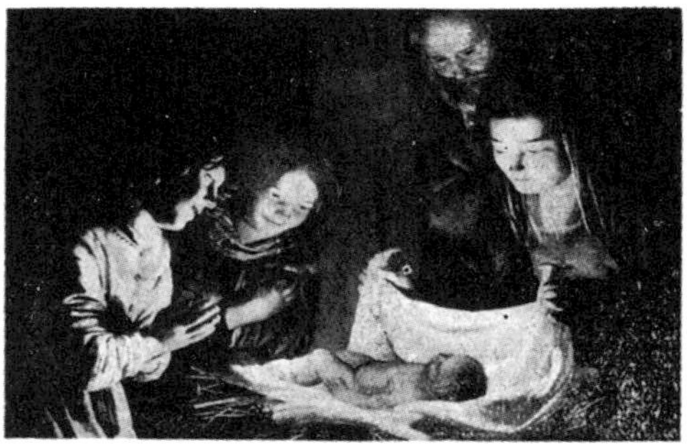

L'Adoration ——Cherado delle Notti——

我們現在略略談到繪畫，這是一種極具體的美術，所表現的是色世間，空間，心靈界和動作。

(一)色世間從不同的觀察而有不同的表現

1，實用生活的態度　這是切實的觸覺似的看法，有可接觸的感覺，清楚而實在，有堅確的線條，構成正確的輪廓，注意器世間，給人一種實際的形式，這是古典主義(Classicism)和寫實主義(Realism)的技巧上的主旨。

2，印象的看法　色的具體的印象對於畫家表示一種態度，就是顯出它的色的價值，畫家就以印象的觀念爲主，而不注意到線條的輪廓，祇分析光的色彩以及色與色的接合，顯出物的形和明暗，這就是印象主義 Impmressionism 的看法。

3，情感色調　色彩象徵情感最有力，畫家對於色彩有情感的體念，這情感色調的作用是畫家個性和經驗所體會的祕密，情感是非常複雜而微妙，畫家的用色也是如此，非文字語言所能說明。我們以明顯的例來解說：若是把各種顏色的玻璃遮在眼前，去看同樣一個景物，我們會受到不同情感的刺激，這也可以證明色彩情感的價值。

Madone au Chardonneret
——Raphael——

(二)空間的表現

1，內空間　建築的空間有很清楚的界限，可是在繪畫中常因畫家不同的感覺和意識而有不同的表現，或非常清楚或渺茫深遠，正如Dürer 的畫和Rembrandt的畫給我們明顯的區別。

壁畫不宜表現實在感覺的空間，因爲在建築內憑空幻出許多空間，使我們心緒很不安寧，壁畫應具有裝飾的意義，須注意全部建築本身的色彩，不宜特別炫耀以致壓倒建築本身的價值。

2，外空間　在西洋的繪畫史上可以看出三個階段：第一是以人物爲主體，輕於風景；第二是人物處於風景中作點綴；第三是風景畫獨立存在而脫離了人物，這是人類對於外空間的意念漸漸認識的表示。一切物質於我們都祇是幻夢空虛，唯有空間的空於我們常是實在而忠實，這禪宗佛家的哲理幾乎在藝術的表現上有極大的意義，我國的山水畫是全世界寫外空間最忠實而眞切，因爲它基立在空虛和無常之間；在西洋的風景畫中能達到最高的境界，也就是能有空的意念的認識．所以 Corot 成爲世界最大的風景畫家。

Elisabeth Le Brun 自畫像

(三)畫直接表現精神生活——心靈

人的身體是心靈的象徵，西洋繪畫主要是人體和肖像畫。因爲心靈全部表現於面貌以及肌肉和動作間。各時代各民族和各種生活的人，各有特殊的格調。肖像畫非僅表示其個人的性格，且可表明其時代種族的特性，或時代的文化。肖像畫應特別注意的幾點是：

1 眼睛　目與眉是情緒流露的源泉，最顯明表示其精神活動。畫家應注意眉與目的關係，眼的光芒，眼的神色，以及視線注意之點。

2，容貌　身體的位置，姿態的變化，都是非常重要。一個人的體態表示他的品格，某一種生活的人，必有某一種普遍的態度，成爲生活型，所以畫家應有一種智慧能觀察分析，抓得住各種的品性。論到肖像畫中身體的方向和畫幅上的地位，都十分重要。往往政治上人物以及有威嚴權力的，都處以正面像，目光直注着給觀賞的人一種有力的控制；或是描寫英雄或偉大的人物，我們可以把觀點特別放底，仰視着更顯得其高大；或是描寫一個詩人或音樂家，我們可以給他一個側面的或自然的狀態。再有一點就是胖人的肖像在畫幅上常放得較低，給他頭頂上多一些空間；瘦小的在畫幅上有時頭頂越出畫幅也不妨，這些都是概括的原則，並不能視之如科學上的定理，若是拘泥在某一種原則而把個性束縛，那裏一定失掉美的本質而有俗套的危險。

3，手　凡人的職業生活性情等，都可以在手上看得出來。畫家應注意手本身的形態和手的指示，手所握的東西以及手的力量等，手在畫幅上的地位和眼睛差不多一樣的重要。

(四)動作的表現　人的情感意識多有表現於動作中，歷史畫大多表現動作。現代的人更是生活在動的狀態之下，而且有強速率動的刺激的要求。藝術上動和靜的區別不僅在舞蹈戲劇或彫塑繪畫的本身的動靜上看，現在討論動的形式的表現於靜的物質上。若然人類祇有視覺而沒有聽和思想，世間就失了動作的連貫，事物都被看爲碎亂的動的軌迹。幸而人類有天賦的記憶和聯想，所以這世間有一貫的歷史的整個的形式。美術上表現動作就利用這一點，選擇動作中最適宜的一個軌迹，可以捉住人的聯想，原則約有兩點：

❶週期的動作　凡動作有往返一定的週期如鐘擺，走步和一切勞動的動作等，我們祇要把週期中一個最高點的靜止現象畫出就有一種動的感覺。

❷不得不動的趨勢　把動作軌迹中動的必然性最大的情形畫出，有不可久持非動不可的感覺。

（待續）

Lettering

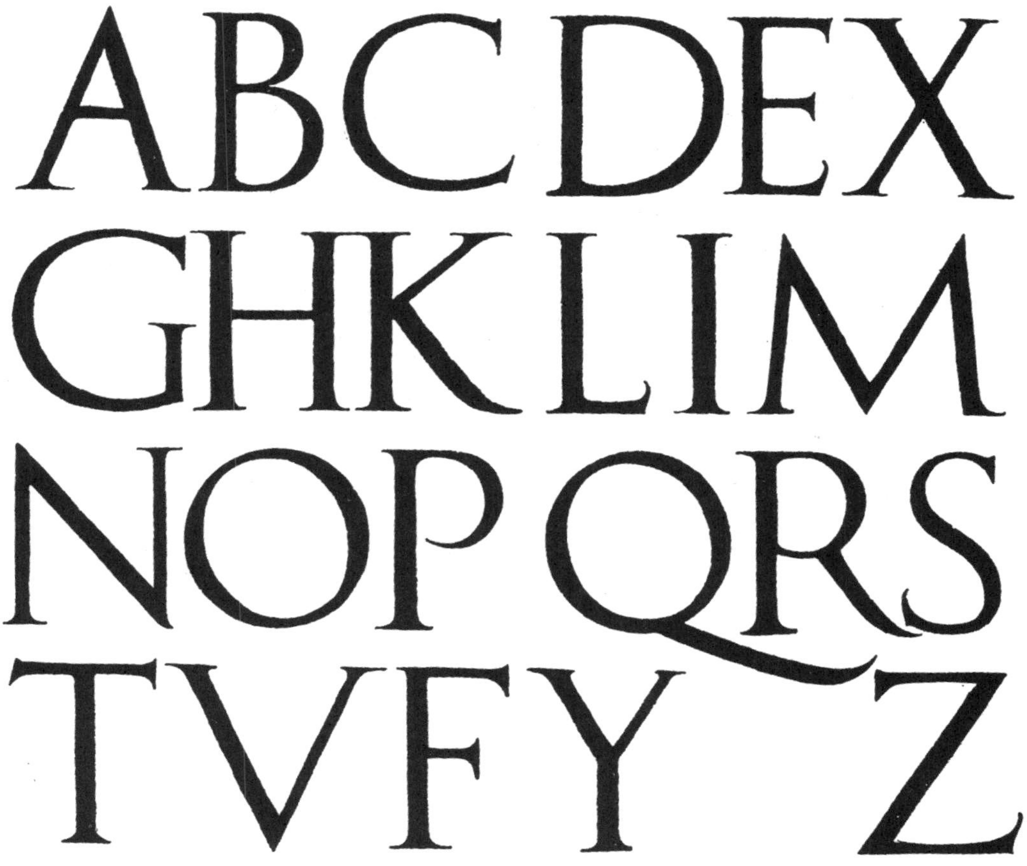
ABCDEX
GHKLIM
NOPQRS
TVFY Z

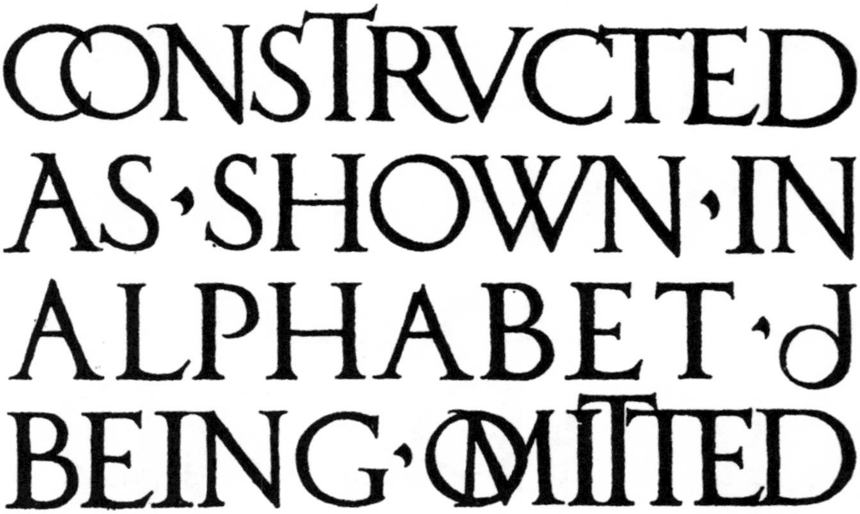
CONSTRVCTED
AS·SHOWN·IN
ALPHABET·J
BEING·OMITTED

Lettering

AABBB NNNO
CCCDD PPPRR
DEEFG QQ SS
GHIKK TTTVX
KLLMM XYYZZ

Lettering

ABCDE
MJGHF
NPOKL
TRQUS
WYZVX
RRIN&

（定閱雜誌）

茲定閱貴會出版之中國建築自第………卷第………期起至第………卷第………期止計大洋………元………角………分按數匯上請將

貴雜誌按期寄下爲荷此致

中國建築雜誌發行部

……………………………………啓…………年…………月…………日

地址……………………………………………………………………

（更改地址）

逕啓者前於…………年…………月…………日在

貴社訂閱中國建築一份執有………字第………號定單原寄……………

……………………………………………收現因地址遷移請卽改寄………………

……………………………………………收爲荷此致

中國建築雜誌發行部

……………………………啓…………年…………月…………日

（查詢雜誌）

逕啓者前於…………年…………月…………日在

貴社訂閱中國建築一份執有………字第………號定單寄………………

……………………………………………收查第………卷第………期尙未收到祈卽

查復爲荷此致

中國建築雜誌發行部

……………………………………啓…………年…………月…………日

中國建築

THE CHINESE ARCHITECT

OFFICE:

ROOM NO. 405, THE SHANGHAI BANK BUILDING,
NINGPO ROAD, SHANGHAI.

中國建築第二十八期

出版	中國建築師學會
編輯	中國建築雜誌社
發行人	楊錫鏐
地址	上海寧波路上海銀行大樓四百零五號
電話	一二二四七號
印刷者	美華書館 上海愛而近路二七八號 電話四二七二六號

中華民國二十六年一月出版

中國建築定價

零售	每册大洋七角	
預定	半年	六册大洋四元
	全年	十二册大洋七元
郵費	國外每册加一角六分 國內預定者不加郵費	

廣 告 索 引

上海市建築協會出版

英華・華英

合解建築辭典

建築辭典初稿，曾在建築月刊連續登載兩年。現應讀者要求，刊印單行本；幾經整理，並增補遺漏，續訂下編，全書分華英及英華兩部，以便檢查。此書之成，實爲國內唯一之建築工程名詞營造術語大辭彙，凡建築師，工程師，營造人員，土木專科學校教授及學生，公路建設人員，地產商等，均宜手置一冊。

▲實售國幣拾元（酌加郵費）

建築月刊

建築月刊刱於民國二十一年十一月按月出版一冊。內容計有各種建築學理與技術之譯著，建築物之圖樣與攝影，以及經濟住宅等「建築史」及「營造學」兩大長篇，按期繼續刊登。發行以來，風行海內外。

定價：零售每冊五角，特刊一元。定閱全年五元

郵費：本埠全年二角四分，外埠及日本六角。

聯樑算式

建築工程師 胡宏堯著

本書採用最新發明之克勞氏力率分配法，按可能範圍內之荷重組合，一一列成簡式。任何種複雜及困難之問題，無不可按式推算；即素乏基本學理之技術人員，亦不難於短期內，明瞭全書演算之法。所需推算時間，不及克勞氏原法十分之一。

布面精裝一厚冊

實售國幣五元（寄費二角）

發售處 上海南京路大陸商場六二〇號

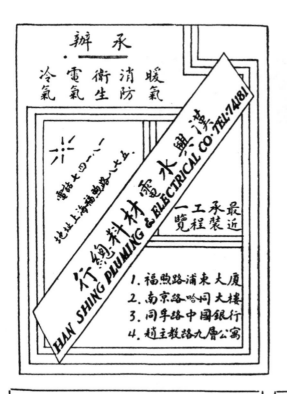

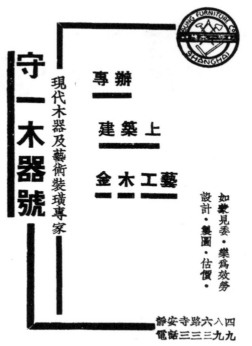

元和義記營造廠

本廠專門承造一切大小建築鋼骨水泥工程以及橋樑道路碼頭等成績素爲社會嘉許倘蒙委託無任歡迎

總事務所

上海漢口路四六〇

電話九二五八一號

總廠

上海白利南路凱旋路

南京中山東路新街口

分廠　杭州孝女路

中國銅鐵工廠

專製鋼窗鋼門鋼窗鋼門及代客設計各種銅鐵工程

如蒙委託設計估價當竭盡服務

利用進步材料

製造古式鋼窗

可謂盡善盡美

總事務所

上海寧波路四十號

電話一四三九一

分事務所

南京新街口忠林坊33號

電話二二八五六

薔薇新村

全部鋼窗鋼門

悉由本廠承造

左圖係本公司承造大度小型電梯之一，完全國貨材料，堅固耐用，精緻美觀，本外埠已有各處裝用，
無不同聲贊美，完全滿意，如震旦大學，德鄰公寓等均裝本公司出品。

左右兩圖係本公司出品高等庫門，亦爲國人自製庫門之先鋒。門面用11/4"厚保險鋼板，內部用5"厚石棉板，耐火力堅強無比，能達廿小時以上，故各大銀行均樂爲訂購，天津漢口武昌金城銀行，青島交通銀行等均已採用。

此外各式大小庫門保管箱銀箱等如蒙賜顧交貨不誤

信利銅鐵機器工程公司

南車站路花園四十八號　電話南市二三七二四二

承辦：
各種機器電梯　大小保管箱庫　銅門欄杆捲門
銅鐵花燈招牌　鍋爐坦克房架　銅鐵建築翻砂

全球建築師均用鋁爲窗框或門框

由司各脫名建築師設計之英國劍橋大學新圖書館，其窗框全用鋁合金爲之。

窗框及房屋上其他部分。如用適度之鋁合金爲之。可收調和與實用，堅韌與輕巧耐久之益。而不致污及四圍之物料。鋁合金具有天然酸化面膜而經過適度之化學鍛鍊。雖能保持漆色。然並不需按時髹漆。鋁之爲物，於美觀無敵外。又復貢獻種種利益。絕不坼裂。因其開展之時，可以回復其原來之廣袤。而毫不扭歪。因此得免翹曲與分裂之弊。又有抵抗天時與銹蝕之美質。且也鋁性溫柔。能製爲各種形式，顏色，與物品。於此有甚重要者。即須用適度之鋁合金是也。本公司研究部在同業中爲最大。甚願隨時貢獻一臂之助焉。

現代化之建築必需現代化之金屬

著名建築師在美國六處大廈中均用鋁其事實如下

（一）紐約市皇家大廈—所有市招，拱側，球飾，電梯門及飾件，均用鋁爲之，舟纜椿外包以鋁。飛簷亦用鋁鑄成。

（二）物克多無線電大廈—所有窗豪，客廳中之裝飾金屬物，外部裝飾金屬物，均用鋁爲之

（三）芝加哥好望信託儲蓄銀行大樓—所有銘刻嵌板及壁上金屬片，客廳門框，階上方眼格，走廊，眼格，郵箱，花樓欄杆，開支票櫃，櫃燈附件，日曆框，銀行中報告員之小口門，金庫屏風，銀行天井之大門，均用鋁爲之。

（四）米希干聯合實業銀行大樓—所有拱側，銀行業務間之窗戶，名字板，店招，街名，方眼格，旗杆脚，樓梯及花樓欄杆，均用鋁爲之。

（五）紐傑賽州夏噓塔—所有拱側，檻，窗格，方眼格，窗格，市招，屏風，圍帶，階廊，客廳，電梯門，電燈附件，狹條，壁柱，均以鋁爲之。

（六）紐約克雷斯勒大樓—所有拱側，窗台，旗杆脚，門承軸，天窗，窗戶，通氣裝置，牆欄杆，牆頂石嵌板，出水管之口，均用鋁爲之。

左圖爲上海國際大飯店內通餐廳之正門，其門框及拉手，經鄔達克建築師證明，均係鋁合金所製。須知鋁之爲物質輕而堅。能抵禦銹蝕。最適外部用途。至用於內部時。其新穎之美飾作用，與夫爲社會人士所樂用、均屬毫無問題。

鋁能表示現代設計之秀雅氣勢與歡迎垂詢詳情

ALUMINIUM UNION LIMITED

鋁業有限公司

上海北京路二號

上海郵政信箱一四三五號

中國近代建築史料匯編（第一輯）

中國建築

第二十九期

中國建築
HUNG YING LIBRARY
上海
鴻英圖書館
SHANGHAI
第二十九期
民國二十六年四月
中國建築師學會出版
THE CHINESE ARCHITECT

信利銅鐵機器工程公司

本公司各部悉由專家主持歷年承辦一切大小工程堅韌鞏固精緻美觀早經事實證明各界一致嘉許至於料選上品價最克己尤蒙
主顧及各大建築師均稱道贊美如承
賜顧定可滿意詢洽一切無任歡迎

上海大陸銀行銅大門由本公司承造

上海大陸銀行銅大門由本公司承造

承辦：

各種機器電梯　大小保管箱庫　銅門欄杆捲門
銅鐵花燈招牌　鍋爐坦克房架　銅鐵建築翻砂

特設：

機器部　銅鐵部　冷作部　翻砂部

廠址　南車站花園路四十八號
電話　南市二三七四二

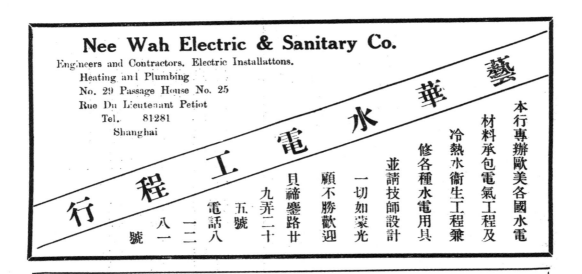

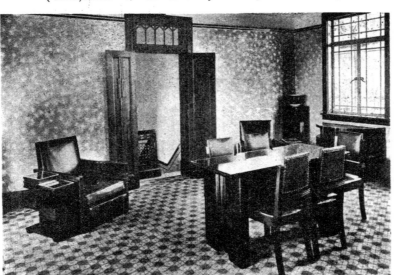

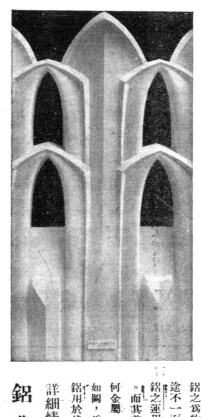

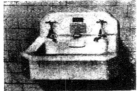

陳新記營造廠

事務所北京路八三〇衖三四號

電話 九一九九二

本廠承造各種大小建築碼頭橋樑等工程經驗豐富工作認真如蒙委託承造或估價無不竭忱服務

沈睦記震號營造廠

山海關路第三八七衖六號　電話 三二三六三

本廠承造各種鋼骨水泥大小建築工程無論大廈廠房橋樑住宅公私房屋無不經驗豐富工作精良如蒙委託估價無不竭忱服務

是圖為承造廣州順德縣　廣東省營第二蔗糖廠廠屋內容

何謂"Krupp Isteg"鋼？

"Kurpp Isteg" 鋼，乃最近倡明之特等鋼料，專作混凝土中鋼筋之用，其成效之超卓，已能與現代混凝土建築工程進之步並駕齊驅。
茲將其優異各點列舉如次：——

"Krupp Isteg" 鋼之「降伏點」(Yield Point)，比較普通炭鋼至少可高百分之五十，故此鋼料用作拉力鋼筋時，其安全拉力較諸普通炭鋼至少亦可增加百分之五十。

"Krupp Isteg" 鋼筋，業經上海公共租界工部局試驗核准，且經規定其安全拉力爲每英方寸25,000.英磅，但普通炭鋼僅達16,000.磅而已。

混凝土中之拉力鋼筋，倘能採用"Krupp Isteg"鋼筋者，其所用鋼料在重量方面當可減省百分之三十五，在造價方面當可減省百分之二十，而在內地之建築工程復得因鋼料重量之減省，其運費亦可減省百分之三十五。

每件"Krupp Isteg"鋼筋均經廠方個別試驗，並保證其最小「降伏點」爲每英方寸51,000.磅。

"Krupp Isteg"鋼筋在混凝土中可無「滑脫」之虞，其與混凝土之粘着力，經多次試驗之證明，較諸普通炭鋼筋得增百分之四十至七十。

"Krupp Isteg" 鋼筋因其用料之較省，故舖放工費與普通炭鋼筋比較亦可省百分之三十五。舖放工作與普通炭鋼筋完全相同，可用手工或機械使之灣折，一切按置工作，亦與普通鋼筋無異，故原有工人殊無另行訓練學習之必要。

"Krupp Isteg"鋼筋現爲上海各大建築工程所採用者，已屢見不鮮，如工部局之各大房屋及道路工程，中國銀行總行新屋工程，以及藏穀庫等工程內，均已採用頗著成效。

"Krupp Isteg" 鋼筋由上海立基洋行 (Messrs. Knipschildt & Eskelund) 獨家經理，倘蒙賜顧或承索說明書者，請隨時向上海四川路二百二十號敝行接洽，自當竭誠奉覆，以報雅意。敝行電話19217，電報掛號'上海Knipco"。貴客惠顧，幸垂注及之！

本社啟事一

本社出版之中國建築所載圖樣均是建築家之結晶品固爲國人所稱許所有中西房屋式樣無不精美堅固適宜經濟屢承各界函詢以前所出各期能否補購以窺全豹函復爲勞惟本刊銷數日增印刷有限致前出各期殘缺不少玆爲讀者補購便利起見將未售罄各期開列於下：一

一卷三期　一卷五期　（以上每本五角）

二卷一期　二卷二期　二卷三期　二卷四期　二卷五期　二卷六期
二卷七期　二卷八期　二卷九十期合訂本　二卷十一十二期合訂本
（以上每本七角如自二卷一起至二卷十二期全一套者可以打八折計算）

三卷一期　三卷二期　三卷三期　三卷四期　三卷五期　二十四期
二十五期　二十六期　二十七期　二十八期　（每本七角）

本社啟事二

上海公共租界建築房屋章程係工部局所訂祇有西文本售價甚昂本社有鑒於此特譯成中文精裝一厚册僅售洋壹元庶購買能力可以普及使未諳西文者閱此又覺便利不少也

本社啟事三

建築師學會於上年十二月十八日年會議決以所出之「中國建築」原係月刊每月出書一期但事實上搜集材料及製版印刷在在需時以致期期拖延對於讀者不勝抱歉玆從本期起改爲兩月刊俾可名符其實請諒之

中國建築

民國廿六年四月　　　第二十九期

目　次

THE CHINESE ARCHITECT

卷首語

本期的內容，有不少的住宅圖樣，中西兼備，色彩調和，結構謹嚴的作品。值得供給研究的。本來這期想出住宅專號；因爲圖樣收集還沒完備，所以又擱置了。談到住宅問題，都認爲切己的事，不容稍緩須臾，不過有產階級可以隨心所欲，在山明水秀之地，或在都會繁華之區，建築住宅，一切佈置及衛生設備，力求摩登，可以驕傲人家。但是在今日社會不景氣之下，要這些畸形發展，有什麼好處呢？我們看到上海閘北區勞働者住着狹小汚穢的草棚，空氣不足，日光阻蔽，因此容易患傳染病及發生火患；推想到凡是各處的勞働者一定同感到這種痛苦！這不是很嚴重的問題麼？要解决這個問題，我希望建設當局劃出幾個平民住宅區，道路的寬度以及房屋的式樣，這種計劃又可以整齊市容。希望有產階級有覺悟心，把造什麼里什麼村的高尙住宅經費，拿來蓋造平民住宅，規定最低的租價，到是名利俱全的辦法。因爲現在高尙的住宅在上海方面空閑着沒有租出去的不知道有多少，可見在事實上人民的經濟力太薄弱了！希望我們建築師不要以爲計劃平民住宅，沒有藝術化的價値，都鄙視而不屑爲之。須知億萬勞働者正在渴望着如大旱之望雲霓急迫地期待着建築師之計劃，一樣要有衛生設備，空氣流通，光線充足，住居安適的房屋，一切材料都要揀價廉物美的國貨，並顧到業主的利益，及勞働者的租金可能負担，這眞是偉大的工作啊！趕緊進行吧！同時我們收集這種圖樣刊登出來，比較那高尙住宅要有益得多了！

本社的小小建築雜誌已有五年過程了，每期所選的作品，似乎讀者們都很歡迎，本社同人聊可以自慰的。但是收集圖樣的苦衷，不是筆墨可以形容得出，每張照片及圖樣，都要從場地上實事求是的取來，不比別的著作，只要有學問就可以「日試萬言馬可待」，所以本刊因此每每脫期，雖則讀者的原諒不來責備，但是我們問心自愧神明內疚得很，今以後我們當益自努力，不尙空言，以副讀者的雅意。

華信建築師事務所

建築師　楊潤玉　楊元麟　楊錦麟
工程師　周濟之

導言

住宅設計，乃一般設計中最爲困難，頁以業主個性不同，需要各異，雖寸尺之地，均爲業主旦夕起居之所，其形式佈置，光線，空氣等，直接影響於業主身心之愉快；間接足以轉移社會對於業主之印象，故內部地位之適當利用，外觀形式之取擇，光線之射入，材料之選擇，尤以顧到造價之經濟，凡此種種，建築師均應妥承業主需要之條件與時代演進之趨勢，不厭瑣詳，運用技能，求適當計劃之成功，爲業主作滿意之居所。

住宅種類繁多，須不失美觀、實用、經濟、堅固各點，而爲國際間流行者約有下列數種：(一)英國式，(二)西班牙式，(三)美國式，(四)殖民地式，(五)國際流行式；本國生活情形略與歐美不同，故外觀上雖儘多採仿歐美，而內部之佈置，仍完全以適合本國生活習慣也。

仝人等本期所列各種住宅，爲最近所設計，採長截短，集中西之成，應用上力求切實，而外觀風格之表現，尤不敢忽視焉。

上海愚園路住宅

地點　滬西愚園路
面積　約三十六方
設備　水電，煖氣，衛生，俱全。
造價　十八萬元
形式　西班牙式

愚園路住宅

客廳尺寸較客堂為大，堂名匾下之陳設，更一望而知為中國式之佈置，內部用料與客堂同。

愚園路住宅

客堂係中國式佈置，樑柱平頂，彩色輝煌，傢具壁畫，映襯相宜，地板用羅漆紋柚木，光澤平滑。惟所費較貴，决非普通住宅所能辦到。本宅業主不惜巨資，故能陳設超羣華麗無比也。

愚園路住宅

起居室採西式佈置，所有窗帘地毯以及沙發，花紋相同，取一律也．與燈蓋及壁間花飾互相配襯，相得益彩。

愚園路住宅

樓梯間地面及闌干，均爲柚木揩漆，扶手花紋以紫銅製成，地位既頗寬敞，光彩又極調和。

愚園路住宅

女客室爲西式摩登佈置，牆壁托板之色調，天花板精細雕刻之人像花飾，華麗中仍不失雅潔。

愚園路住宅

書室亦爲西式摩登佈置，燈光設置壁間，光線柔和而清悅，窗牖尺寸廣大，採光與空氣暢通，適合閱書或辦事之用。

憑闌路住宅

臥室

愚園路住宅

立面圖（一）

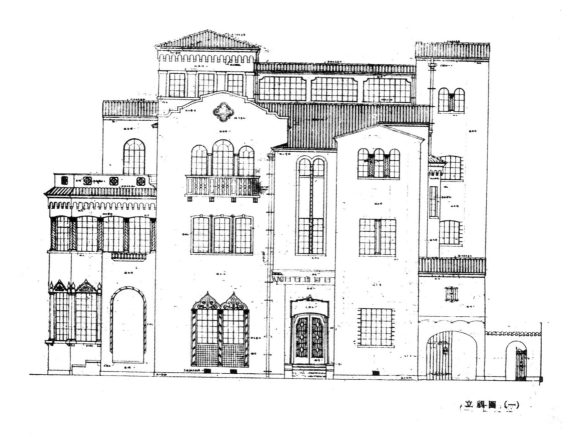

愚園路住宅

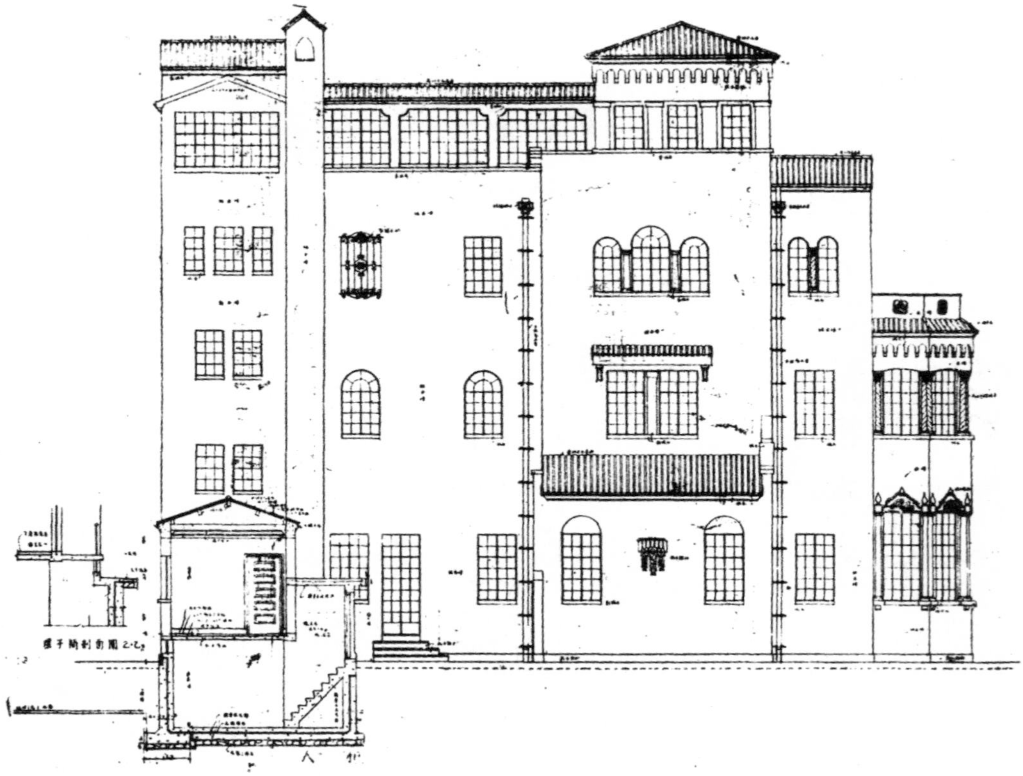

立視圖 (二)

華信建築事務所

愚園路住宅

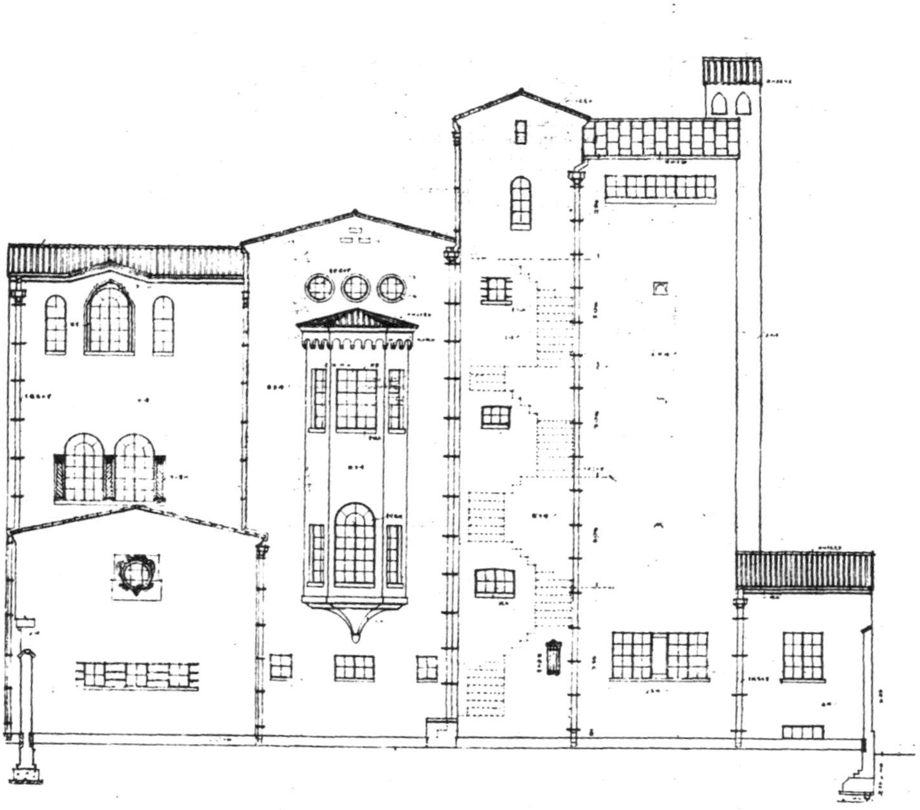

立視圖（三）

愚園路住宅

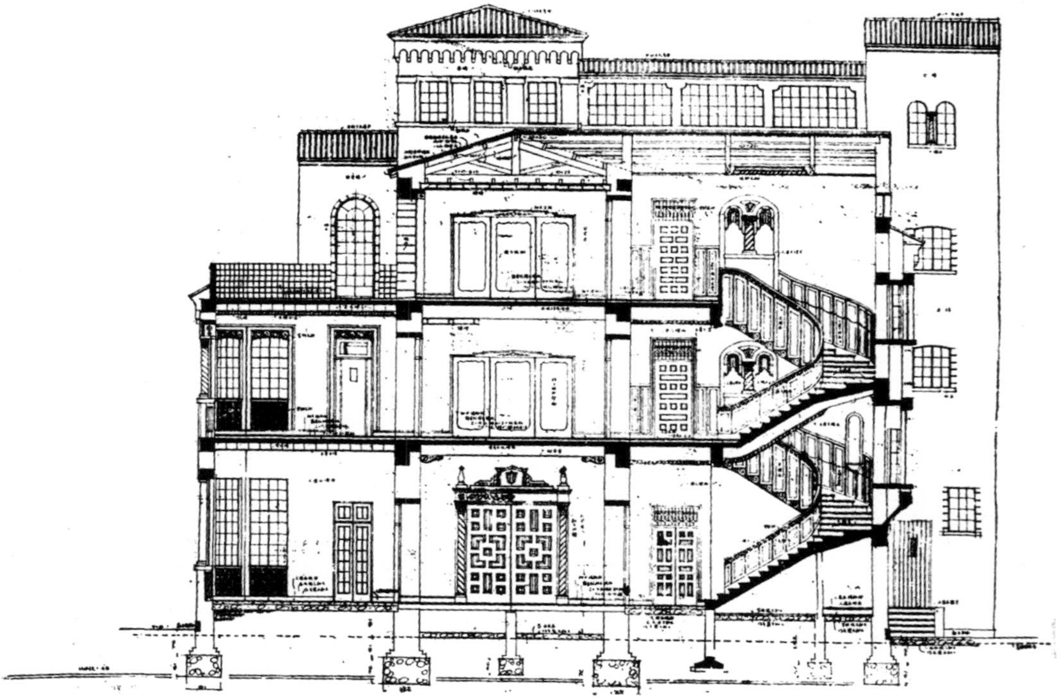

剖視圖(一)

愚園路住宅

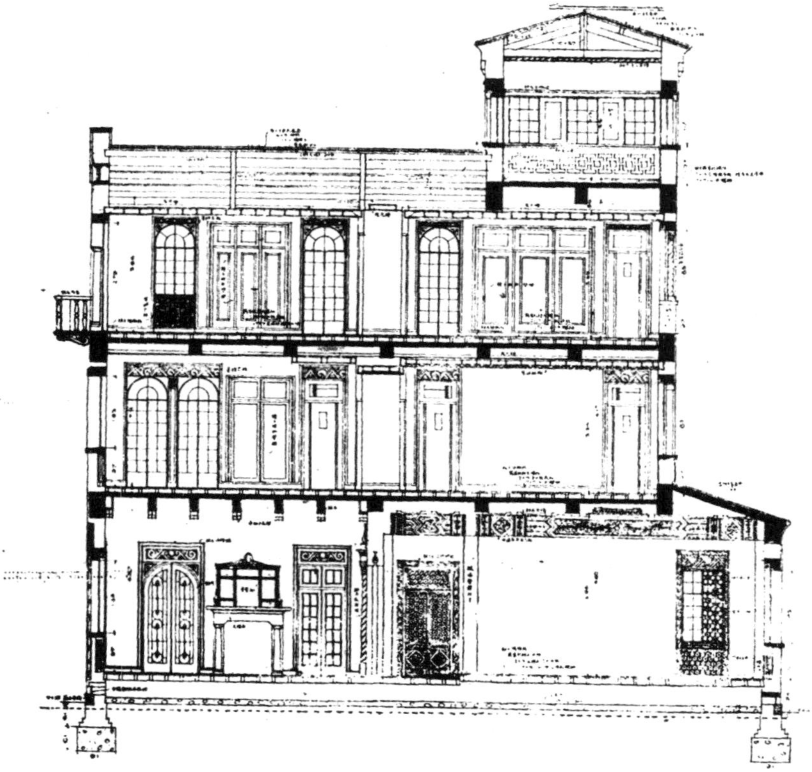

剖視圖（二）

愚園路住宅

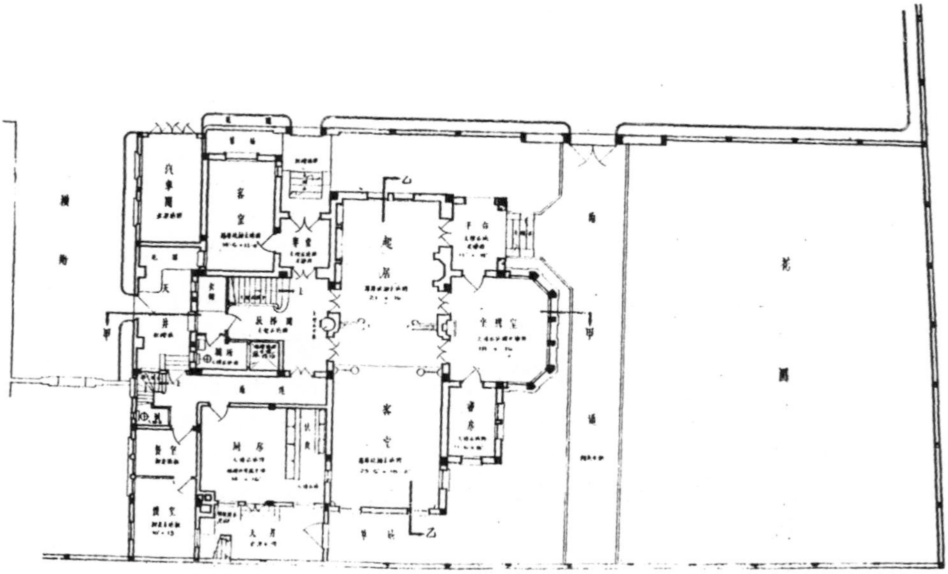

下層平面圖

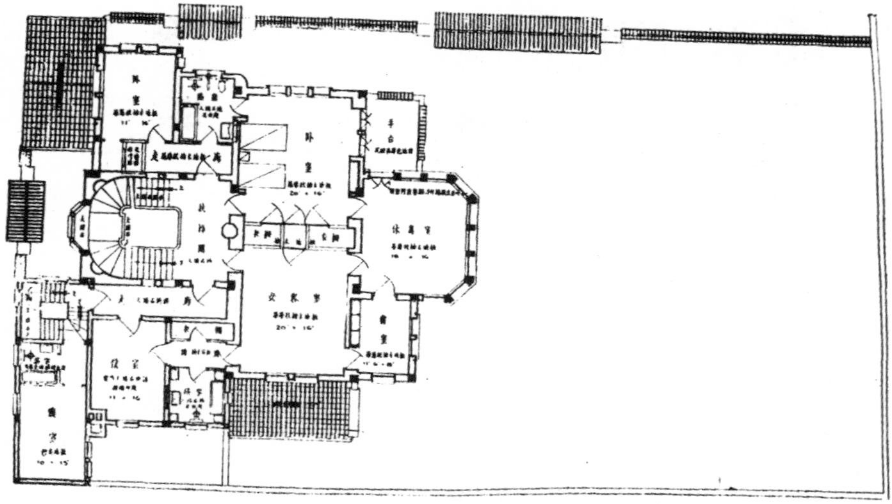

二層平面圖

愚園路住宅

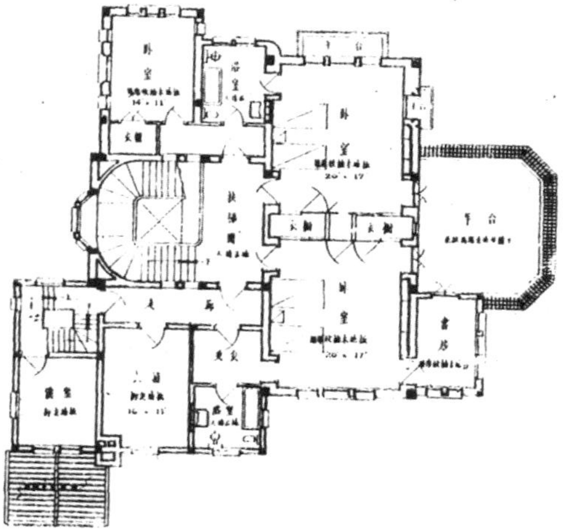

三層平面圖

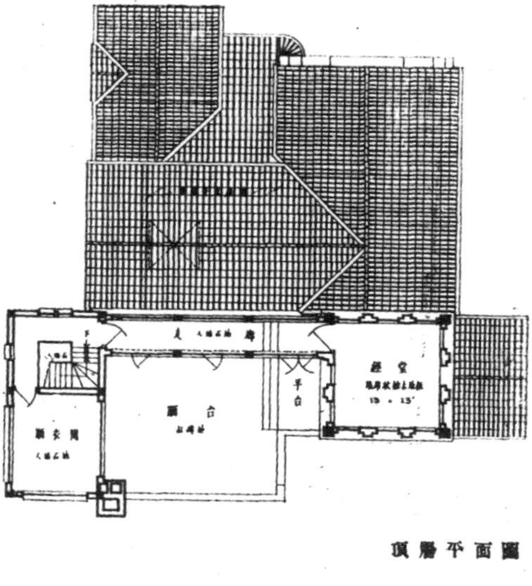

頂層平面圖

政同路住宅（一）

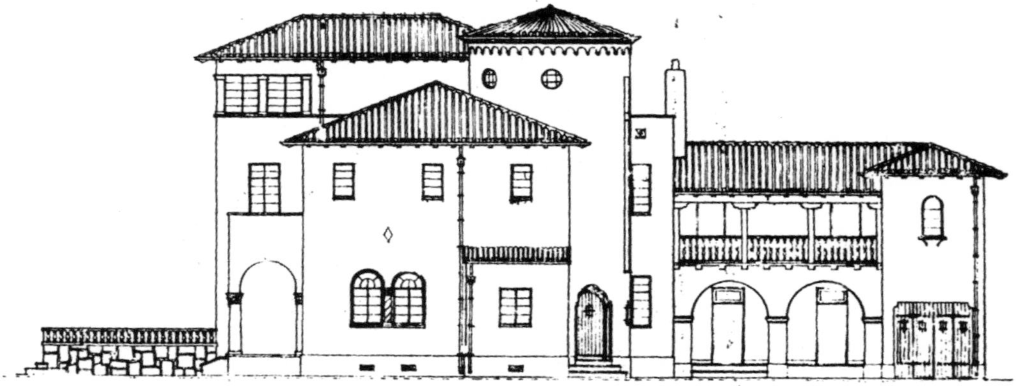

東面立視圖

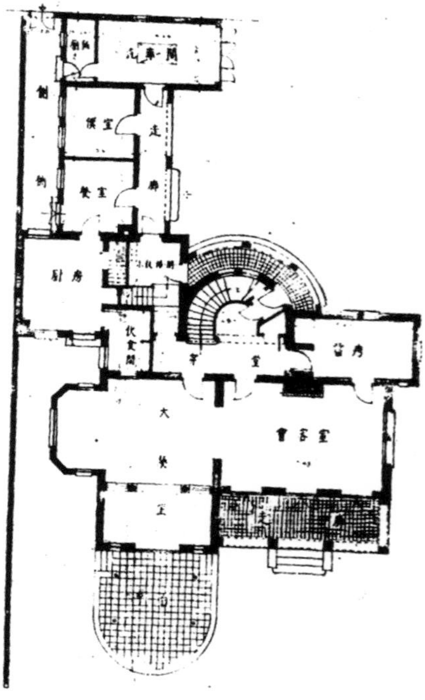

下層平面圖

上海政同路住宅（一）

地點　上海市中心區政同路。

面積　約二十五方。

設備　水電，衞生，煖氣等俱全。

造價　約二萬八千元。

形式　西班牙式。

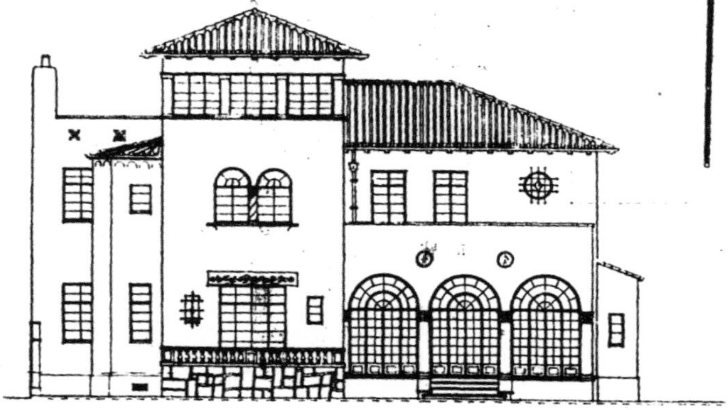

南面立視圖

華信建築事務所

政同路住宅（一）

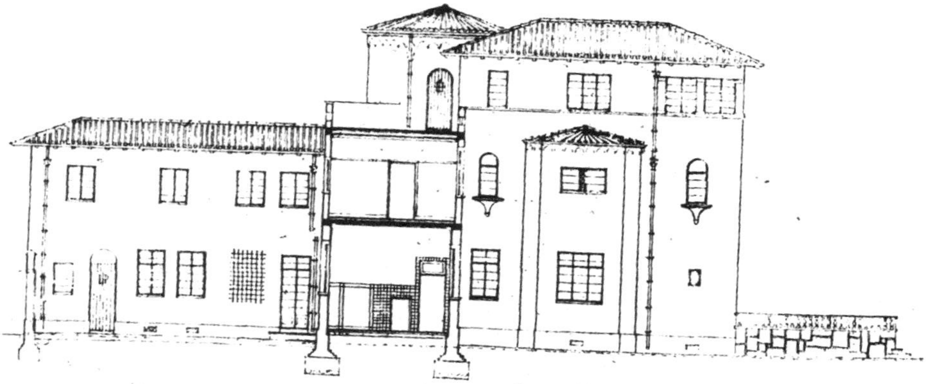

西面立視圖

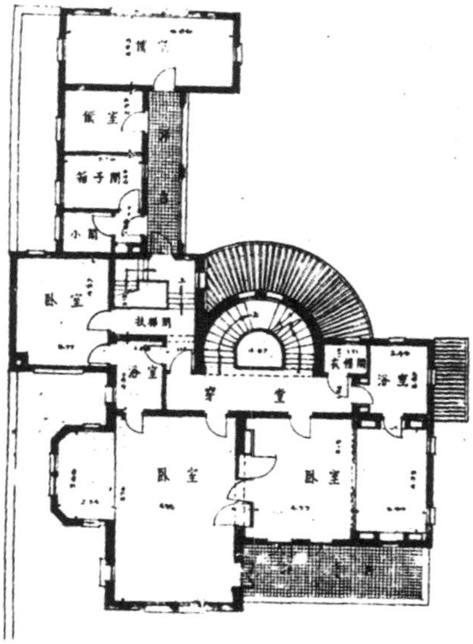

二層平面圖

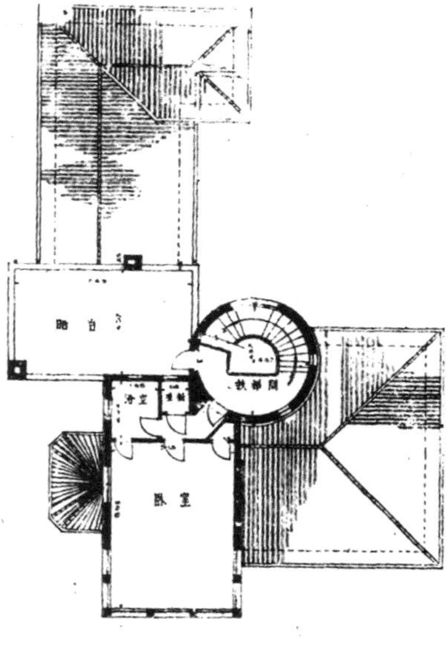

三層平面圖

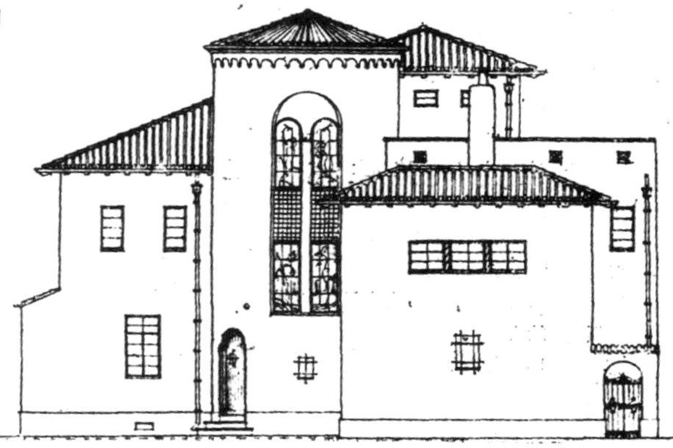

北面立視圖

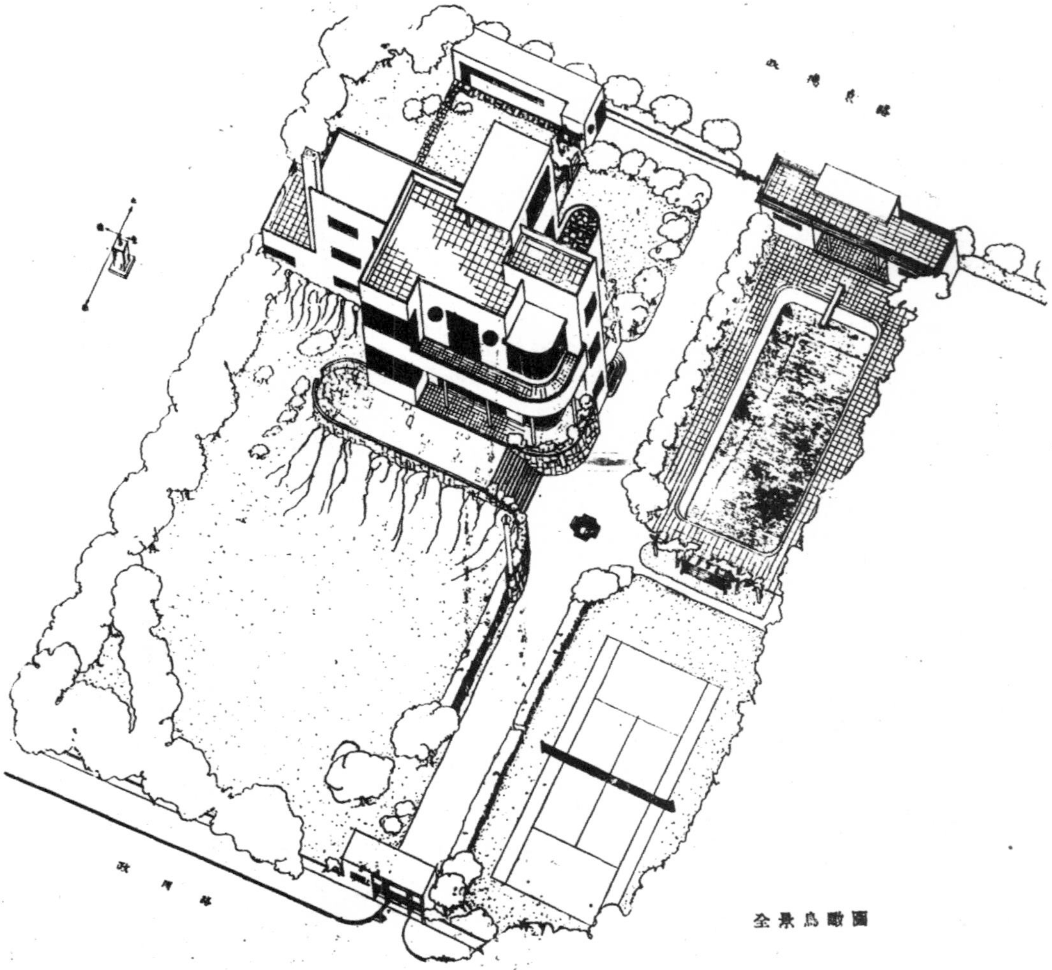

全景鳥瞰圖

上海政同路住宅（二）

地點　上海市中心區政司路
面積　四十方。
設備　水電，衛生，煖氣，及游泳池網球場等。
造價　約八萬元。
形式　時代流行式

政同路住宅(二)

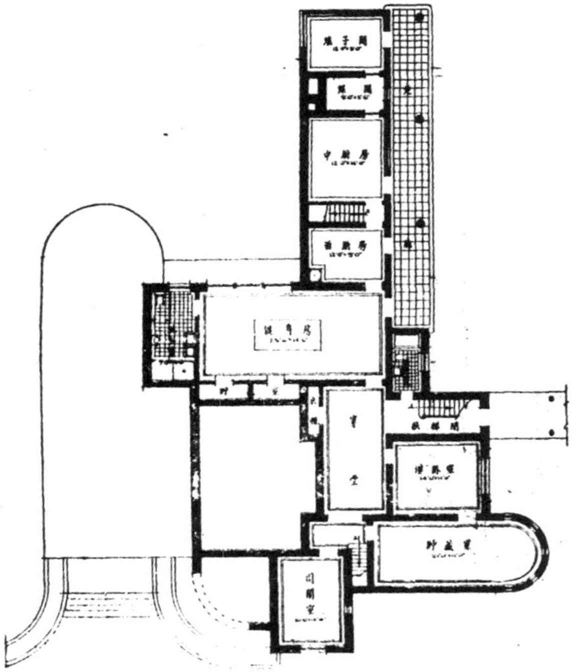

底層平面圖

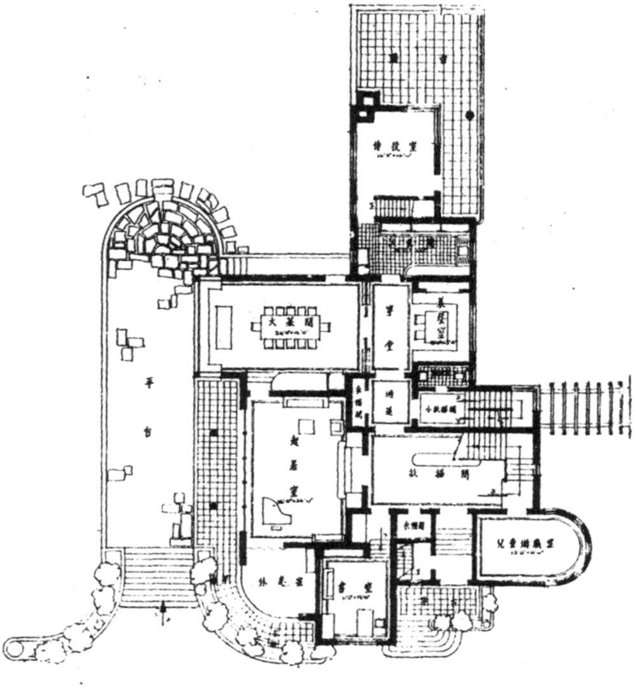

一層平面圖

華信建築事務所

政同路住宅（二）

二層平面圖

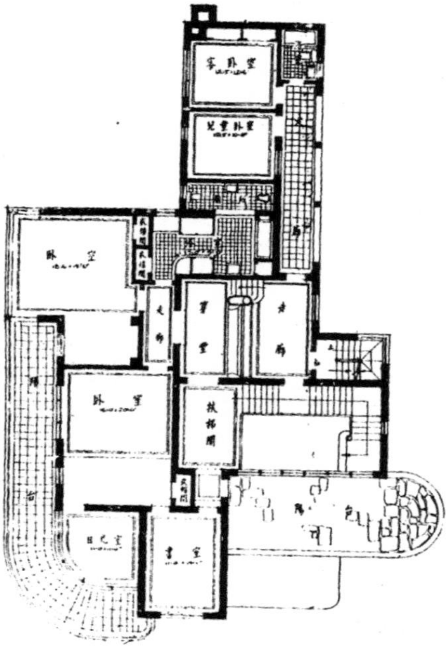

頂層平面圖

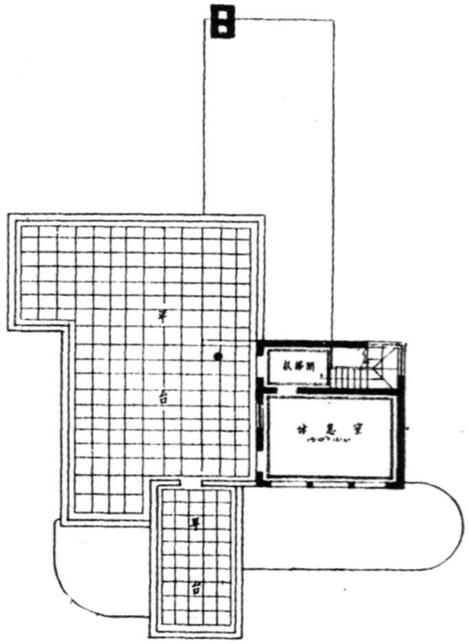

華信建築事務所

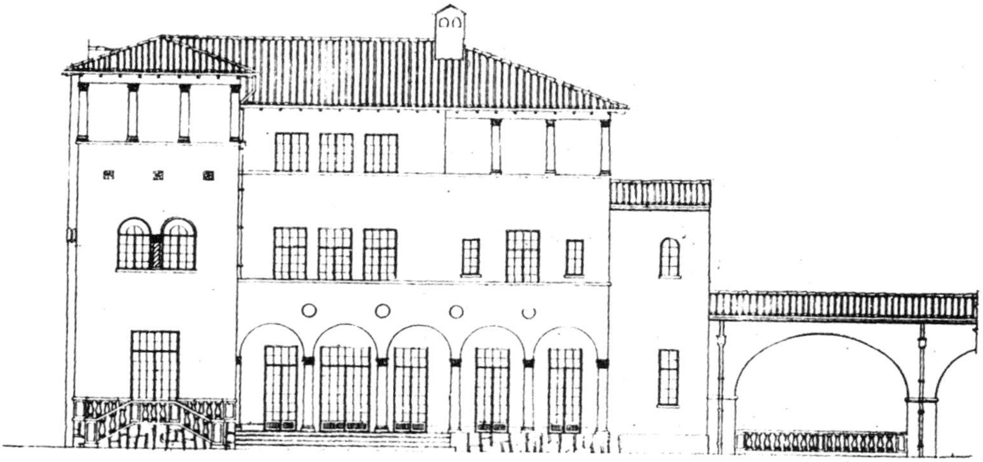

南面立視圖

體育會路住宅

地點　上海江灣體育會路。

面積　四十方。

設備　水電，衛生，煖氣俱全。

造價　三萬八千元。

形式　西班牙式。

下層平面圖

權青會路住宅

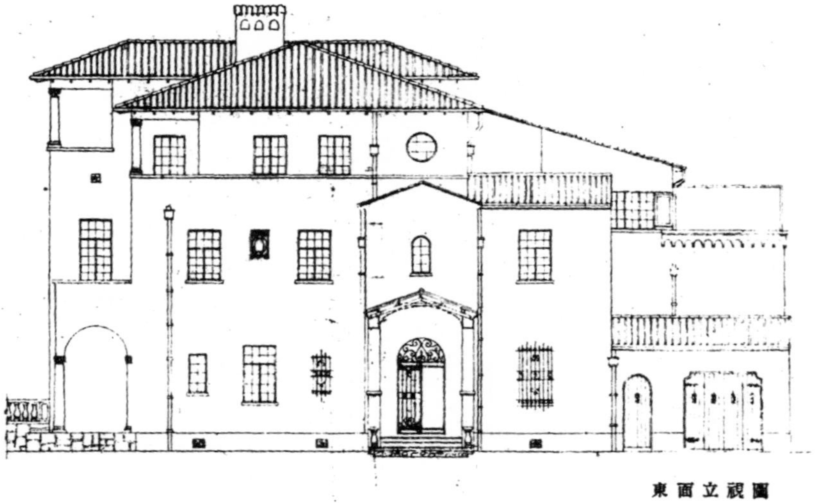

東面立視圖

二層平面圖

三層平面圖

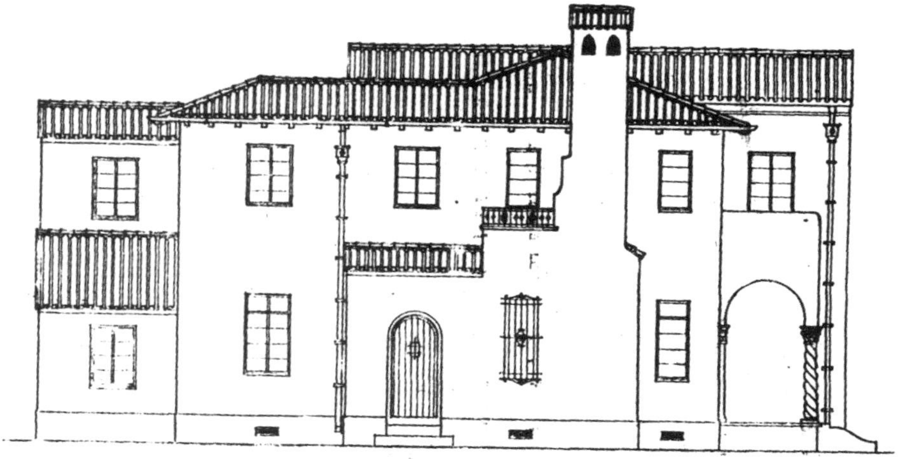

西面立視圖

上海民孚路住宅

地點	上海市中心區民孚路。
面積	十八方。
設備	衛生電氣。
造價	七千元。
形式	西班牙式。

下層平面圖

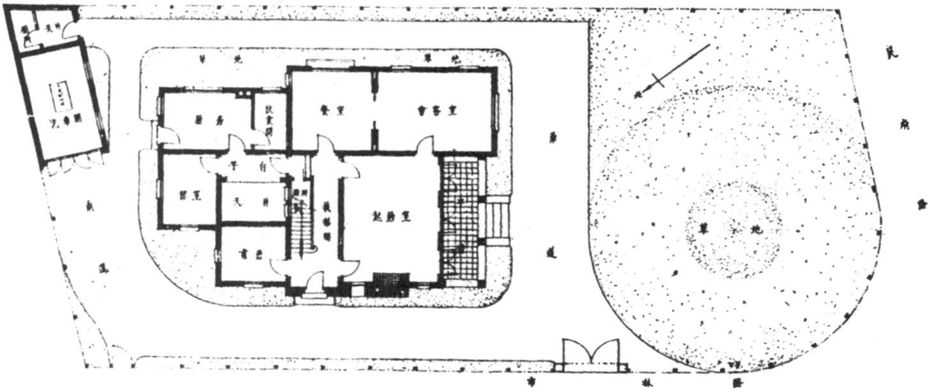

民孚路住宅

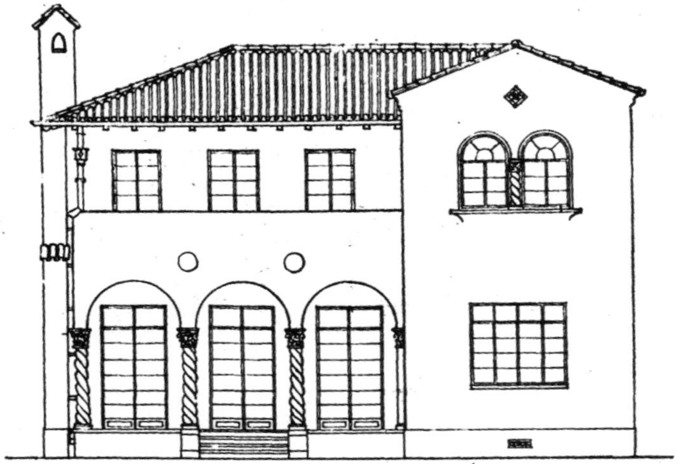

南面立視圖

二層平面圖

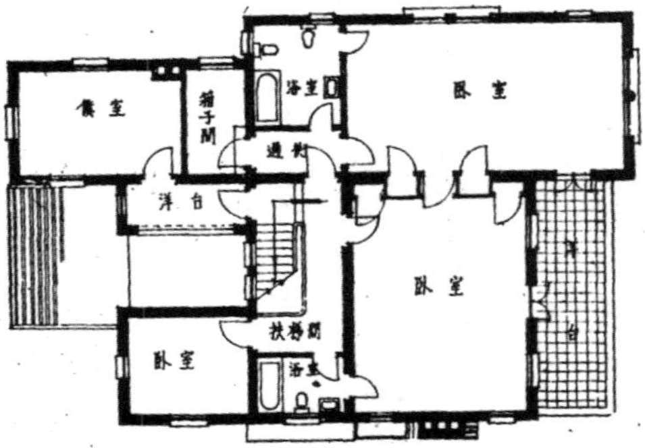

鎮江小住宅

立視圖

鎮江小住宅

地點	鎮江。
面積	二十方。
設備	衛生，電氣。
造價	九千元。
形式	英國式。

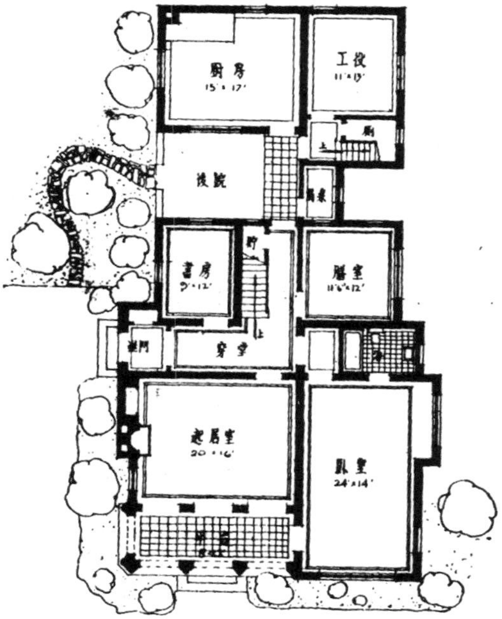

下層平面圖

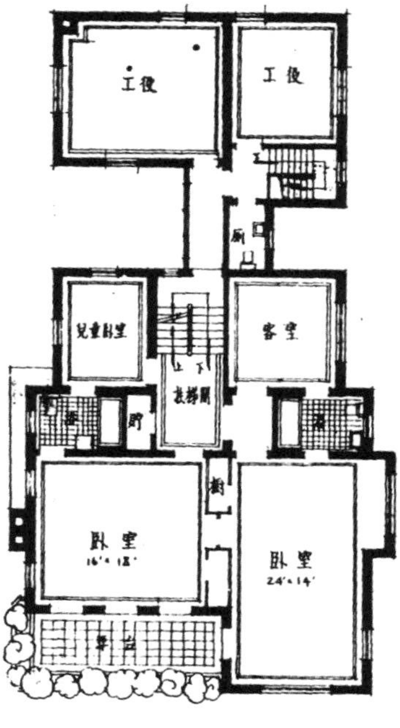

二層平面圖

○二三一三

華信建築事務所

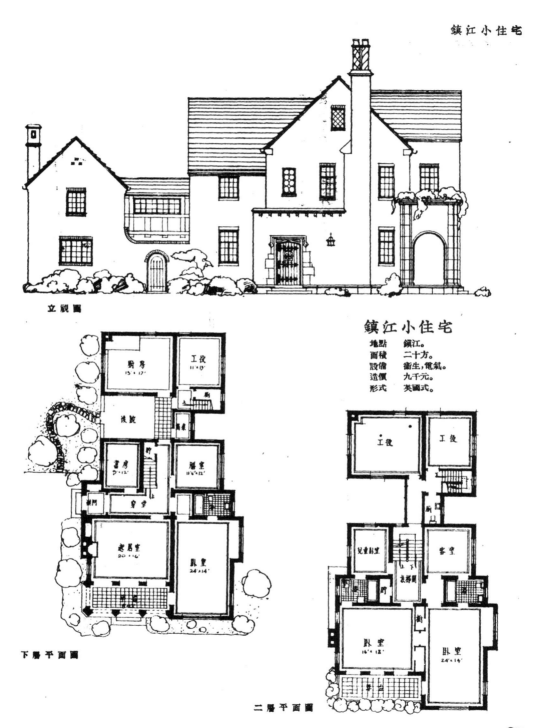

三民路集合住宅

前面立視圖

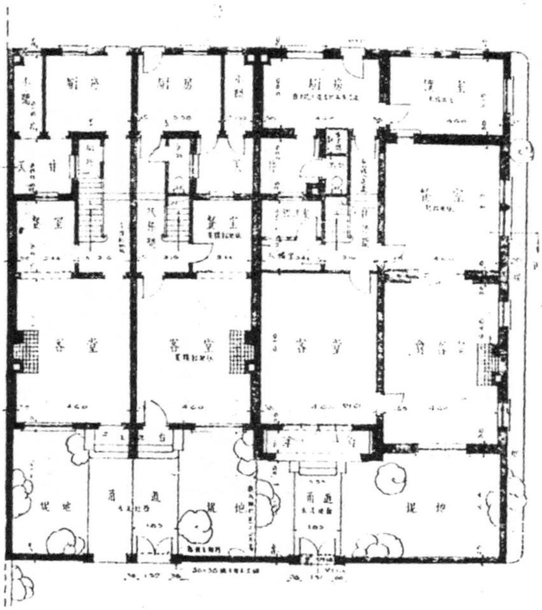

下層平面圖

集合住宅

集合住宅即普通所謂衖堂房子。業主經營以出租爲目的。此種房屋，設計者責任頗爲重大，一方面務求業主成本之低，使租金低廉以適應社會需要；而一方面又須力謀地位寬敞，便利實用，以合住戶租屋之條件，建築師在此二點之間，務求一造價廉而地位大之計劃，方不致房屋完工無人問津。

一般集合住宅之外觀，往往數十宅門戶相對，外形一律，似未免過于呆板不淡，有失美感。本篇所列二種，力矯此弊，而造價又未高于一般衖堂房子，故業主與住戶均稱滿意。

華信建築事務所

三民路集合住宅

地點　上海市中心區三民路。

面積　雙間式每宅十七方，單間式每宅八方。

設備　衞生，水電。

造價　雙間式每宅九千元，單間式每宅四千四百元

形式　英國式。

側面立視圖

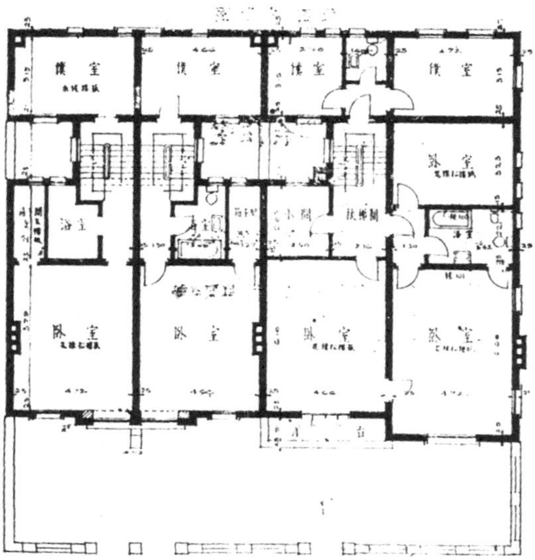

二層平面圖

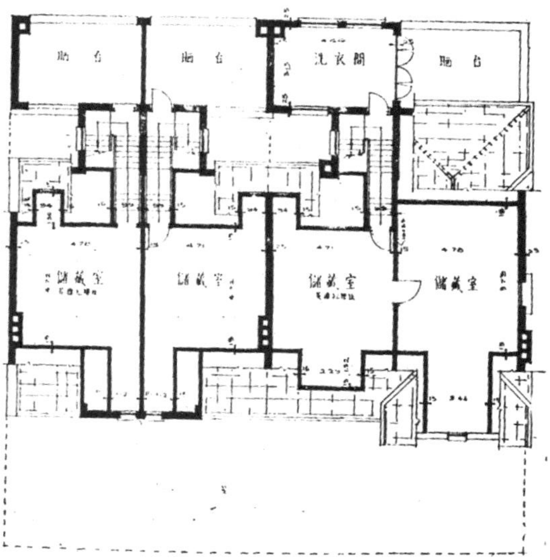

假樓平面圖

華信建築事務所

靜安寺路集合住宅

側面立視圖

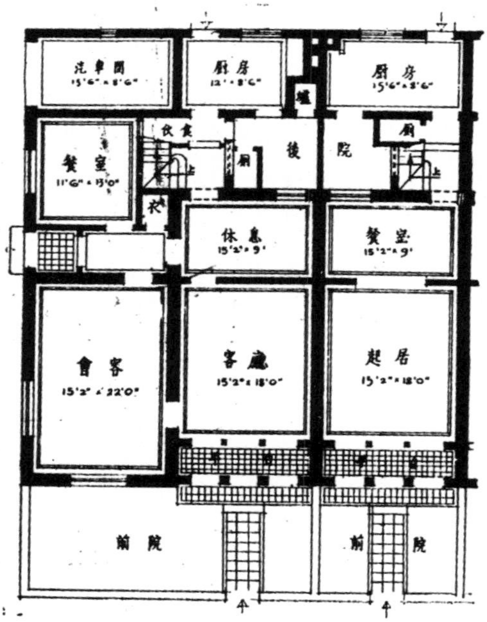

下層平面圖

靜安寺路集合住宅

地點	上海靜安寺路。
設備	衛生，水電。
面積	雙間式每宅十七方，單間式每宅八方半。
造價	雙間式每宅一萬三千元，單間式每宅六千五百元。
形式	西班牙式。

靜安寺路集合住宅

正面立視圖

二層平面圖

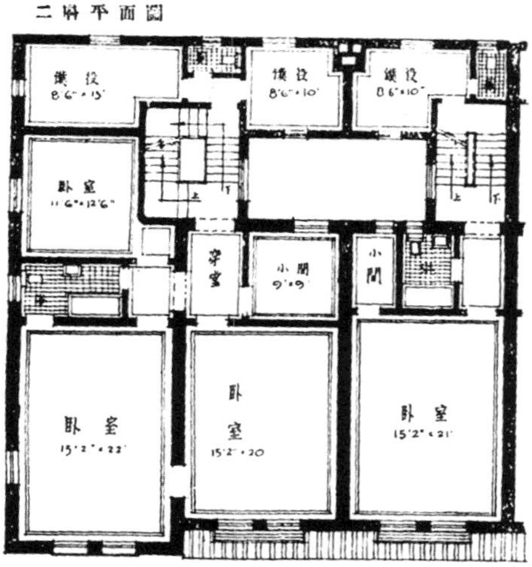

三層平面圖

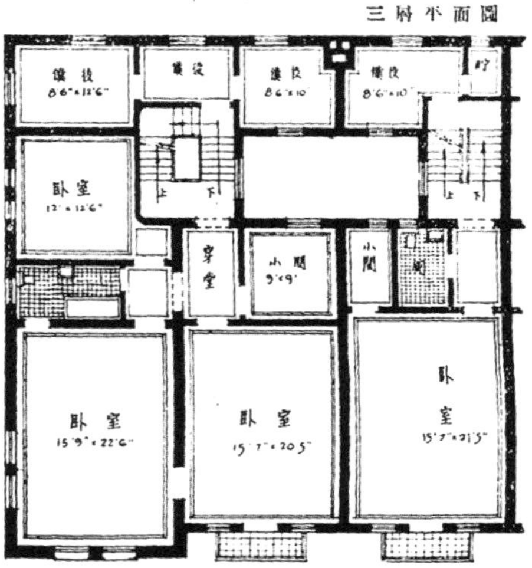

華信建築事務所

中華勸工銀行

中華勸工銀行修改略述

勸工銀行位于南京路繁盛之區，房屋外觀，頗爲重要。原來形式，在過去固稱道一時，在目前未免不合時宜，自應有修改之必要。

按舊形係一普通建築，修改要點，當使在最合理經濟條件之下，得最莊嚴偉大之外觀。欲求費用之低廉，工程務須減少，故門窗戶牖之大小，以及牆面凹凸舊狀，仍絕不改動，祇將原有陽台三座拆除，在此種限制之下，設計者確歷煞費苦心，考慮至再，得成斯觀。

修改費用，共計不過二千餘元，似不能謂巨。

舊形

中華勸工銀行

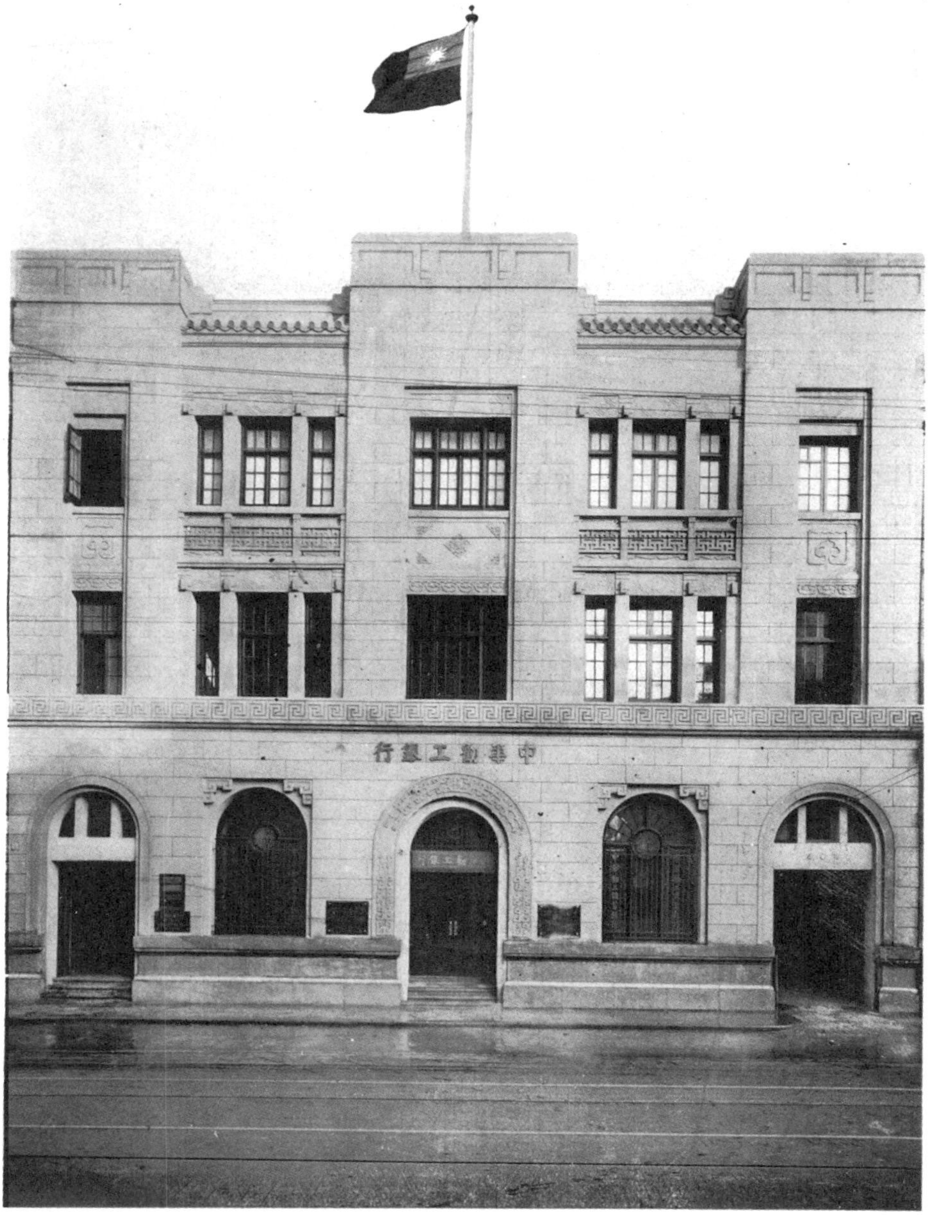

修改後之外觀

巨籟達路住宅

外面立視圖

底層平面圖

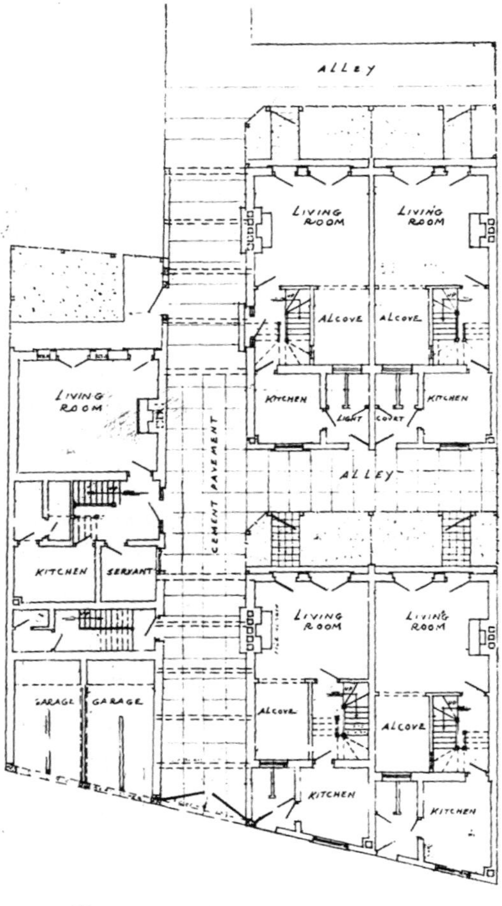

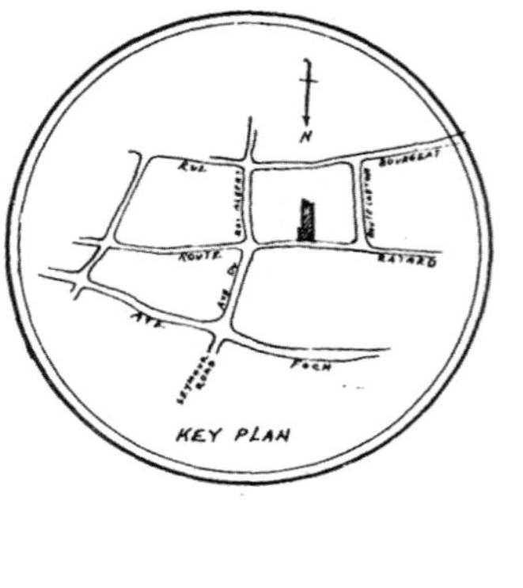

巨籟達路住宅

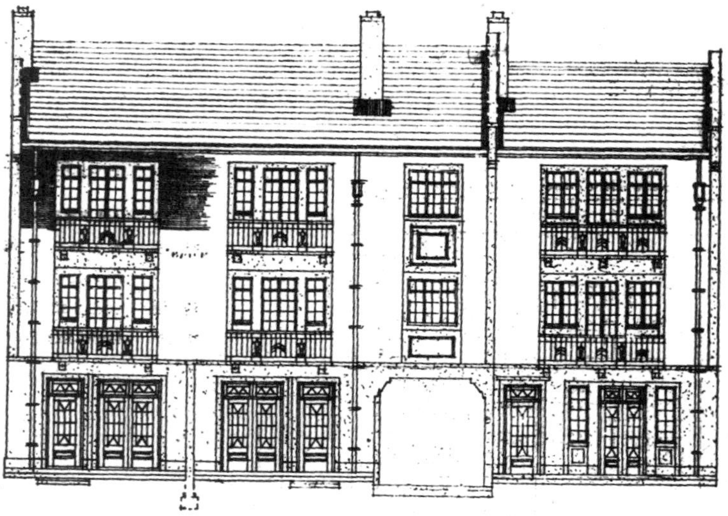

南面立視圖

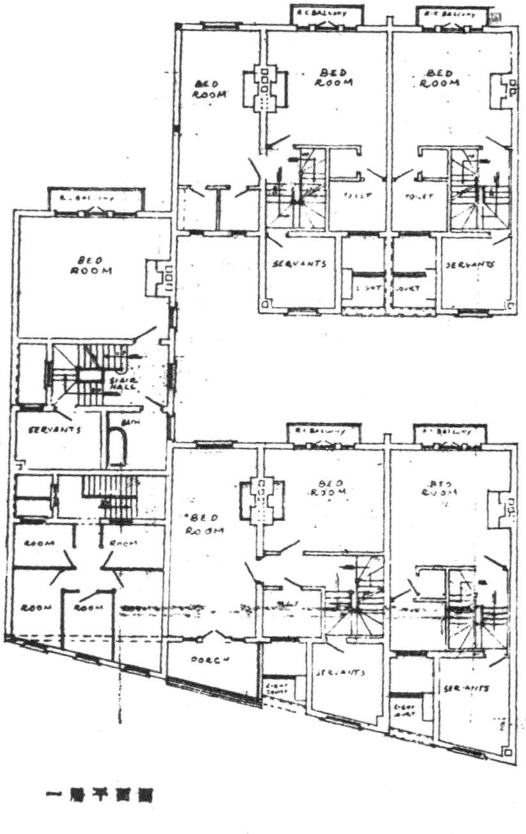

一層平面圖

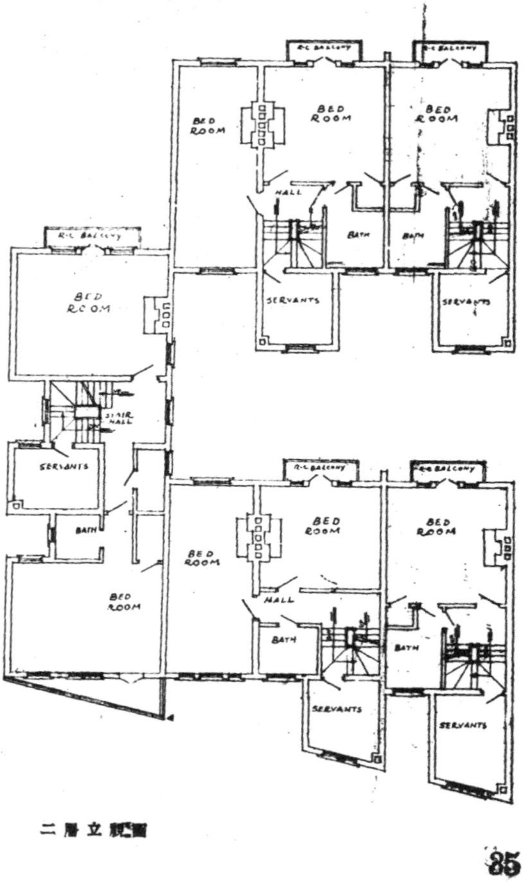

二層立視圖

麥特赫司脫路住宅

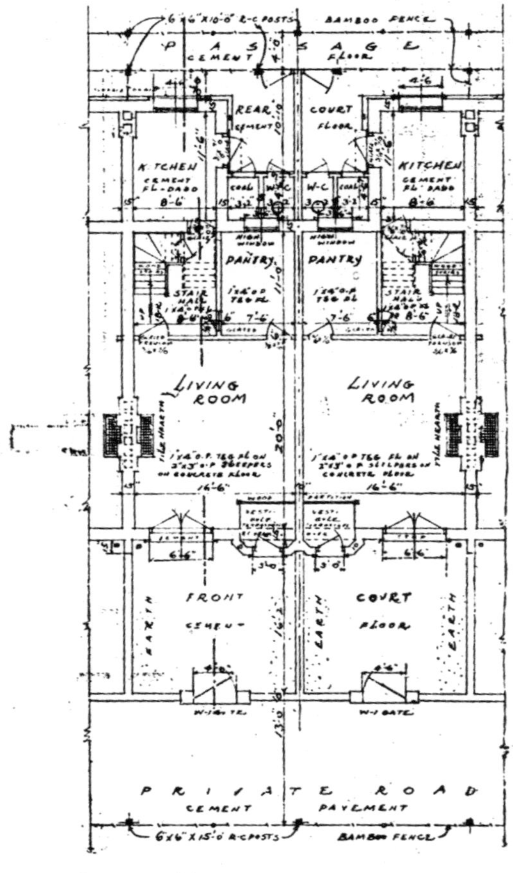

底層平面圖

麥特赫司脫路住宅

地　點　上海麥特赫司脫路。

構　造　青磚，紅磚，正三層，美松門窗，紅色平瓦。

設　備　水電，衛生 俱全。

承造者　椿摘記營造廠。

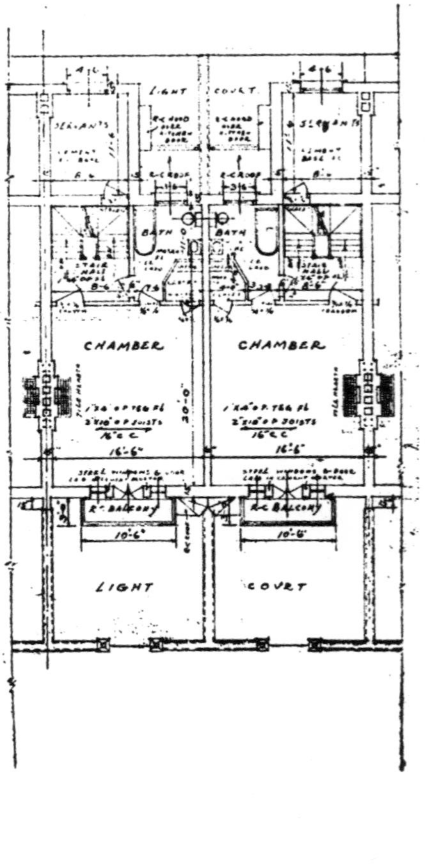

一層平面圖

麥特赫司脫路住宅

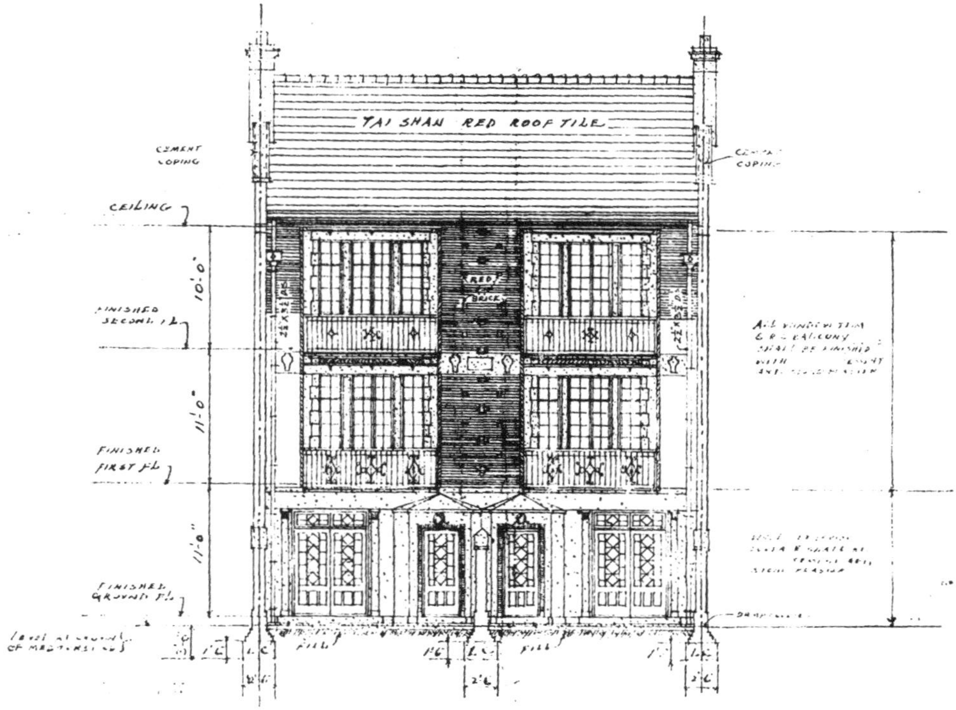

前面立視圖

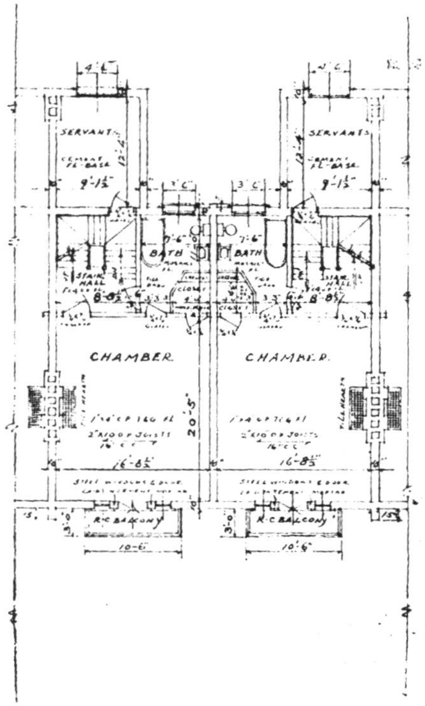

二層平面圖

李特赫司脫路住宅

背面立視圖

剖視圖

四三三〇

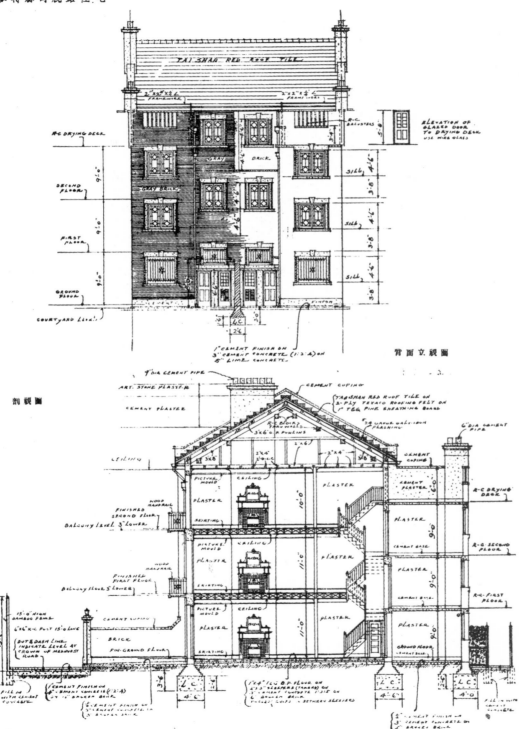

大西路住宅

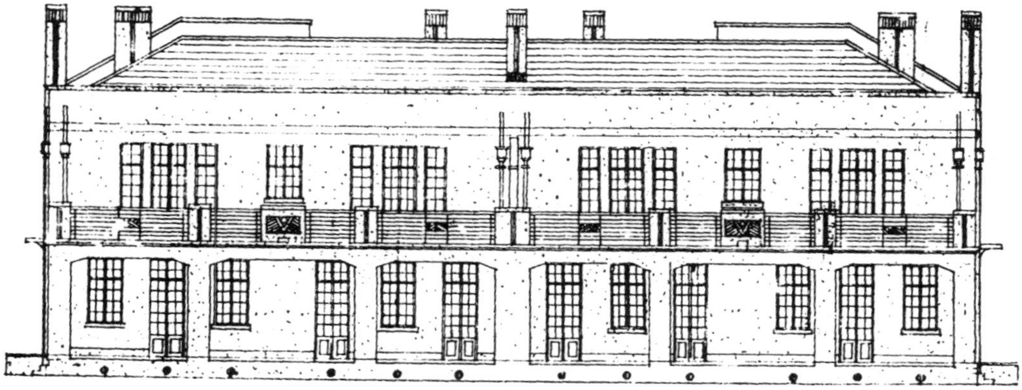

前面立視圖

上海大西路住宅

地　點　滬西，大西路。
構　造　青磚，外粉黃色司特可，紅色平瓦屋頂，鋼窗，美松柳安木料。
設　備　水電，衛生，煖氣，俱全。
承造者　新蓀泰營造廠

底層平面圖

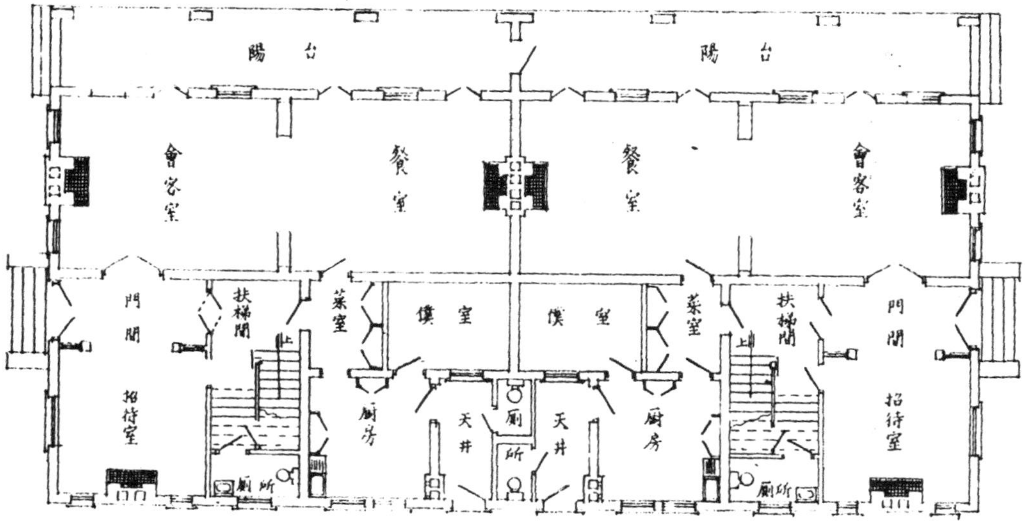

大西路住宅

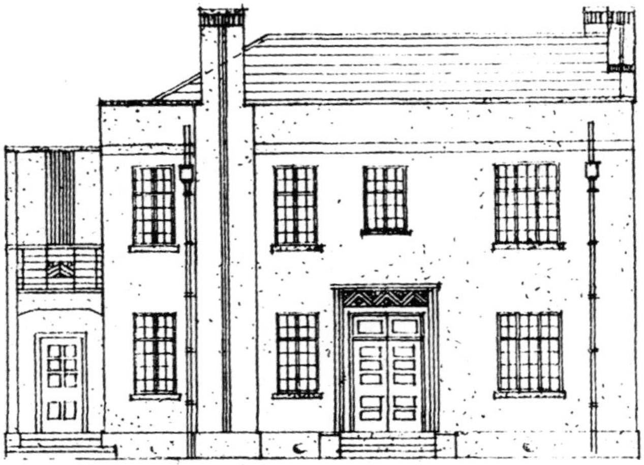

側面立視圖

二層平面圖

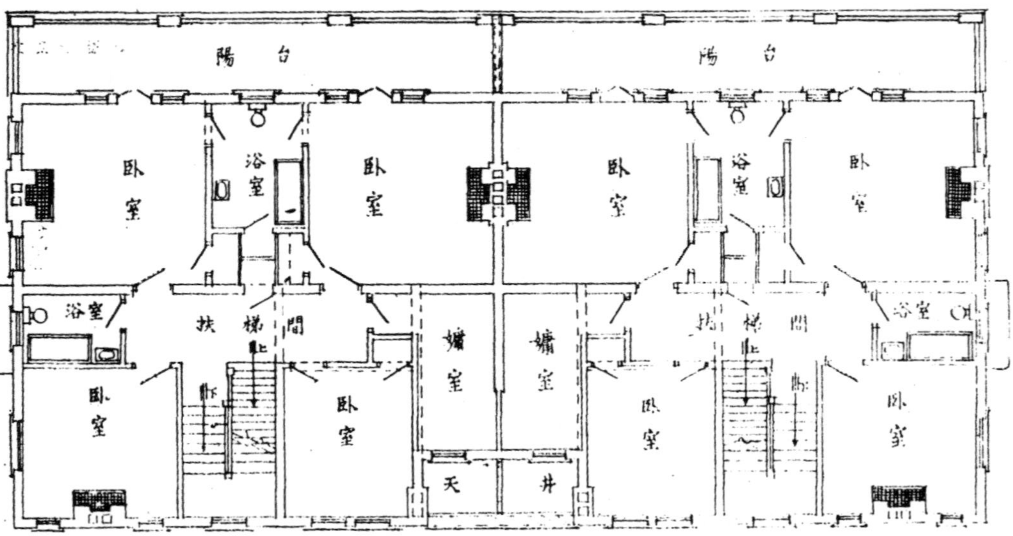

中國建築師學會滬江大學商學院合辦建築科學生習題作品

哈雄文

我國素乏建築人才，國內大學之設有建築專科者，除中央大學，北洋工學院數處外，殊不多得。上海爲建築繁盛之區，而純粹建築專科之設立，更如鳳毛麟角。一般青年在中外建築界服務者，不在少數，若輩日間既絆于職務，自無暇再求深造，而知識以及技能上之修養研討，更無處不深感殷切之需要。

民國廿三年春，中國建築師學會接受滬江大學商學院合辦建築學科之建議，于三月廿三日第三次常會通過，組織委員會之决案。爰于秋季開班，請學會會員黃家驊先生爲主任，王華彬先生及雄文等担任各科教務。所有報名，招考，註冊以及一切事務，槪由商學院辦理。

籌辦之初，報名者即有四五十人之多，但程度參差，故教授頗感棘手。廿四年秋，黃家驊先生離滬辭職，乃由雄文忝承繼任，並添聘薩本遠先生蕭世則先生担任鋼骨水泥學，王鶴斐，陸南熙先生担任衞生暖氣學。廿五年夏，計畢業首屆學生楊蔭庭等七人，同時招入第二屆新生約廿人，

本學科之設立，志在服務社會，惟草創伊始，有待于建築界同人匡助促進者正多，茲就本會出版之中國建築雜誌篇幅，逐期刊載學生作品，藉作公開之檢討，倘望 各界不吝指正。

FIRST YEAR

First Semester

Date \ Time	5:30-6:20	6:25-7:15	7:20-8:10	8:15-9:05
Monday	A.201 Arch. Hist	A.205 Theo. of Arch.	A.231 Design (a)	
Tuesday				
Wednesday	A 213 Shades & Shadows	A 231 Design (b)		
Thursday				
Friday	A.210 Freehand Drawing		A.231 Design (c)	

Second Semester

Date \ Time	5:30-6:20	6:25-7:15	7:20-8:10	8:15-9:05
Monday	A.202 Arch. Hist	A 206 Theo. of Arch.	A.232 Design (a)	
Tuesday				
Wednesday	A.215 Perspective	A.232 Design (b)		
Thursday				
Friday	A 210 Freehand Drawing		A.232 Design (c)	

SECOND YEAR

First Semester

Time / Date	5:30-9:20	6:20-7:15	0:20-8:10	8:15-9:05
Monday	A.203 Arch. Hist.	A.207 Building Construction	A.233 Design (a)	
Tuesday				
Wednesday	A.210 Color	A.233 Design (b)		
Thursday				
Friday	A.211 Freehand Drawing		A.232 Design (c)	

Second Semester

Time / Date	5:30-6:20	6:25-0:10	7:20-8:10	8:15-9:05
Monday	A.119 Reinforced Concrete	A.204 Arch. Hist.	A.234 Design (a)	
Tuesday				
Wednesday	A.211 Heating and Plumbing	A.234 Design (b)		
Thursday				
Friday	A.212 Freel and Drawing		A.234 Design (c)	

滬江大學建築科學生成績

室內網球場設計　　陳登鰲

滬江大學建築科學生成績

室內網球場設計　　范能力

滬江大學建築科學生成績

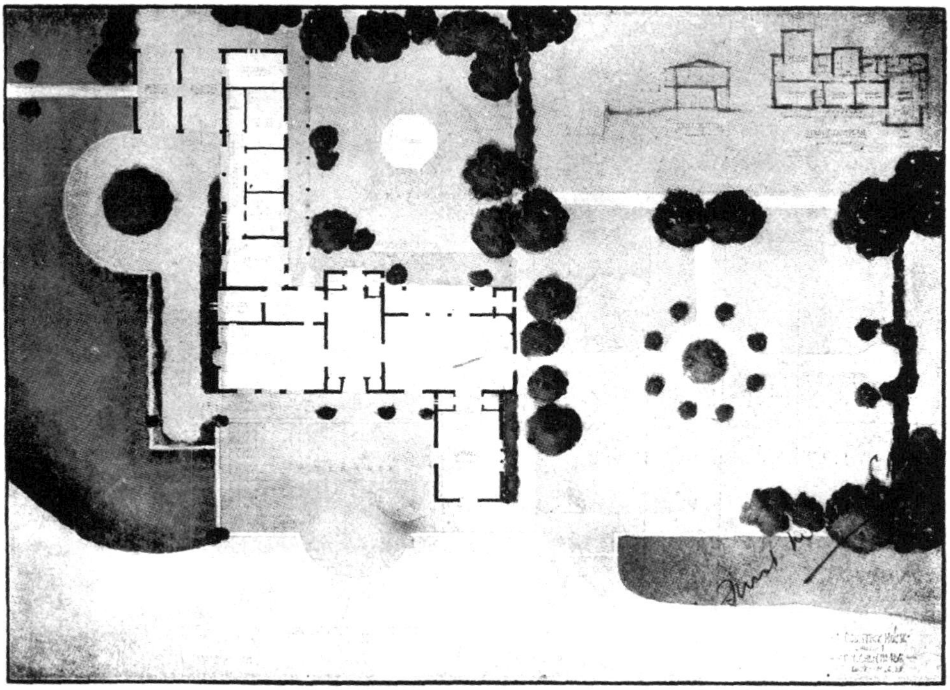

小住宅設計　　陳登鰲

滬江大學建築科學生成績

射影學

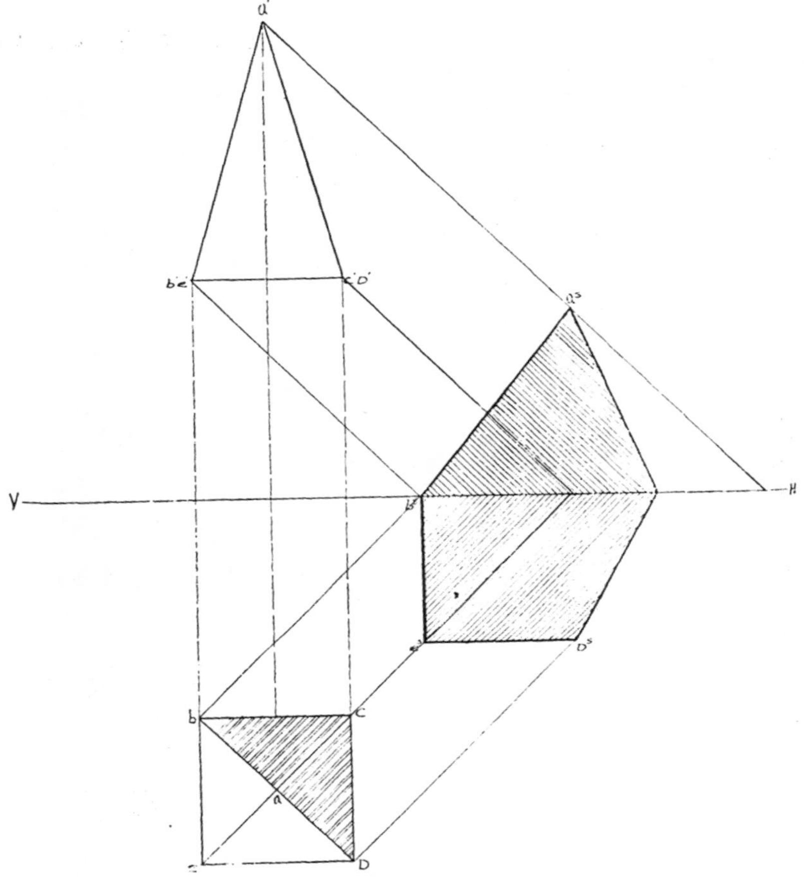

孫宗文作

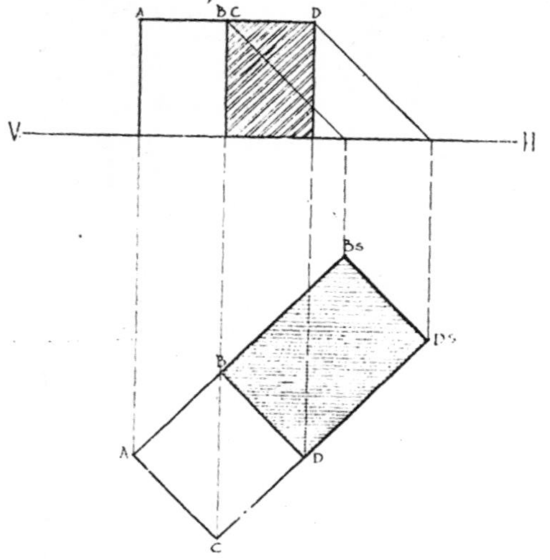

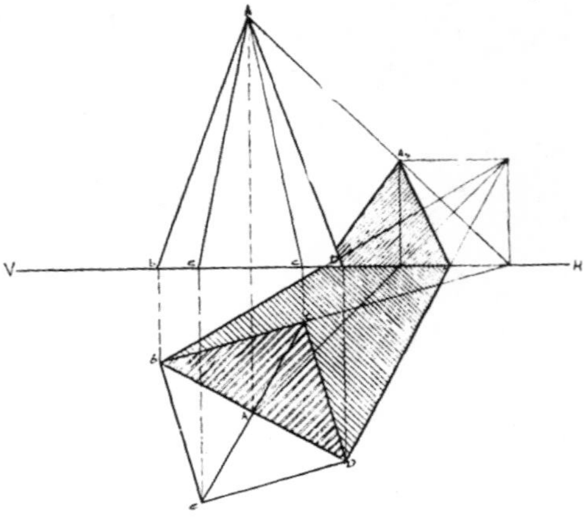

滬江大學建築科學生成績

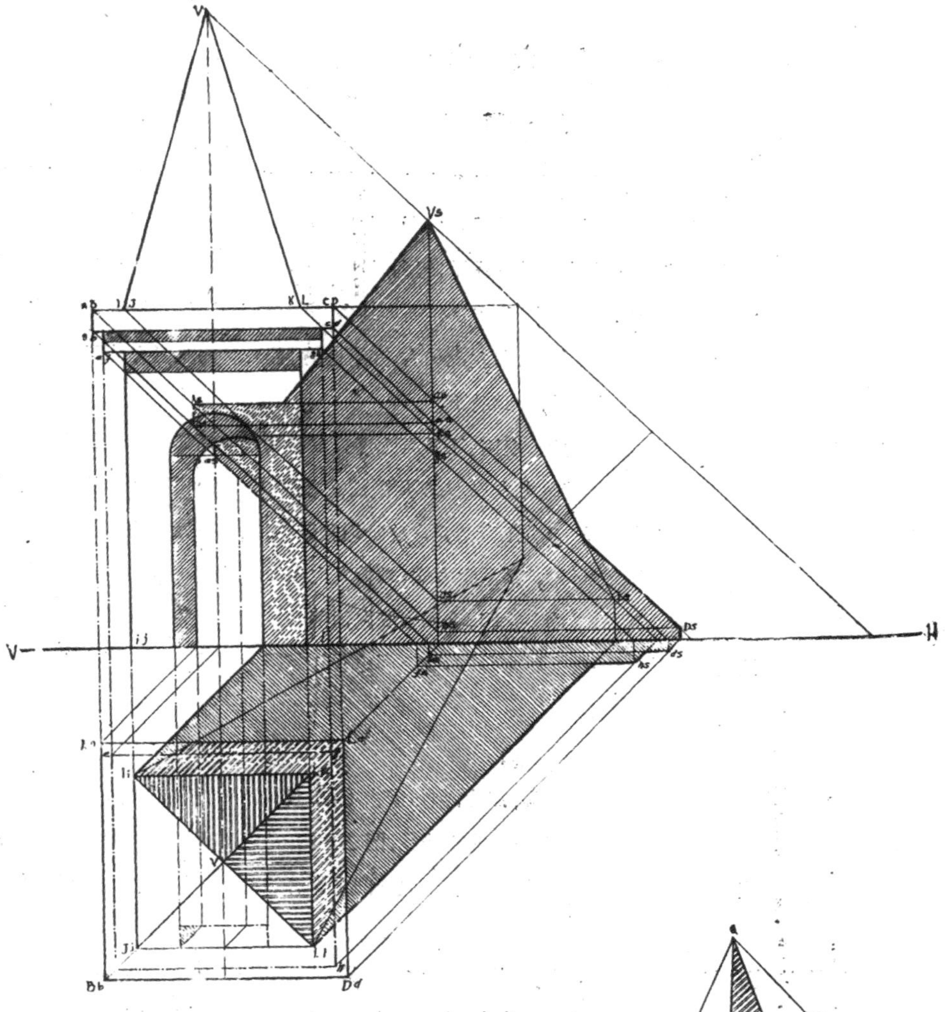

王德生作

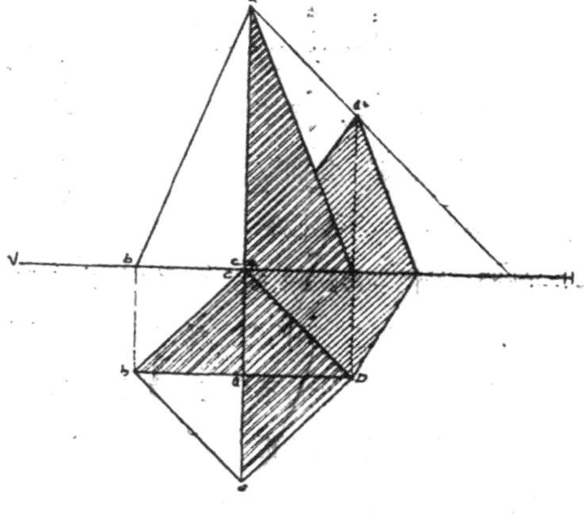

孫宗文作

房屋各部構造述概

楊大金

(一)門

門窗及樓梯三者，雖爲房屋的附屬部份，然對於吾人之日常生活，關係甚大。門窗供給天然之光線，空氣之流通務期適合於衛生，方不辱建築之使命。樓梯則與日常生活之便利，門戶之功用亦然，如遇火災則功用更大。因此，門之開關方向，不得不注意焉。外牆之門，向內開較爲謹慎；但向外開，不佔室內地位，惟不謹慎，且易受風雨侵融，故除在陽台內之門外，以向內開爲宜。房屋內之門，向室內開者爲多，惟在較小房間，如儲藏室，浴室，廁所等，因欲增加實用地位，亦有向外開者，又單門開落時，向左或向右，亦應注意；此與室內器具之佈置有關，通常以開後，貼立鄰牆爲宜。茲將門之構造，尺寸及材料，分述於下：

(一)構造　歐美房屋之建築，對於門之構造，力求堅固。不重要之門，如棧房及廁所等，則用架形式之門(Ledged door)；至爲住宅學校，及公司等之門戶，構造之方式，大都用鑲板式之門(Panelled door)。此種門之構造方式，既普通，又堅固；開關出入，均用活動機銷。至於工廠門戶之建築以鞏固爲最大之目的，故以鋼鐵爲建築門戶之材料。舊時房屋之門，均以木材爲建築之材料；其構造之方式，爲橫直之木塊相構而成，木塊相接之處，用竹釘或鐵釘釘合。用楓紐構造者，可向前後轉動，其開關之門，全賴中間之活門若按其開閉方法，式樣可分搖門，摺門，推門，扯門，兩向門五種，按其材料及做法，種類可分紗門，玻璃門，窗門，氣門，氣窗門五種。茲將門之式樣及種類，分述如下：

(A)式樣

(1)搖門　此門卽以搖皮附於邊框，雖爲通用，惟開啟時，常佔室內地位。且開直時，須佔相當之牆壁面，其寬度若在三呎以上，應做雙扇。搖門用久，因搖皮不勝載重，或門邊鬆，門之外側，常向下垂，不易關密。而拉手之門閂，亦因門之直邊下垂，不能與邊框內之空洞相對，致不能閂密，此搖門之弊。做時務使門邊緊密，而搖皮亦應用厚大強固者。

(2)摺門　凡開洞較大，寬度在六呎以上者，須做四扇門，將中間兩扇，以關搖皮附於兩邊門，故謂之摺門。中間兩扇，應較邊門稍闊，否則不能摺叠。兩邊門除載本重外，又載中間兩門之重，故常用較強之搖皮。每扇之寬度，不得大於二呎，否則不易開啟。摺門之利，開啟時佔地較雙搖門爲小；其弊祇開中間兩扇時，開啟不易，且中間部份，有下垂之患，故不易關密。

(3)扯門　扯門卽以鐵輪，掛於門頂上面之鐵軸。寬度可加至七呎，但門藏於兩邊牆壁內；故牆壁之厚，應在八吋以上。每邊至少應有一門闊之地位，始可將門藏於壁內，門上之承重，跨度爲門寬之二倍。造價較大，祇可用於高等住宅內，因其開啟時，不佔室內之地位也。

(4)推門　卽在門之上下檻內做槽，將門之上下兩端，在槽內推拉．大概用於板壁，檻槽在板壁之一邊，開啓不佔室內地位，此種門裝在上下檻之間，裝配時務應注意，使其易推動，且尺寸不宜過大，大概寬不得過二呎六吋，高不得過六呎八吋。所用之材料，應少變性，否則不易推拉。此種推門，造價最省，故平民住所及農民住所宜用之。

（5）兩向門　此門之向內外均可開閉，故謂之兩向門。應裝於門中央，連以雙面開關之彈簧搖皮。祇用於伙食間或廚房與餐室間之門，使常在關閉之地；則廚房內氣味，不致充塞於餐室。兩向門向外推時，若前面有人，常得及之。故門之上部於四呎高處，當配以六吋方之玻璃，使推門時，則可以看見外面。

（B）種類

（1）紗門　凡住宅內用紗窗者，在外牆上之門，應加做紗門，紗門下部，以用板爲宜，俾不致爲狗畜等損壞。紗門應裝彈簧搖皮，使常在關閉之地位，蚊蠅不致飛入。紗門外邊裝拉手，內邊裝一風鈎已足。

（2）玻璃門　門之上半部裝玻璃，有時或全裝玻璃，使透光線，謂之玻璃門。凡少光線之處用之。大概以祇上半部裝玻璃者爲宜。因下半部之玻璃，無多大實用，且易碰碎。外牆上宜少用玻璃門因不謹慎也。凡玻璃門之不願爲外人窺視者，可用冰片玻璃；但冰片玻璃價較大，在普通以下之住宅內，祇可將普通玻璃漆白矣。

（3）窗門　若房屋內因地位關係，祇能開窗及門，而二者不能兼有；但需用上必須有門及窗者，可將門之上半部闢爲窗，兼作窗與門之用，故謂之窗門。有時廚房或伙食間與膳室相通之門，其上部亦開一小窗，約十吋寬，十五吋高，俾菜碗等由此傳遞之。

（4）氣門　卽門之上部或下部劃細長縫多行，或上部用紗；作爲通氣之用者，細縫約半吋闊十吋長。氣門大概用於火食間儲藏室，及房間之須有永久通氣者，其餘各室內，多不用之。

（5）氣窗門　凡門之頂端，另有小窗，作爲通氣透光之用者，謂之氣窗門。門頂之小窗，謂之氣窗，房間內空氣不流通或穿堂內光線不足者用之。氣窗用搖式翻式轉式均可，大概住宅內之氣窗，因開啓不便，常設而不用，致失氣窗之功用。中等以下之住宅，因造價關係；除必須籍以通氣及透光者外，多不用也。

（二）尺寸　門之尺寸，不可過大，因門裝於搖皮上，外端常有下墜之勢，日久不能關閉密切。若將尺寸減小，則下墜之勢，亦隨之而減。惟過小則進出不便，或不易搬器具；故應按房間之用途，而定門之尺寸，務以敷用爲要。若有巨大之器具經過者，亦應留意。單門淨寬，約二呎至三呎半，雙門自三呎至六呎，六呎以上，應用四扇。在同一住宅內，門之寬度，多按房間之種類而定，但最好高低應一律，自六呎六吋至七呎。若門之上端裝氣窗，爲通氣透光之用者，加高一呎至二呎。

（三）材料　大都均用木質，以洋松，杉木爲最普通。在高等住宅內，應用柳安；在中等住宅內，則用洋松；在普通以下之住宅，如杉木價值較廉者，則用杉木。門框大概以三吋厚，六寸闊之木料爲之，刨光後約爲二吋六分淨厚，五吋半淨闊。但爲減省造價，亦有用較小之木料者；惟不得小於一吋六分淨厚，三吋六分淨闊。門邊以一吋三分至一吋六分淨厚，三吋半至四吋半淨闊爲最普通。

（二）窗

窗者，導光線于室內，並藉以交換新鮮空氣之工具也。其外觀之裝置，與大小之計劃，則依房屋之方向，建築之形式，以及土地氣候之如何而定之。室內的日光，有直接射入室內者，有由表面反射入室者，亦有射入而成散光者。故窗之設計，一面使光線充足，散布全室，一面避免日光直射，使有反射光。要皆不外使室內日光適宜散布，而適于人體衛生，此乃衛生學上之一重要問題也，故於街市交錯，人烟稠密，與房屋高巍之地，有時用光線反射器以強其光度。現在窗之作用雖不外是採光通風，然同時則成爲都市囂聲之侵入口，足以降低工作效率。將來太陽燈與通風器必有更進步之改善，而被建築界所採用，或不需開設窗口，建築家必將用心於室內之照明與通氣之設備也。玆將窗之構造，尺寸，高度，分格及材料，分述如下：

(一)構造　歐美之窗，大約可分爲固定窗架，活動窗架樞紐窗架三種。活動窗架之構造，又可分爲單扇活動窗架雙扇活動窗架二種。此種活動窗架之構造，於窗架中裝以滑輪，滑輪以繩懸之一端平衡其重量，於是因外力拉動，滑車轉動，窗乃依窗架上之凹槽而上下活動。至於樞紐窗架，全窗之活動，均賴窗之一邊上之樞紐而轉動。此種樞紐窗架之構造，頗適合於門戶，住宅及學校之窗，大部爲樞紐窗架。中國之窗架，大致爲固定窗架及樞紐窗二種，但所通用之窗架。與歐美不同，因其活動窗架，不用滑輪，乃依凹槽，藉人力向左右拉開。若按其開閉方法，式様可分搖窗，上落窗，推窗，旋窗，翻窗五種，按其材料及地位，種類可分氣窗，百葉窗，紗窗，高窗，屋面窗，天窗六種。玆將窗之式様及種類，分述如下：

(A)式様

(1)搖窗　卽將搖皮附於窗之邊框或窗一邊之上下兩端，以軸轉於上下框內，用軸轉者，易於裝除，對於搬運大器具時，甚爲便利，惟不及用搖皮者之謹愼。搖窗爲通用者，向內或向外開啓均可，向外開者，多日光風雨之侵蝕，日久不易關密。向內開者，佔據房屋內之地位，且雨水亦容易射入，各有利弊。但以向外開者，較爲優勝。且二扇以上之窗，應向外開，否則中部之窗開啟時，突入室內，甚不便利，如用百葉窗，則向裏開。

(2)上落窗　卽分上下兩部分，向上下升落，最大祇能開全窗之半。上落窗之利，在不佔據地位，可將窗之任何部分，隨意開啓。對於冬季或大風時，祇須一部分通氣者，尤爲合宜。惟造價較大，祇可用於高等住宅內，紗窗應裝於外面。

(3)推窗　卽上下邊沿窗框向左右推移，尋常於窗之下框內起槽，但易於積垃圾及雨水，故最好於窗下邊起槽，下框起凸線。裝做時窗之上下邊與上下框，應緊寬合宜，且窗之面積，不得過大，否則不易推移，其利在不佔地位，造價較省。在普通以下之住宅，爲經濟地位及造價計，可採用之。

(4)旋窗　卽用軸裝於窗兩邊之中央，向上下旋轉者。在外牆上，窗之下端，應向外推旋，使雨不致入。除氣窗及高窗外。不合住宅內之用。

(5)翻窗　卽用搖皮附付於窗之上邊或下邊，向外翻搖者。凡翻窗之在外牆上者，爲防止雨水之射入，應將搖皮附於窗之上邊，向外翻搖，多用於氣窗及較高之小窗。

(B)種類

(1)氣窗　窗之頂端，另做小窗，使窗關閉時，仍可由此通氣者，則謂之氣窗。氣窗用搖式，翻式，旋式均可，寬度與窗同。其高度按窗之高度及所分玻璃而異，因氣窗之玻璃分塊，宜與窗上玻璃之大小相仿。有時氣窗以做於窗之下段爲便者。如住宅內第一層之窗，應配冰片玻璃或漆白色，使外面不得窺視，除夏天及須通氣時外，常在關閉地位。用氣窗者，造價稍大；故除高等住宅及中等住宅之須藉此通氣或透光線者外可勿用之。

(2)百葉窗　用以遮日光，避風雨，通空氣。玻璃窗關閉時，不能通氣。開啟時夜間不謹慎，或風雨侵入。而百葉窗關閉時，仍可通氣，故用百葉窗者，較爲謹慎。但百葉窗，常貼近外牆面，多受暴日風雨之侵蝕，而易變形，致不能關密，常須修理。最好四角釘直角鉄片，使不易變形。但住宅之有百葉窗者，均常備而不用，反須逐年修理；故除高等住宅及爲謹慎起見者外罕有用之者。

(3)紗窗　用以防止蚊蠅。使不致飛入屋內，或在內牆上用以通氣透光。做紗窗時，窗框四周，必須做企口，至少相疊三分，則紗窗雖稍小而仍密縫。若不做企口，紗窗不易縫，蚊蠅均可自由出入。失去紗窗之效用。紗窗應活動，使春冬二季，可以除下。以免風雨侵蝕。所用之紗，大概可分三種，卽銅絲紗白紗及綠紗。銅絲紗之價甚大，除高等住宅外，極少用之。白紗外塗亞鉛，其價較銅絲紗爲廉，宜採用之。綠紗之價，雖較白紗爲小，但數年後卽霉爛，故不宜用之。紗眼每吋不得少於十六眼，卽所謂十六號紗。最好用十八號(卽每吋十八眼)。十四號紗不宜用，因蚊子易出入。做紗窗之木料，尺寸不可過大，免礙視線，分格地位，亦須與玻璃窗之分格相對。

(4)高窗　卽距地板四呎半以上之窗，謂之高窗。其利在謹慎，窗下可置器具，造價亦較省，冬季少寒氣侵入；其弊在光線不及低窗，而夏季較熱，大概用於房屋之西北面，及各房間需由內牆透光通氣者。

(5)屋面窗　屋頂下之空間，雖可利用，然少光線，常開窗於屋面，故謂之屋面窗，在高平房及假三層內多用之。屋面窗寬度愈大，則屋頂層之用途亦愈大。若因稍省造價而減小窗之寬度，以致屋頂層之用途大減，實非計之得也，屋面窗之淨寬，至少四呎，最好六呎至八呎，俾窗下置桌椅。屋面窗與屋面相接處，應用白鉄凡水，以免漏水。

(6)天窗　在屋面之一小部份，蓋以玻璃，約自二方呎至十平方呎，俾光線透入，惟不能通氣，故祇用於需光線之處。

(二)尺寸　住宅內窗之大小，按其種類，及其面積而定之。但在同一住宅內，窗之寸尺種類，不可太多。因若窗之大小種類太多，則寬度及高低不一，面樣不能整齊。搖窗每扇之寬度，最好不過二呎；因過大則搖皮常不勝載重，有不能關密之患。且開啓時，所佔之地位亦較大，最好淨寬一呎至一呎八吋。如窗之寬度過四呎者，應分爲三扇，過六呎者，應分爲四扇。上落窗之寬度，不得過三呎，推窗搖窗均不宜太大，致不便開關。茲將窗之尺度及採光面積計算法分述如下：

(A)尺度規定法　西洋普通家屋之窗，其高爲闊之二倍，若爲雙窗，上附璉堵時，其高取闊之二倍半不等。據義大利著名之建築家柏拉知氏之言曰，窗之高及闊之規定，雖難一致，然以天仰與地坪間之距離，作爲三分半者，可取二分爲窗之高，其一分再加六分之一，爲窗之闊。大概窗之總闊，須在室闊五分之一，乃至四分之一，其高約較闊之二倍。窗在同水平線上之時，其室之闊及長，約爲五與三之比，卽屋闊爲十八呎時，其長則以三十呎爲適當。室之闊作爲四分半者，其一分爲各窗之闊，其二分與六分之一，則爲窗之高。又據秦那氏之言曰，室之闊及高之和，取其八分之一爲窗之闊者，於英國最稱適用。普通家屋由地坪至天仰之高爲十呎乃至十四呎時，其窗之闊，則爲三呎乃至四呎，其高則取闊之二倍，乃至二倍以上。但過大之室，其高若自十六呎乃至二十呎以上，則窗之闊，不可在四呎以上，須取四呎半五呎或五呎半等，其高亦因之而大。構造大窗在冬季時，須防寒風之侵入，若對於寺院劇場及旅館等場所，則須廣大之窗亦無所礙。

（B）面積計算法　室內採光之法，因其氣候而異。如熱帶地方，太陽直射於地面，陰天極爲稀少，較諸溫寒二帶，其採光面積大小之不同，不言可知。光線射入面積之大小，雖視室之深度，高度，窗之位置，以及玻璃之質料而定。如窗之地位，在不容易採光之處，則可用稜條玻璃，此種稜條玻璃，係一面平坦，一面凹凸之稜條，故增光力甚強。若用于樓梯及底層之窗上，則更爲有益，用之于其地室中，則可用于窗之上部。Mr. C. L. Norton 研究之結果，以一面平一面每寸有二十一稜者爲最佳。然普通多主張窗可較大，不可過小，但過大熱氣易入，如熱帶地方，居其中者，不免受炎熱之苦痛。吾國計算窗之面積與歐美諸國無甚差異，普通建築物，室之容積，每四十乃至五十立方公尺時，作一平方公尺之採光面積。（其比例卽容積四十分之一乃至五十分之一爲標準）此面積取地坪面十分之一乃至十四分之一，亦可稱爲適宜。故實際上決定採光面積之法，以取容積及平面積兩種之比例爲最常。據基柏氏之言曰，光線由室中央之窗進入爲最良，因其一平方呎能照一百立方呎之容積。據加頓氏之言曰，如病院注重於衞生之建築物，其一平方呎之採光面積，只許照五十乃至五十立方呎之容積。若學校房屋，其採光面積，須地板面積百分之二十至二十五。工廠之建築物，則採光面積，須地板面積百分之五十至六十。

（三）高度　光線射入室內，爲垂直平面所成六十度之平面隔限，如窗祇關在一邊牆上，欲使全室之光線充足，則房間之深度，須不得超過窗之高度之兩倍。如窗開在兩邊旁牆上，則其高度，不得小於房屋深度四分之一。窗底離地板面之高度，應按房間之用途而異，大概起居室，膳室，臥室者較低，約自二呎半至三呎，以便夏季通風，且坐時可閱窗外之風景。廚房，浴室，伙食間，儲藏室等應較高，自三呎至四呎半，以便窗下按置物件或器具。窗頂離天幔，最好不得過一呎，使光線深入室之內部。且窗頂與天幔中之空間，常爲熱空氣之永住地位。近來之窗，多用鋼骨造成卽窗至離天幔半呎，亦不發生危險。窗之最低者，其頂亦當離地面十二呎。房間內各窗之窗頂，應同一高度，否則參差不齊，甚不雅觀。做掛鏡線時，不易整齊，如能與門頂同一高度尤佳。窗與窗之距離愈近愈妙若使太遠，卽有光線濃淡不均之弊。

（四）分格　室內光線之是否充足，雖視窗洞之大小及窗口牆身之厚度而異。如窗寬加大，則光線自可增加，牆身加厚，則光線自必減少。如窗口甚寬，將柱身改斜，則得最多之光線。然窗之分格較大者，則亦可得較多之光線，惟不及分格小者之美觀。住宅內之窗格，以較小者爲合宜。所分之塊，應爲長方形，高度當爲寬度之一倍半至二倍。近方形之窗格，不宜用之，因不美觀。在同一住宅內，各窗分格之大小及形狀，應相彷彿，否則外表之美觀，爲之遜色不少。

（五）材料　大概多用木料，但近日亦有採用鋼質者，惟多限於高等住宅內，因造價較大。其利在不易腐爛，并且密縫，門框及邊所佔之地，較木質爲小，故若窗之面積相同，則鋼窗之光線，較木質者爲充足，如用木料，則按住宅之種類而異。在高等住宅內，應用柳安，在中等住宅內，則用洋松，在普通以下之住宅內，若杉木價目較廉者，可採用之。杉木較洋松，更爲經久，惟其多節，故不甚美觀。至窗所用之玻璃，大概可以分爲平面玻璃，毛玻璃，花紋玻璃三種；平面玻璃厚度爲八分之一，或十六分之一英寸，毛玻璃厚度爲四分之一，或四分之三英寸，花紋玻璃厚度與毛玻璃同。

(三)樓梯

吾國舊式房屋之樓梯,常多忽視之。斜度過於峭斜,不便登涉,闊度狹小,材料輕薄,爲一般之通弊。構造雖與西洋建築相同,然不及其精緻耳。且西式住房,均有二梯,卽前梯後梯是也。若較高房屋,均另裝置電梯。普通房屋之樓梯,多用木材,惟較大房屋之樓梯,則以鋼筋三和土爲之,亦所以防火也。樓梯之材料,以不燃物作之最良,其次光明之照射及空氣之流通,亦甚重要。在設計時,對於其頂部之空間(head room),須特別留意,通常不得低於七呎。惟此項距離,須自梯級之上部量起。玆將樓梯之構造,位置,尺寸,平台,欄杆及材料,分述如下:

(一)構造　梯爲級所接連構造而成,故合級而成梯。每級之構造,分爲兩部,卽踏板(treads)及竪板(risers)最新建築物中,多用直樓梯,或轉角樓梯。至於圓形梯(Circular stairways)已一律取締。歐美住宅通常至少須築兩梯,前梯爲出入之用,闊度至少三英尺,斜坡度亦有一定,務使登涉輕便,上下不費時間。在普通住宅內,爲地位及造價計,一乘樓梯,大都位於後面,專供僕役上下之用,有時兼作太平梯。惟此梯之建築與檢査,應特別注意,梯級須保持淸潔與完整,此項太平梯,多屬爲露天樓梯,故較尋常樓梯,更應加倍留意。玆將樓梯之種類,按其形狀,分述如下:

(A)直樓梯　卽徑直向上,幷不改變方向或用平台,如高平房第一種內之樓梯。此種爲樓梯中之最簡單者,佔地位最省,而造價亦最低,宜於高平房及矮樓房。

(B)轉角樓梯　卽曲尺形樓梯,轉角處有一小方形平台,如二層樓之樓梯。故所佔地位,較直樓梯爲多,有時因地位不敷,在平台上,又另有踏步,此處踏步;最好不用,因上下不便,孩童尤甚。但因節省地位關係,有時以在平台上另加踏步爲經濟者,此種樓梯,用於二層樓之住宅爲宜。

(C)二節樓梯　卽一節向左,一節向右,中間有長方形平台者;如二層樓之樓梯。有時因地位不敷,平台上亦有踏步;如可免者,以不用最妙。平台淨高,最好六呎;則平台下,可作爲走路,或他種用途,二層以上之住宅應用此種樓梯。

(D)三節樓梯　與二節樓梯相似,惟往返踏步間,相距較大;故在長方形平台之中部,亦有踏步,將長方平台分爲二小平台;如二層樓之樓梯。若地位不敷時,平台上亦有踏步。如樓梯地位,長度不足而寬度有餘者,可用此種樓梯。但佔地較二節樓梯爲大,除高等住宅及長度不足者外,以用二節樓梯,較爲經濟。

(E)圓形梯　圓形梯踏步之兩端,幷不同樣大小;故行走不甚便利,而佔地亦較廣,除高等住宅爲美觀計者外,不宜用之。

(F)留空梯　樓梯之祇有踏板而無跌脚板者,謂之留空梯,僅用於需透光線及減省造價之處。

(二)位置　住宅內與各房間地位之經濟,最有關係而又最難支配者,厥爲樓梯。設計者對於樓梯之地位,常視爲不甚重要,於各室支配後,始計及之。因所除剩之地位不敷,致斜度太甚,上下不便者,或穿堂形狀不整齊,致所佔之地位較大者,或各室不能直通,常須經過他室者。不知樓梯爲上各室之要道,應將樓梯地位,預先規定,務使穿堂地位,減至最小限度,並使各室均有門與穿堂相通。在朝南房屋內,樓梯地位,以面北或面西爲宜,使東西面之地位,均可用作重要之房間。且樓梯絕對不可裝置於黑暗之處所,除非有極強之人工採光設備。電燈或燃氣燈所發之光線,應設法使光線照在梯級上,而在樓梯起首與着地之處,光線尤須充足。

（三）尺寸　樓梯寬度，按住宅之種類而異。如爲高平房及矮樓房，至少淨寬二呎，踏板至少六吋深，竪板不得過九吋。如爲普通住宅及中等住宅，淨寬自二呎半至三呎。踏板深度至少七吋，最好八吋至九吋，竪板不得過八吋。在高等住宅內，樓梯淨寬自三呎至四呎，踏板深度自九吋至十吋，竪板不得過七吋。惟此項深度及高度，與樓梯之角度及高低度（Pitch）成比例，普通以三十度至三十八度爲準。茲將各種角度所需每級之深度與高度尺寸，列表如下：

樓梯與地面所成之角度	竪板高度(吋)	踏板深度(吋)
28°——27'	6 1/2	12
29°——25'	6 5/8	11 3/4
30°——25'	6 3/4	11 1/2
31°——26'	6 7/8	11 1/4
32°——28'	7	11
33°——32'	7 1/8	10 3/4
34°——37'	7 1/4	10 1/2
35°——44'	7 3/8	10 1/4
36°——52'	7 1/2	10
38°——02'	7 5/8	9 3/4
39°——12'	7 3/4	9 1/2
40°——25'	7 7/8	9 1/4
41°——38'	8	9
42°——52'	8 1/8	8 3/4
44°——09'	8 1/4	8 1/2
45°——26'	8 3/8	8 1/4
46°——44'	8 1/2	8
48°——04'	8 5/8	7 3/4
49°——24'	8 3/4	7 1/2
50°——00'	8 13/16	7 3/8

樓梯每級之深度與高度須一律，方能減免危險與疲勞。螺旋形或纏繞形之樓梯，以不設置爲最妥，因螺旋形樓梯之梯級，具有尖角，易致傾跌。梯級踏板之深度，使行人下樓梯時，脚尖不致越出踏板，脚跟不與上級踏板相碰，爲最適宜，但亦不宜太深，使人闊步而行。梯級竪板不得高于八吋，亦不得低于五吋。竪板過高或過低，均能使行走者之脚步，不自然而易傾跌。樓梯踏板間不置竪板，而任其空曠者，須絕對禁止。因此項空曠易使步行者之脚由踏板空隙間踏出，以受傷害。萬一踏板間不能置竪板，而必須留有空隙時，則在踏板內邊釘一狹條之板，以防止脚尖伸入空隙之處。此項狹條板之高度，須等於竪板三分之一。梯級踏板深度與竪板高度之比例，有種

種規定，除上述者外，尙有規定各踏板深度之總數，與竪板高度之總數相差，不得超過十八吋，或低于十七吋半者。例設樓梯之踏板深度爲十吋時，其竪板之高度須爲七吋半。另有一種規定，爲踏板之深度，加二倍之竪板高度，等於七十五公分或六十四公分。

（四）平台　樓梯之梯段宜短，長梯段應設法避免之。如樓梯長者，則在中間須置平台。因發生傾跌時，可分散其傾跌力，使傾跌之嚴重性減小。幷可使搬運或肩荷重物之人，在上下樓梯時得在中段平台休息。關于梯間平台之距離，有建議每隔十級，或十二級，設置一平台者。有建議其梯之高度每達十二呎六吋時，必須建築平台者。其規定未能一律，要皆以安全爲第一。梯間平台之寬度，須以適宜爲度，通常寬度，約等于梯級寬度之四倍或五倍。在樓梯着地之地板附近，如有門戶，則須有充分之空間，使門隨意轉動，不妨害樓梯之交通。普通規定，凡門框與梯柱間之距離，不得小于梯之寬度。樓梯附近之門戶，如可向外開啟者，在門上應裝置透明之玻璃，使推動時能察覺對方有無行人，以避免撞擊之災害。用作妨火用之太平門上，不得裝置玻璃。直走樓梯之間，又有裝設門戶，藉以阻止長距離之滾跌。惟此項門戶阻礙光線，使梯級上之光線不充足，反致發生傾跌，故樓梯之間，以不設門戶爲宜。樓梯間之平台，須極堅固，載重量亦須極大。其地面須用抗滑之物料如軟木，橡皮，糙石等爲之。

（五）欄杆　欄杆及扶手，爲樓梯內不可缺少之部分，所以圍護行人及依扶之用。在高等住宅內，欄杆及梯柱爲美觀計，常施以裝飾，扶手高度，約二呎八吋，欄杆應裝于踏步外邊，使踏步淨長度，放至最大限度。大部設計者，常不注意此點，而扶手亦忽略之，致樓梯淨寬度，未能放至最大限度。但相差雖一二吋，而對于往返及搬運物件，亦極有關係也。凡樓梯之寬度在三呎半以上者，兩邊皆須裝設扶手。室外樓梯不論任何寬度，兩邊均須裝置扶手。如寬度在八呎以上者除二邊有扶手外，在中心部份必須裝置扶手。室內樓梯之扶手，如靠近牆壁者，應離牆三吋，以備有充分之空隙，使手得握住扶手而移動，否則有擦傷手指之虞。扶手如爲角鐵（angle-iron）或鋼所製者，其邊必須斜切，表面須平滑，底脚亦須圓滑，其支柱亦須光滑。如用一又四分之一吋至一又二分之一吋之鐵管，一切附件均須備全。扶手普通用$2\times2\times2\frac{1}{4}$吋之角鐵，中檔用$1/4\times2$吋之鐵條，如用木材製造者，則扶手爲$2\times4$吋，中檔爲$1\times6$吋，較爲安全。如用金屬扶手者，其支柱間之距離，不得超過十二呎。其相銜接之處，用帽釘（rivet）較栓釘（rolt）爲安全。踏板簷之度，以7/8至一吋爲最適宜。簷邊應爲圓形或傾斜形，使上梯時，鞋跟不致被阻。金屬條用作踏板簷，極不適宜，因日久磨損後，成滑溜之鐵條極易發生災害。

（六）材料　踏板之材料，大別之可分爲不安全者，普通者及安全者三類。不安全之材料，如鐵及鋼等，因無論何時，均能發生傾滑之可能，通常所用之材料，如大理石，石板，木材等，在普通情形時，甚爲安全，如沾有泥土，或油類等污物，則易起害災。最安全之材料，莫如軟木（Cork），瀝青膠泥（Asphalt-masties）鐵磨石（Iron-abrasive）及鉛磨石（lead-abrasive）等在任何情形之下，均爲安全。用水泥製成之梯級，有時可將抗滑性之物和入，使踏板檐（nosing）不致碎裂，同時能加梯級之抗滑性（anti-slipping）。有時用磨石碎屑撒于梯級上面，使表面粗糙。最好水泥上鋪板或墊子，惟價值較大，除高等住宅外，不相宜也。至樓梯之縱桁，須用最堅固之材料充之。能承載樓梯之重量，八吋鋼管爲最好之縱桁，如必須用木材時，則此項木材不可有節，或其他有損壞之處。扶手之材料，以鐵或鋼管爲最合宜。木材製扶手時，如直而無節，或無其他損害之處，方可採用。

Lettering

ABCDEF
GHIJKLM
NOPQRST
UVXZYDN
Aabcdefghi
klnpqrstuyz

ARCHITECTURE
CHIEFLY:SELECTED
FROM:EXAMPLES
OF:THE:12TH:AND:13TH
CENTURIES:IN:
FRANCE:&:ITALY
AND:DRAWN:BY
W:EDEN:NESFIELD
ARCHITECT:LONDON

MARCHM
TED GUX
WING JO:
KLNF BP.
QVYZAD
SER:123
567894
CARITAS DAGO
GESANG BERT
FACVLTÆT IVLI
PSYCHE QVARZ
SCHRIFT · GOTT
PALMETTE FVX
BVKOVINA
ENTVORF.

（定閱雜誌）

茲定閱貴會出版之中國建築自第………卷第………期起至第………卷第………期止計大洋………元………角………分按數匯上請將

貴雜誌按期寄下為荷此致

中國建築雜誌發行部

……………………………啓…………年…………月…………日

地址……………………………………………………

（更改地址）

逕啓者前於…………年…………月…………日在

貴社訂閱中國建築一份執有………字第………號定單原寄……………

……………………………………收現因地址遷移請卽改寄……………

……………………………………收為荷此致

中國建築雜誌發行部

……………………………啓…………年…………月…………日

（查詢雜誌）

逕啓者前於…………年…………月…………日在

貴社訂閱中國建築一份執有………字第………號定單寄……………

……………………………………收查第………卷第………期尚未收到祈卽

查復為荷此致

中國建築雜誌發行部

……………………………啓…………年…………月…………日

中國建築

THE CHINESE ARCHITECT

OFFICE:
ROOM NO. 405, THE SHANGHAI BANK BUILDING,
NINGPO ROAD, SHANGHAI.

中國建築第二十九期

出版	中國建築師學會
編輯	中國建築雜誌社
發行人	楊錫鏐
地址	上海寧波路上海銀行大樓四百零五號
電話	一二二四七號
印刷者	美華書館 上海愛而近路二七八號 電話四二七二六號

中華民國二十六年四月出版

中國建築定價

零售	每冊大洋七角	
預定	半年	三冊大洋二元
	全年	六冊大洋三元五角
郵費	國外每冊加一角六分 國內預定者不加郵費	

廣告索引

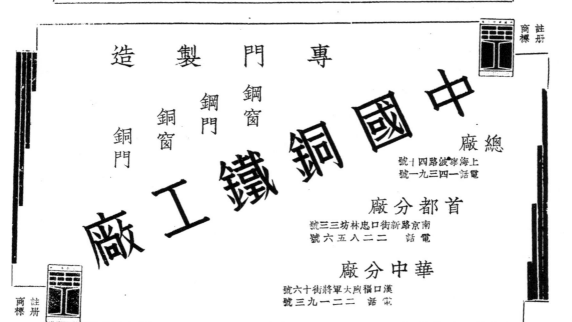

一切新建築配以合式之鋼窗更能顯示構造之完美

圖係水上飯店全景所有鋼窗亦本廠承包工程之一

東方鋼窗公司

總廠
上海華德路六〇九號
電話 五〇六九〇

分廠
廣州東山
百子路四七號
電話 七〇〇五七

大寶工程建築廠承造工程之一　（浦東大來碼頭）

Robert Dollar Wharves　　Da Pao Construction Co.